前馈神经网络及其应用

邢红杰 哈明虎 著

科学出版社
北京

内 容 简 介

本书较系统地介绍了前馈神经网络的理论与应用. 本书共7章, 主要内容包括前馈神经网络的模型选择、单个前馈神经网络、混合前馈神经网络和前馈神经网络的应用.

本书可作为应用数学、计算机科学与技术、信息与通信工程、电气工程、控制科学与技术等专业高年级本科生、研究生的教材或教学参考书, 也可供相关领域的科研人员和工程技术人员阅读参考.

图书在版编目(CIP)数据

前馈神经网络及其应用/邢红杰, 哈明虎著. —北京: 科学出版社, 2013
ISBN 978-7-03-037174-4

Ⅰ. ①前… Ⅱ. ①邢… ②哈… Ⅲ. ①前馈-人工神经网络-研究
Ⅳ. ①TP183

中国版本图书馆 CIP 数据核字 (2013) 第 051963 号

责任编辑: 王丽平／责任校对: 林青梅
责任印制: 徐晓晨／封面设计: 陈　敬

科学出版社 出版
北京东黄城根北街 16 号
邮政编码: 100717
http://www.sciencep.com

北京厚诚则铭印刷科技有限公司 印刷
科学出版社发行　各地新华书店经销

*

2013 年 3 月第 一 版　开本: B5(720 × 1000)
2024 年 1 月第十四次印刷　印张: 12 1/2
字数: 240 000

定价: **56.00 元**
(如有印装质量问题, 我社负责调换)

前　　言

神经网络是由大量简单的神经元按照一定连接方式形成的智能仿生网. 它以非线性神经元作为处理单元, 通过广泛连接构成大规模分布式并行处理系统. 神经网络不需预知其训练数据中输入输出之间的函数关系, 而以数据驱动的方式解决问题. 由于神经网络具有强大的模式识别能力和灵活的非线性建模能力, 它引起了越来越多的学者及工程技术人员的关注.

神经网络主要有两种: 前馈神经网络 (feedforward neural network) 和反馈 (递归) 神经网络 (recurrent neural network). 相对而言, 前馈神经网络主要适用于处理静态数据, 而反馈神经网络则更适合处理动态数据. 本书主要讨论前馈神经网络. 尽管前馈神经网络在实际中得到了广泛的应用, 但由于其模型选择至今仍无严格的理论支撑, 故模型选择仍是神经网络领域亟待解决的问题. 前馈神经网络的模型选择主要包括: 对隐含层的个数、输入层和隐含层中的节点个数、隐含层激活函数类型及连接权重的选取. 前馈神经网络模型选择的目标是对于一个特定的学习任务, 选择合适的网络规模. 如果网络规模过大, 则网络容易产生 "过拟合"(overfitting) 现象, 即虽然对训练数据暗含的输入输出映射关系可以产生较好的拟合, 而网络的泛化能力却较差. 如果网络的规模过小, 则网络容易出现 "欠拟合"(underfitting) 现象, 即网络学习的时间很长或者根本无法学习. 因此, 对前馈神经网络模型选择问题的研究具有非常重要的意义.

此外, 尽管前馈神经网络的理论和算法不断完善, 但是单个前馈神经网络在分类 (或函数逼近) 性能上难以得到很大的提高. 为了追求更高的分类准确率 (或逼近精度), 对不同类型的单个前馈神经网络进行混合使用便自然是一种切实可行的办法, 由此产生了混合前馈神经网络. 混合前馈神经网络的目的是 "综合利用各种类型的单个前馈神经网络的优点". 虽然混合前馈神经网络目前尚无严格统一的定义, 但是它主要有两种混合方式: 串联和并联, 其中串联方式是指在混合网络的两个或者多个隐含层中分别使用不同类型的激活函数, 而同一隐含层中的激活函数类型则完全相同. 并联方式具有多种构造形式, 如在混合网络的同一隐含层中使用不同类型的激活函数, 或者将不同类型的单个前馈神经网络通过特定的方式直接并联在一起. 与单个前馈神经网络相比, 混合前馈神经网络具有更高的灵活度和学习能力, 从而它一直是前馈神经网络领域的研究热点.

本书主要介绍作者已公开发表和尚未发表的研究工作. 全书共 7 章, 其内容安排如下: 第 1 章为绪论. 第 2 章为有监督学习前馈神经网络. 第 3 章为无监督学习前馈神经网络. 第 4 章为前馈神经网络的模型选择. 第 5 章为单个前馈神经网络. 第 6 章为混合前馈神经网络. 第 7 章为前馈神经网络的应用.

  本书的部分内容选自于第一作者邢红杰的博士论文, 在此特向悉心指导博士论文的指导教师、中国科学院自动化研究所胡包钢研究员表示衷心感谢. 陈继强讲师、张振辉博士和王超博士生参加了本书的讨论, 硕士生王新美和刘李飞参与了本书的排版和校对, 在此一并向他们表示感谢.

  本书的部分研究内容得到了中国博士后科学基金 (项目编号: 20080440820), 国家自然科学基金 (项目编号: 60903089, 61075051, 61073121), 河北省自然科学基金 (项目编号: F2012402037), 河北省教育厅自然科学青年基金项目 (项目编号: Q2012046) 和河北大学杰出青年基金 (项目编号: 3504020) 的资助, 特此致谢.

  由于作者学识和水平所限, 书中不足之处在所难免, 敬请同仁及读者批评指正.

作 者

2012 年 12 月 28 日

目　　录

前言
符号说明
第 1 章　绪论 ··· 1
　1.1 有监督学习和无监督学习 ··· 1
　　　1.1.1 有监督学习 ·· 1
　　　1.1.2 无监督学习 ·· 3
　1.2 神经网络的分类 ·· 3
　　　1.2.1 前馈神经网络 ·· 4
　　　1.2.2 反馈神经网络 ·· 6
　1.3 前馈神经网络的模型选择与混合策略 ······························· 6
　　　1.3.1 前馈神经网络的模型选择 ····································· 6
　　　1.3.2 前馈神经网络的混合策略 ····································· 9
　参考文献 ··· 10
第 2 章　有监督学习前馈神经网络 ······································· 14
　2.1 多层感知器神经网络 ··· 14
　　　2.1.1 网络结构 ·· 14
　　　2.1.2 学习算法 ·· 15
　　　2.1.3 逼近理论 ·· 17
　2.2 径向基函数神经网络 ··· 18
　　　2.2.1 网络结构 ·· 18
　　　2.2.2 学习算法 ·· 19
　　　2.2.3 逼近理论 ·· 21
　2.3 切比雪夫神经网络 ·· 22
　　　2.3.1 网络结构 ·· 22
　　　2.3.2 学习算法 ·· 23
　　　2.3.3 逼近理论 ·· 24
　2.4 支持向量机 ··· 25
　　　2.4.1 网络结构 ·· 25
　　　2.4.2 学习算法 ·· 27

2.4.3 逼近理论 · 28
参考文献 · 29

第 3 章 无监督学习前馈神经网络 · 33
3.1 自组织映射神经网络 · 33
3.1.1 网络结构 · 33
3.1.2 学习算法 · 34
3.1.3 核自组织映射神经网络 · 35
3.2 神经气网络 · 37
3.2.1 学习算法 · 38
3.2.2 核神经气网络 · 39
3.2.3 生长型神经气网络 · 40
3.3 主成分分析及其改进方法 · 41
3.3.1 主成分分析 · 42
3.3.2 核主成分分析 · 45
3.3.3 二维主成分分析 · 46
参考文献 · 47

第 4 章 前馈神经网络的模型选择 · 49
4.1 基于假设检验的方法 · 49
4.1.1 Wald–检验 · 49
4.1.2 LM–检验 · 50
4.2 基于信息准则的方法 · 51
4.2.1 AIC 准则和 BIC 准则 · 51
4.2.2 最小描述长度和交叉验证 · 52
4.3 基于敏感度分析的方法 · 53
4.3.1 基于偏导数的敏感度分析方法 · 53
4.3.2 基于随机分析的敏感度分析方法 · 58
4.4 基于互信息的方法 · 64
4.4.1 互信息及其估计 · 64
4.4.2 基于互信息的多层感知器两阶段构造方法 · · · · · · · · · · · · · · 67
参考文献 · 78

第 5 章 单个前馈神经网络 · 81
5.1 基于正则化相关熵的径向基函数神经网络学习方法 · · · · · · · · · · 81
5.1.1 正则化相关熵准则 · 82
5.1.2 数值实验 · 87
5.2 椭球基函数神经网络的混合学习方法 · 91

         5.2.1 椭球基函数神经网络 ·· 92
         5.2.2 椭球基函数神经网络的混合学习策略 ····························· 93
         5.2.3 数值实验 ·· 96
   5.3 基于互信息的特征加权支持向量机 ·· 100
         5.3.1 基于互信息的特征权重估计 ······································ 101
         5.3.2 特征加权支持向量机 ··· 103
         5.3.3 数值实验 ·· 105
   参考文献 ··· 111
第 6 章　混合前馈神经网络 ·· 116
   6.1 高斯、Sigmoid、切比雪夫混合前馈神经网络 ······························ 116
         6.1.1 Gauss-Sigmoid 神经网络 ·· 116
         6.1.2 高斯–切比雪夫神经网络 ··· 117
         6.1.3 数值实验 ·· 120
   6.2 基于自适应模糊 c 均值的混合专家模型 ···································· 125
         6.2.1 基于 PBMF-index 的模糊 c 均值聚类算法 ······················· 129
         6.2.2 结构描述和实现方法 ··· 130
         6.2.3 数值实验 ·· 131
   参考文献 ··· 142
第 7 章　前馈神经网络的应用 ··· 146
   7.1 前馈神经网络在人脸识别中的应用 ·· 146
   7.2 前馈神经网络在非线性时间序列预测中的应用 ······························ 150
   7.3 前馈神经网络在图像分割中的应用 ·· 154
   7.4 前馈神经网络在异常检测中的应用 ·· 157
   参考文献 ··· 162
附录　部分前馈神经网络的 Matlab 源代码 ··· 165
   附录 1　基本模型 ·· 165
   附录 2　模型选择 ·· 172
   附录 3　改进模型 ·· 176
索引 ·· 188

符号说明

$\Re$	实数域
$\Re^d$	d 维实数域
$\boldsymbol{x}$	输入向量
$\boldsymbol{t}$	目标输出向量
y_k	多层感知器第 k 个输出节点的输出
z_j	第 j 个隐含节点的输出
w_{ji}	连接第 j 个隐含节点和第 i 个输入节点的权重
w_{j0}	第 j 个隐含节点的偏差项
v_{kj}	连接第 k 个输出节点和第 j 个隐含节点的权重
v_{k0}	第 k 个输出节点的偏差项
E	误差函数
η	学习率
α	动量常数
ε	停止阈值
$\boldsymbol{c}_j$	径向基函数神经网络的第 j 个隐含节点的中心向量
σ_j	宽度参数
$T_j(\cdot)$	切比雪夫多项式正交函数
N_{train}	训练样本个数
$K(\cdot,\cdot)$	核函数
$\boldsymbol{K}$	核矩阵
N_{SV}	支持向量个数
$\boldsymbol{D}$	训练样本集
$\|\cdot\|$	欧氏范数
τ	迭代次数
$h_{ji}(\boldsymbol{x})$	自组织映射神经网络的近邻函数
$T_{\max}$	最大迭代次数
$\phi(\cdot)$	从输入空间到特征空间的映射
∇J	目标函数的梯度
X	随机向量
$\boldsymbol{\Sigma}_X$	随机向量 X 的协方差矩阵
CV	交叉验证误差
$H(C)$	熵

$H(C\|X)$	条件熵
$I(C;X)$	互信息
$\Gamma(\cdot)$	Gamma 函数
$\boldsymbol{I}$	单位矩阵
μ_{ji}	第 j 个样本属于第 i 个聚类的隶属度
$\mathrm{sgn}(\cdot)$	符号函数
RMSE	均方根误差
$p(\boldsymbol{x})$	概率密度函数
π_k	高斯混合模型的混合权重
$\mathrm{tr}[\cdot]$	矩阵的迹
Φ_{θ_i}	参数 θ_i 的重要性
$\boldsymbol{S}_{y\theta}$	输出敏感度矩阵
$g_i(\cdot)$	门网函数
$\|\cdot\|_1$	$L1$ 范数
$\boldsymbol{\beta}$	特征权重向量

第1章　绪　　论

神经网络是由简单处理单元构成的大规模并行分布式处理系统，具有联想记忆和存储知识的特性. 神经网络是从人脑的结构出发模拟人的智能行为. 它与人脑具有相似之处，主要表现在两个方面：一是通过学习过程从外部环境中获取知识；二是利用内部神经元存储知识.

神经网络为逼近连续值、离散值及向量值的目标函数提供了鲁棒的学习方法. 它善于联想、概括、类比和推广. 对于学习、解释复杂的传感器数据等问题，神经网络是一种高效的学习方法. 另外，神经网络具有很强的自学习能力，可在学习过程中不断完善.

神经网络涉及应用数学、电子科学与技术、信息与通信工程、计算机科学与技术、电气工程、控制科学与技术等诸多学科，其应用已扩展到模式识别与图像处理、时间序列分析、控制与优化、系统辨识、通信等众多领域.

1.1　有监督学习和无监督学习

在学习神经网络参数时，如果训练样本的目标输出已知，可以统计出训练样本不同的描述量，如概率分布或在特征空间分布的区域等. 利用这些信息进行神经网络设计的过程称为有监督学习. 在实际应用中，有时训练样本的目标输出未知，仅能利用训练样本的输入特征进行神经网络设计，这种学习过程就是无监督学习.

1.1.1　有监督学习

图 1.1 给出了有监督学习系统的框图. 有监督学习的学习形式是误差-修正学习 (error-correction learning) 的基础. 注意在图 1.1 中，未知环境不包含在框图中. 通常可以采用训练样本的均方误差或平方误差和作为有监督学习系统性能的目标函数，该函数可以定义为学习系统关于自由参数 (如连接权重) 的函数. 随着时间的变化，学习系统的性能会逐渐提高，同时其目标函数值也会越来越小，直至达到误差极小点，该极小点可能是局部最小点，也可能是全局最小点.

对于有监督学习，需要给出训练样本的目标输出. 若目标输出为连续值，则该学习问题为回归问题. 若目标输出仅能在一个包含有限个元素的集合中取值，则该学习问题为分类问题. 下面分别举例说明.

对于回归问题，考虑一维 Sinc 函数：

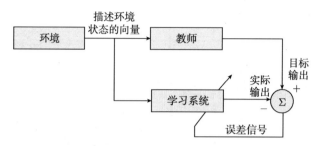

图 1.1 有监督学习系统的框图

$$y = \frac{\sin(x)}{x} + \rho \tag{1.1}$$

其中 $\rho \sim N(0,\sigma^2)$ 为服从高斯分布的噪声. 按式 (1.1) 生成 100 个训练数据 $\{(x_i,y_i)\}_{i=1}^{100}$, x_i 在区间 $[-10,10]$ 上均匀抽取, 标准差 $\sigma = 0.2$. 所产生的训练数据如图 1.2 所示. 利用这些训练数据学习神经网络, 得到回归函数. 由神经网络产生的回归曲线如图 1.2 所示. 对于待测数据 x, 将其输入神经网络, 即可得到相应的网络输出.

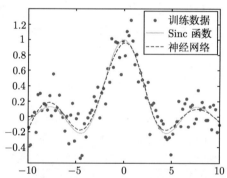

图 1.2 神经网络在 Sinc 数据集上的回归效果

对于分类问题, 考虑图 1.3 中的香蕉型数据集, 该数据集是二维空间中线性不可分的人工数据集, 它由 100 个样本组成, 其中正类和负类样本各 50 个, 两类样本

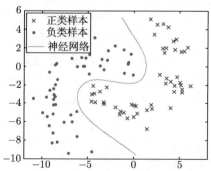

图 1.3 神经网络在香蕉型数据集上的分类效果

1.2 神经网络的分类

均呈现为香蕉形状. 利用训练数据学习神经网络, 得到决策函数, 所得分类边界如图 1.3 所示. 对于待测特征向量 $x \in \Re^2$, 将之输入神经网络产生的决策函数, 即可得到 x 的类别标号.

1.1.2 无监督学习

在无监督学习中, 没有用于监督学习过程的目标输出. 无监督学习系统的框图如图 1.4 所示. 无监督学习必须提供任务独立度量 (task-independent measure) 来评价神经网络的表达质量, 让网络学习该度量并根据该度量优化网络参数. 对一个特定的任务独立度量, 一旦神经网络能够和输入数据的统计规律一致, 则网络将具有描述输入数据编码特征的内部表示能力, 从而自动产生新的类别[1].

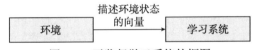

图 1.4 无监督学习系统的框图

为了完成无监督学习, 可以使用竞争学习规则. 例如, 可以采用包含两层的神经网络: 输入层和竞争层. 输入层接收训练数据, 竞争层由相互竞争 (按一定的学习规则) 的神经元组成, 它们试图获得响应包含在训练数据中的特征的 "机会". 最简单的形式就是神经网络采用 "胜者全得"(winner-take-all) 的学习策略.

考虑图 1.5(a) 中的人工数据集, 该数据集包含 100 个二维样本点, 分布在 5 组中. 这些样本的类别标号是未知的. 采用上述竞争学习规则对神经网络进行训练, 即可得到图 1.5(b) 的分组结果, 从而得到每个样本的类别标号.

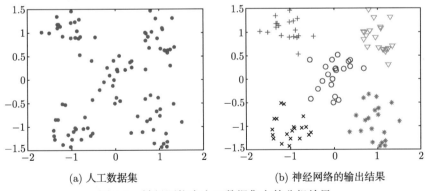

(a) 人工数据集 (b) 神经网络的输出结果

图 1.5 神经网络在人工数据集上的分组结果

1.2 神经网络的分类

可以从不同的角度对神经网络进行分类, 如①从网络性能角度可将神经网络分为连续型神经网络与离散型神经网络、确定性神经网络与随机性神经网络; ②从网络结构角度可将神经网络分为前馈神经网络与反馈神经网络; ③从学习方式角度可将神经网络分为有监督学习神经网络和无监督学习神经网络; ④从突触连接性质角度可将神经网络分为一阶线性关联神经网络和高阶非线性关联神经网络.

下面简要介绍几种常用的前馈神经网络和反馈神经网络.

1.2.1 前馈神经网络

本书中的前馈神经网络包括两大类: 单个前馈神经网络和混合前馈神经网络. 混合前馈神经网络由两个或两个以上单个前馈神经网络按照某种混合方式组合而成. 下面分别介绍几种常用的前馈神经网络.

1.2.1.1 单层前馈神经网络

单层前馈神经网络的网络结构如图 1.6 所示, 所谓的 "单层" 是指前馈神经网络拥有的计算节点仅有一层, 输入层中的节点不具有执行计算的功能. 单层感知器和自适应线性元件均属于单层前馈神经网络.

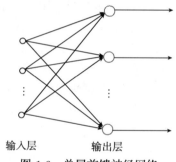

图 1.6 单层前馈神经网络

1.2.1.2 多层前馈神经网络

多层前馈神经网络是单层前馈神经网络的推广, 两者的区别在于: 多层前馈神经网络含有一个或更多的隐含层, 其计算节点被称为隐含神经元或隐含节点, 一个四层前馈神经网络的网络结构如图 1.7 所示.

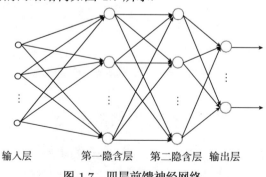

图 1.7 四层前馈神经网络

多层前馈神经网络输入层中的每个源节点的激励模式 (输入向量) 作为第二层 (第一隐含层) 的输入信号, 第二层输出信号成为第三层的输入, 其余层类似. 网络各隐含层中的神经元将它们前一层神经元的输出信号用作输入. 最终, 网络输出层神经元的输出信号组成了对网络中输入层源节点产生的激励模式的全部响应.

本书中的多层感知器和径向基函数神经网络均属于多层前馈神经网络.

1.2.1.3 竞争前馈神经网络

竞争前馈神经网络的主要特点是其输出神经元相互竞争以确定胜者, 胜者会指出哪个原型向量 (中心向量) 最能代表输入向量. Hamming 网络是一种最简单的竞争前馈神经网络, 其网络结构如图 1.8 所示. 该神经网络有一个单层的输出神经元, 每个输出神经元都与输入节点全连接, 输出神经元之间也相互连接且相互横向侧抑制.

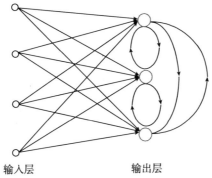

输入层　　　　　输出层

图 1.8　Hamming 网络

本书中的自组织映射神经网络属于竞争前馈神经网络.

1.2.1.4 混合前馈神经网络

混合前馈神经网络由两个或两个以上单个前馈神经网络混合形成. 图 1.9 所示

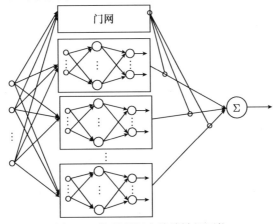

图 1.9　并联型混合前馈神经网络

的是并联型混合前馈神经网络,它由多个单个前馈神经网络和一个门网组成,门网充当协调者的角色,按贡献量的大小为各单个前馈神经网络赋予不同的权重,使不同的单个前馈神经网络在输入空间的不同区域上工作得最好.

1.2.2 反馈神经网络

在反馈神经网络中至少含有一个反馈回路. 反馈神经网络可以包含一个单层神经元,其中每个神经元将自己的输出信号反馈给其他所有神经元的输入,如图 1.10(a) 所示的 Hopfield 网络,图 1.10(b) 所示的是含有隐含层的反馈神经网络,图 1.10(a) 和图 1.10(b) 中的反馈连接始于隐含神经元和输出神经元,且反馈连接没有自反馈回路.

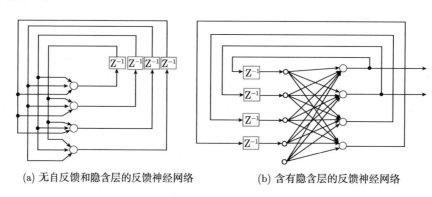

(a) 无自反馈和隐含层的反馈神经网络   (b) 含有隐含层的反馈神经网络

图 1.10　反馈神经网络

1.3　前馈神经网络的模型选择与混合策略

由于具有强大的模式识别能力和灵活的非线性建模能力,前馈神经网络一直是模式识别和机器学习领域关注的焦点. 但是,我们仍需面对前馈神经网络的两大挑战: 网络结构选取和最优权重训练[2]; 混合前馈神经网络的混合策略[3]. 下面分别对这两方面的研究成果进行简要介绍.

1.3.1　前馈神经网络的模型选择

前馈神经网络的模型选择主要包括: 隐含层个数、输入层和隐含层中的节点个数、隐含层激活函数类型及连接权重的选取. 本节主要介绍前馈神经网络模型选择的研究进展,并介绍与选取最优连接权重相关的前馈神经网络学习方法.

1.3.1.1　结构选取

前馈神经网络的泛化能力取决于三个主要因素,即问题本身的复杂程度、网络结构及样本量大小[4]. 前馈神经网络结构选取的任务与模型选择完全相同,在本书中对两者不加区分. 下面仅讨论多层感知器和径向基函数神经网络的结构选取问题.

对于早期的前馈神经网络结构选取, Andres 和 Kron[5] 将已有方法分为三类: 正则化方法、剪枝法和停止训练法.

在正则化方法中, 网络权重的选取需要满足条件: 最小化以网络复杂度为惩罚项的目标函数. 于是训练网络的目标函数可以表示为

$$E = E_T + \lambda E_C, \tag{1.2}$$

其中, E_T 为误差函数 (如误差平方和), E_C 为惩罚项[6,7]. 常数 λ 控制惩罚项的影响程度. 为了自动选取最优的 λ, MacKay[8,9] 提出了贝叶斯正则化方法.

剪枝法是从一个较大的网络开始逐渐删去一些不重要的权重或节点[10]. 被删去的权重或节点往往对整个网络的性能不能提供 "显著性" 的贡献. 然而, 这种 "显著性" 通常不能在统计测试的基础上得到. 剪枝的方法为: 将某个权重设为零, 则这个权重的 "显著性" 定义为网络模型误差的增加, 从而移除那些 "显著性" 较小的权重.

在停止训练法中, 训练数据集被分为训练集 (training set) 和验证集 (validation set). 训练集用来优化拟合度规则, 而验证集则用来反映模型的性能[11]. 如果在训练过程中模型对于验证集的误差开始增加则停止训练.

虽然这些传统方法可以取得满意的效果, 但是它们却偏向于启发式. 因此针对不同的传统结构选取方法, 出现了多种改进策略, 如基于敏感度分析的方法和基于信息理论的方法.

基于敏感度分析的方法属于剪枝方法, 它利用网络输出 (或目标函数) 关于参数的导数来度量参数与输出的相关程度. 用敏感度分析方法删减多层感知器不相关输入节点的代表性工作可参见文献[12]. Engelbrecht[13] 将输入节点剪枝和隐含节点剪枝合并为一个问题, 提出了基于统计检验的剪枝方法并取得了较好的实验结果. Zeng 和 Yeung[14] 提出了基于随机敏感度分析的多层感知器隐含节点剪枝方法, 在所提方法中, 隐含节点的重要性由其随机敏感度和连接权重进行度量. 在互信息的基础上, Xing 和 Hu[15] 提出了基于信息理论准则的多层感知器结构选取方法. 在该方法中, 隐含节点的相关度由互信息和权重的贡献量确定, 实验结果表明该方法能够产生优于敏感度分析[13] 的网络结构和泛化性能.

近年来, 又出现了许多新的前馈神经网络结构选取方法. Xiang 等[16] 从几何角度对多层感知器进行了解释, 为多层感知器提出了有效的结构选取方法, 并指出如果在目标函数图像的中间部位有平整曲面 (flat surface), 则使用四层感知器代替三层感知器会取得更优的结果. Yeung 等[17] 将局部泛化误差界用于确定径向基函数神经网络的最优网络结构. Eğrioğlu 等[18] 提出了基于多种信息准则的神经网络结

构选取方法, 这些信息准则包括: AIC[19]、BIC[20]、均方根误差 (root mean squared error, RMSE)、平均绝对百分比误差 (mean absolute percentage error, MAPE)、测向精度 (direction accuracy, DA)[21] 和修正测向精度 (modified direction accuracy, MDA) 准则. Aladag[22] 将禁忌搜索 (tabu search) 用于为前馈神经网络确定最优的网络结构. Zou 等[23] 将 BIC 信息准则用于选择径向基函数神经网络的结构并为激活函数选取最优的宽度参数. Du 等[24] 将快速递归方法和留一法交叉验证准则结合在一起, 为径向基函数神经网络提出了一种局部正则化自动构造法.

1.3.1.2 最优权重训练

在实际应用中, 前馈神经网络面临如下两个难题: ①学习不够充分, 容易陷入局部极值; ②学习速度慢. 克服上述难题的方法分别为提高前馈神经网络的泛化能力和学习速度. 为了提高前馈神经网络的泛化能力, 国内外学者对神经网络集成进行了卓有成效的研究 [25-28]. 为了提高前馈神经网络的学习速度, 一些学者提出了新型的前馈神经网络模型, 如局部耦合神经网络[29] 和极端学习机[30] 等.

除了神经网络集成和新型的前馈神经网络模型. 近年来, 又涌现了大量新的前馈神经网络学习方法. Castillo 等[31] 为多层感知器设计了基于敏感度分析的学习方法, 首先为第一层隐含节点的输出赋予随机值, 然后使用基于敏感度的公式对网络权重加以更新, 实验结果表明所提方法比已有学习方法具有更快的学习速度和更优的泛化性能. 为了克服多层感知器容易陷入 "平台" (plateau) 的缺陷, Cousseau 等[32] 对标准梯度下降法和自然梯度下降法的渐近分析解进行了理论和实验分析, 并将代数几何中的 "blow-down" 技术引入到自然梯度下降法之中. Kostopoulos 和 Grapsa[33] 为多层感知器设计了基于 Perry 共轭梯度[34] 的学习算法, 并提出了一类新的共轭梯度法, 即自比例共轭梯度法 (self-scaled conjugate gradient). Al-Batah 等[35] 为混合多层感知器设计了称为修正递归最小二乘的学习算法, 并使用变化的遗忘因子优化了学习率和动量常数的更新方式, 以进一步提高所提算法的收敛速度. Ludwig 和 Nunes[36] 为多层感知器提出了三种新型的学习方法: 最大间隔梯度下降法、类内冲突最小化法及混合学习法. Widrow 等[37] 为多层感知器提出了称为 "No-Propagation" 的学习算法, 在所提算法中, 隐含层节点的权重被设置为随机数, 仅需利用最速下降法学习输出节点的权重, 在训练时采用 Widrow 和 Hoff 的最小均方误差算法.

Valls 等[38] 改进了径向基函数神经网络的懒惰学习策略, 利用高斯函数和逆函数动态地选取学习样本. Hong[39] 为径向基函数神经网络建立了一种新的拓扑结构, 称为边界值约束径向基神经网络, 与已有神经网络仅利用观测数据的训练方式不同, 所提方法还利用了确定性先验知识和随机数据. Bortman 和 Aladjem[40] 利用高斯混合模型和近似节点的分析解, 对径向基函数神经网络的广义增长和剪枝学习算法进行了改进, 以使广义增长和剪枝法适用于处理复杂的高维数据. Yeung 等[41] 为径向基函数神经网络提出了基于局部泛化误差的目标函数, 该目标函数为训练样本局部邻域内的未知样本提供了局部泛化误差界, 通过最小化基于局部泛化误差的目标函数, 径向基函数神经网络可以产生更优的泛化性能. Du 等[42] 通过约减误差协方差矩阵的迹选取径向基函数神经网络的中心向量, 并利用回代 (back substitution) 方法求取连接权重, 所提方法可以有效地降低计算复杂度. Kokshenev 和 Beraga[43] 为径向基函数神经网络提出了一种多目标学习算法, 所提算法能够对径向基函数神经网络的帕雷托最优 (Pareto-optimal) 假设空间进行全局搜索, 确定出合适的连接权重和基函数. 为了使径向基函数神经网络更适用于非线性建模和辨识, Han 和 Qiao[44] 为其提出了基于自适应计算算法的学习方法, 并利用 Lyapunov 准则对自适应计算算法的收敛性进行了分析. 与已有方法相比, 所提方法取得了更快的学习速度和更优的建模性能. Xie 等[45] 为径向基函数神经网络提出了一种改进的二阶学习算法, 该算法具有更快的收敛速度和更强的搜索能力, 此外, 它在计算过程中仅需存储雅可比向量, 而不需要存储整个雅可比矩阵.

1.3.2 前馈神经网络的混合策略

与单个前馈神经网络相比, 混合前馈神经网络具有五个优势[46]: ①利用 "分而治之" 的策略, 将复杂的分类 (或回归) 任务分解为若干简单的子任务; ②具有更优的泛化性能; ③在控制中, 能够克服 "时间交叉"(temporal crosstalk) 现象; ④当环境发生变化时, 仅需对系统进行局部调整, 而非调整整个系统; ⑤可以利用不同的激活函数和不同的网络结构.

Auda 和 Kamel[47] 从生理、心理、硬件和计算角度分别阐述了构造混合前馈神经网络的动机, 将整个构造过程分为三个阶段: 任务分解、参数学习及多模块决策, 并指出了所考察混合前馈神经网络的优点和不足. Wedge 等 [48] 设计了全局–局部神经网络, 首先利用 Levenberg-Marquardt 算法训练多层感知器, 然后利用正交最小二乘法和前向选择策略在网络中增加径向基函数节点, 最后利用 Levenberg-Marquardt 算法更新网络中的所有权重. Silva 和 Campos[49] 设计了基于多层感知器的混合前馈神经网络, 所有多层感知器均由弹性反传 (resilient backpropagation) 算法训练, 与单个多层感知器相比, 混合前馈神经网络能够取得更高的准确率和更低的计算消耗. Minku 等[50] 首先利用聚类方法将输入空间划分为不同的区域, 在互不相交的区域上分别构造前馈神经网络, 最后利用协同进化遗传算法优化各个前馈神经网络的网络结构. Gradojevic 等[51] 将代价函数分解为多个前馈神经网络, 使用给定的数据集独立地训练这些前馈神经网络, 在进行预测时, 仅有一个前馈神经网络被激活. Chen 等[52] 从理论和应用两方面证明了在噪声环境下, 分布式神经网络比非分布式神经网络更为稳定. 分布式神经网络由两层构成, 第一层前馈神经网络称为区域子网络，第二层前馈神经网络称为组装神经网络。Cao 等[53] 利用混合前馈神经网络设计了一种微波腔体滤波器的高维非参数模型，他们将滤波结构分解，并用一组前馈神经网络分别学习不同的滤波成分。各个前馈神经网络的输出由频率空间映射模块进行整合，作为混合前馈神经网络的输出。

参 考 文 献

[1] Becker S. Unsupervised learning procedures for neural networks. International Journal of Neural Systems, 1991, 2: 17-33

[2] Wang B, Chiang H D. ELITE: Ensemble of optimal input-pruned neural networks using TRUST-TECH. IEEE Transactions on Neural Networks, 2011, 22(1): 96-109

[3] Yuksel S E, Wilson J N, Gader P D. Twenty years of mixture of experts. IEEE Transactions on Neural Networks and Learning Systems, 2012, 23(8): 1177-1193

[4] 闫平凡, 张长水. 人工神经网络与模拟进化计算. 北京: 清华大学出版社, 2000

[5] Andres U, Korn O. Model selection in neural networks. Neural Networks, 1999, 12: 309-323

[6] Girosi F, Jones M, Poggio T. Regularization theory and neural network architectures. Neural Computation, 1995, 7: 219-269

[7] Williams P M. Bayesian regularization and pruning using a Laplace prior. Neural Computation, 1995, 7: 117-143

[8] MacKay D J C. A practical Bayesian framework for backprop networks. Neural Computation, 1992, 4(5): 448-472

[9] MacKay D J C. The evidence framework applied to classification networks. Neural Computation, 1992, 4(5): 720-736

[10] Setiono R. A penalty-function approach for pruning feedforward neural networks. Neural Computation, 1997, 9: 185-204.

[11] Reed R. Pruning algorithms—a survey. IEEE Transactions on Neural Networks, 1993, 4(5): 740-747

[12] Zurada J M, Malinowski A, Usui S. Perturbation method for deleting redundant inputs of perceptron networks. Neurocomputing, 1997, 14: 177-193

[13] Engelbrecht A P. A new pruning heuristics based on variance analysis of sensitivity information. IEEE Transactions on Neural Networks, 2001, 12(6): 1386-1399

[14] Zeng X, Yeung D S. Hidden neuron pruning of multilayer perceptrons using a quantified sensitivity measure. Neurocoputing, 2006, 69: 825-837

[15] Xing H J, Hu B G. Two-phase construction of multilayer perceptrons using information theory. IEEE Transactions on Neural Networks, 2009, 20(4): 715-721

[16] Xiang C, Ding S Q, Lee T H. Geometrical interpretation and architecture selection of MLP. IEEE Transactions on Neural Networks, 2005, 16(1): 84-96

[17] Yeung D S, Ng W W Y, Wang D, et al. Localized generalization error model and its application to architecture selection for radial basis function neural network. IEEE Transactions on Neural Networks, 2007, 18(5): 1294-1305

[18] Eğrioğlu E, Alada Ç H, Günay S. A new model selection strategy in artificial neural networks. Applied Mathematics and Computation, 2008, 195: 591-597

[19] Akaike H. A new look at statistical model identification. IEEE Transactions on Automatic Control, 1974, AC-19: 716-723

[20] Schwarz G. Estimating the dimension of a model. The Annals of Statistics, 1978, 6: 461-464

[21] Qi M, Zhang G. An investigation of model selection criteria for neural network time series forecasting. European Journal of Operational Research, 2001, 132: 666-680

[22] Aladag C H. A new architecture selection method based on tabu search for artificial neural networks. Neurocomputing, 2011, 38: 3287-3293

[23] Zou P, Li D, Wu H, et al. The automatic model selection and variable kernel width for RBF neural networks. Neurocomputing, 2011, 74: 3628-3637

[24] Du D, Li X, Fei M, et al. A novel locally regularized automatic construction method of RBF neural models. Neurocomputing, 2012, 98: 4-11

[25] Hansen L K, Salamon P. Neural network ensembles. IEEE Transactions on Pattern Analysis and Machine Intelligence, 1990, 12(10): 993-1001

[26] 周志华, 陈世福. 神经网络集成. 计算机学报, 2002, 25(1): 1-8

[27] Islam M M, Yao X, Murase K. A constructive algorithm for training cooperative neural network ensembles. IEEE Transactions on Neural Networks, 2003, 14(4): 820-834

[28] Chen H, Yao X. Regularized negative correlation learning for neural network ensembles. IEEE Transactions on Neural Networks, 2009, 20(12): 1962-1979

[29] Sun J. Local coupled feedforward neural network. Neural Networks, 2010, 23(1): 108-113

[30] Huang G B, Wang D H, Lan Y. Extreme learning machine: a survey. International Journal of Machine Learning and Cybernetics, 2011, 2(2): 107-122

[31] Castillo E, Guijarro-Berdiñas B, Fontenla-Romero O, et al. A very fast learning method for neural networks based on sensitivity analysis. Journal of Machine Learning Research, 2006, 7: 1159-1182

[32] Cousseau F, Ozeki T, Amari S. Dynamics of learning in multilayer perceptrons near singularities. IEEE Transactions on Neural Networks, 2008, 19(8): 1313-1328

[33] Kostopoulos A E, Grapsa T N. Self-scaled conjugate gradient training algorithms. Neurocomputing, 2009, 72: 3000-3019

[34] Perry A. A modified conjugate gradient algorithm. Operations Research, 1978, 26: 26-43

[35] Al-Batah M S, Isa N A M, Zamli K Z, et al. Modified recursive least squares algorithm to train the hybrid multilayered perceptron (HMLP) network. Applied Soft Computing, 2010, 10: 236-244

[36] Ludwig O, Nunes U. Novel maximum-margin training algorithms for supervised neural networks. IEEE Transactions on Neural Networks, 2010, 21(6): 972-984

[37] Widrow B, Greenblatt A, Kim Y, et al. The No-Prop algorithm: a new learning algorithm for multilayer neural networks. Neural Networks, 2013, 37: 182-188

[38] Valls J M, Galván I M, Isasi P. Learning radial basis neural networks in a lazy way: a comparative study. Neurocomputing, 2008, 71: 2529-2537

[39] Hong X. A new RBF neural network with boundary value constraints. IEEE Transactions on Systems, Man, and Cybernetics-Part B: Cybernetics, 2009, 39(1): 298-303

[40] Bortman M, Aladjem M. A growing and pruning method for radial basis function networks. IEEE Transactions on Neural Networks, 2009, 20(6): 1039-1045

[41] Yeung D S, Chan P P K, Ng W W Y. Radial basis function network learning using localized generalization error bound. Information Sciences, 2009, 179: 3199-3217

[42] Du D, Li K, Fei M. A fast multi-output RBF neural network construction method. Neurocomputing, 2010, 73: 2196-2202

[43] Kokshenev I, Beraga A P. An efficient multi-objective learning algorithm for RBF neural network. Neurocomputing, 2010, 73: 2799-2808

[44] Han H G, Qiao J F. Adaptive computation algorithm for RBF neural network. IEEE Transactions on Neural Networks and Learning Systems, 2012, 23(2): 342-347

[45] Xie T, Yu H, Hewlett J, et al. Fast and efficient second-order method for training radial basis function networks. IEEE Transactions on Neural Networks, 2012, 23(4): 609-619

[46] Ronco E, Gawthrop P J. Modular neural networks: a state of the art. Technical Report CSC-95026, Centre for System and Control, University of Glasgow, 1995

[47] Auda G, Kamel M. Modular neural networks: a survey. International Journal of Neural Systems, 1999, 9(2): 129-151

[48] Wedge D, Ingram D, McLean D, et al. On global-local artificial neural networks for function approximation. IEEE Transactions on Neural Networks, 2006, 17(4): 942-952

[49] Silva P H F, Campos A L P S. Fast and accurate modelling of frequencyselective surfaces using a new modular neural network configuration of multilayer perceptrons. IET Microwaves, Antennas & Propagation, 2008, 2(5): 503-511

[50] Minku F L, Ludermir T B. Clustering and co-evolution to construct neural network ensembles: an experimental study. Neural Networks, 2008, 21(9): 1363-1379

[51] Gradojevic N, Gençay R, Kukolj D. Option pricing with modular neural networks. IEEE Transactions on Neural Networks, 2009, 20(4): 626-637

[52] Chen L, Xue W, Tokuda N. Classification of 2-dimensional array patterns: Assembling many small neural networks is better than using a large one. Neural Networks, 2010,

23(6): 770-781

[53] Cao Y, Reitzinger S, Zhang Q J. Simple and efficient high-dimensional parametric modeling for microwave cavity filters using modular neural network. IEEE Microwave Theory and Wireless Component Letters, 2011, 21(5): 258-260

第 2 章　有监督学习前馈神经网络

有监督学习前馈神经网络是指用于有监督学习的前馈神经网络,常用的四种有监督学习前馈神经网络有多层感知器神经网络 (multilayer perceptron neural network)、径向基函数神经网络 (radial basis function neural network)、切比雪夫神经网络 (Chebyshev neural network) 和支持向量机 (support vector machine). 本章将从网络结构、学习算法和逼近理论三个方面分别对它们加以介绍.

2.1　多层感知器神经网络

多层感知器神经网络 (又称多层感知器) 由三部分组成[1]: 输入层、隐含层和输出层. 输入层由一组感知单元 (源节点) 组成, 神经元的个数为输入向量的维数. 隐含层由一层或多层计算节点组成, 其层数以及隐含节点的个数视具体情况而定. 输出层由一层计算节点组成, 神经元的个数为输出向量的维数. 多层感知器能解决单层感知器不能解决的非线性问题, 是单层感知器的推广. 由于能够处理复杂的学习任务, 多层感知器被广泛地用于模式识别[2-4]、信号处理[5-7] 和时间序列预测[8-11] 等领域.

2.1.1　网络结构

图 2.1 是含有一个隐含层的三层感知器, 且隐含层和输出层的激活函数分别为 Sigmoid 函数

$$\psi(a) = \frac{1}{1+\mathrm{e}^{-a}} = \frac{1}{1+\exp\{-a\}}, \quad a \in \Re, \tag{2.1}$$

和线性函数

$$f(b) = b, \quad b \in \Re, \tag{2.2}$$

设网络的输入向量为 $\boldsymbol{x} = (x_1, x_2, \cdots, x_d)^{\mathrm{T}} \in \Re^d$, 则其隐含层第 j 个节点的输出为

$$z_j = \psi\left(\sum_{i=1}^{d} w_{ji} x_i + w_{j0}\right) \tag{2.3}$$

其中 w_{ji} 是连接第 j 个隐含节点和第 i 个输入节点的权重, w_{j0} 为偏差项. 输出层第 k 个节点关于 $\boldsymbol{x}$ 的网络输出为

2.1 多层感知器神经网络

$$y_k(\boldsymbol{x}) = \sum_{j=1}^{n} v_{kj} z_j + v_{k0} = \sum_{j=1}^{n} v_{kj} \frac{1}{1 + \exp\left\{-\sum_{i=1}^{d} w_{ji} x_i - w_{j0}\right\}} + v_{k0}, \quad (2.4)$$

其中 v_{kj} 是连接第 k 个输出节点和第 j 个隐含节点的权重, v_{k0} 为偏差项.

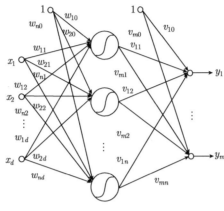

图 2.1 三层感知器

2.1.2 学习算法

训练多层感知器的常用方法有两种: 一种是随机搜索方法; 另一种是基于梯度的方法. 在随机搜索方法中, 主要方法有模拟退火算法[12]、趋化 (chemotaxis) 算法[13,14]、扩散 (diffusion) 算法[15] 和遗传算法[16-18]. 根据目标函数导数的阶数不同, 基于梯度的训练方法可以分为两类: 一阶算法和两阶算法. 一阶算法使用最多的是误差反传算法[19] 及带有动量 (momentum) 项的误差反传算法[20]; 常用的两阶算法有牛顿法[21]、Davidon-Fletcher-Powell 方法、Broyden-Fletcher-Goldfarb-Shanno 方法、一步正切 (one-step secant) 法、共轭梯度法[22] 和比例共轭梯度法[23].

如无特别说明, 本节的多层感知器均为三层感知器, 且隐含层激活函数和输出层激活函数分别为 Sigmoid 函数和线性函数. 本节将介绍带有动量项的误差反传算法, 其他方法可查阅本章给出的相应参考文献.

设多层感知器的训练样本集为 $\boldsymbol{D} = \{(\boldsymbol{x}^{(p)}, \boldsymbol{t}^{(p)})\}_{p=1}^{N_{\text{train}}}$, 其中 $\boldsymbol{x}^{(p)} \in \Re^d$ 为输入向量, $\boldsymbol{t}^{(p)} \in \Re^m$ 是与之对应的输出向量, N_{train} 为训练样本的个数. 设网络训练的误差函数为误差平方和:

$$E = \frac{1}{2} \sum_{p=1}^{N_{\text{train}}} \sum_{k=1}^{m} \left[t_k^{(p)} - y_k^{(p)}\right]^2, \quad (2.5)$$

其中 $y_k^{(p)} = y_k(\boldsymbol{x}^{(p)})$. 根据链式求导法则可得

$$\frac{\partial E}{\partial v_{kj}} = \sum_{p=1}^{N_{\text{train}}} \left[y_k^{(p)} - t_k^{(p)} \right] \psi \left(\sum_{i=1}^{d} w_{ji} x_i + w_{j0} \right), \tag{2.6}$$

$$\frac{\partial E}{\partial v_{k0}} = \sum_{p=1}^{N_{\text{train}}} \left[y_k^{(p)} - t_k^{(p)} \right], \tag{2.7}$$

$$\frac{\partial E}{\partial w_{ji}} = \sum_{p=1}^{N_{\text{train}}} \sum_{k=1}^{m} \left[y_k^{(p)} - t_k^{(p)} \right] \psi \left(\sum_{i=1}^{d} w_{ji} x_i + w_{j0} \right) \left[1 - \psi \left(\sum_{i=1}^{d} w_{ji} x_i + w_{j0} \right) \right] x_i \tag{2.8}$$

且

$$\frac{\partial E}{\partial w_{j0}} = \sum_{p=1}^{N_{\text{train}}} \sum_{k=1}^{m} \left[y_k^{(p)} - t_k^{(p)} \right] \psi \left(\sum_{i=1}^{d} w_{ji} x_i + w_{j0} \right) \left[1 - \psi \left(\sum_{i=1}^{d} w_{ji} x_i + w_{j0} \right) \right]. \tag{2.9}$$

于是每次迭代时的权重和偏差项的改变量分别为 $\Delta v_{kj} = -\eta \dfrac{\partial E}{\partial v_{kj}}$, $\Delta v_{k0} = -\eta \dfrac{\partial E}{\partial v_{k0}}$, $\Delta w_{ji} = -\eta \dfrac{\partial E}{\partial w_{ji}}$, $\Delta w_{j0} = -\eta \dfrac{\partial E}{\partial w_{j0}}$, 其中 η 为学习率. 根据带有动量项的误差反传算法可得

$$\Delta v_{kj} = -\eta \frac{\partial E}{\partial v_{kj}} + \alpha \Delta v_{kj}^{\text{old}}, \tag{2.10}$$

$$\Delta v_{k0} = -\eta \frac{\partial E}{\partial v_{k0}} + \alpha \Delta v_{k0}^{\text{old}}, \tag{2.11}$$

$$\Delta w_{ji} = -\eta \frac{\partial E}{\partial w_{ji}} + \alpha \Delta w_{ji}^{\text{old}}, \tag{2.12}$$

$$\Delta w_{j0} = -\eta \frac{\partial E}{\partial w_{j0}} + \alpha \Delta w_{j0}^{\text{old}}, \tag{2.13}$$

其中 α 为动量常数.

综上所述, 带有动量项的误差反传算法可以概括成以下 4 个步骤:

步骤 1: 初始化权重和偏差项 v_{kj}, w_{ji}, v_{k0} 和 w_{j0}, 其中指标 $k = 1, 2, \cdots, m$, $j = 1, 2 \cdots, n$ 且 $i = 1, 2, \cdots, d$, 设置学习率 η 和动量常数 α 使得 $\eta, \alpha \in [0, 1]$;

步骤 2: 对输入向量 $\boldsymbol{x}^{(p)} (p = 1, 2, \cdots, N_{\text{train}})$, 按照式 (2.4) 计算网络的各个输出 $y_k^{(p)}$, 然后用网络输出 $y_k^{(p)}$ 和目标输出 $t_k^{(p)}$ 计算误差 $E = \dfrac{1}{2} \sum_{p=1}^{N_{\text{train}}} \sum_{k=1}^{m} \left[t_k^{(p)} - y_k^{(p)} \right]^2$, 如果误差大于预先给定的阈值, 则进入步骤 3, 否则转入步骤 4;

步骤 3: 如果迭代次数大于预先设定的最大迭代次数, 则进入步骤 4, 否则按以下公式更新权重和偏差项 $v_{kj}^{\text{new}} = v_{kj}^{\text{old}} + \Delta v_{kj}, v_{k0}^{\text{new}} = v_{k0}^{\text{old}} + \Delta v_{k0}, w_{ji}^{\text{new}} = w_{ji}^{\text{old}} + \Delta w_{ji}, w_{j0}^{\text{new}} = w_{j0}^{\text{old}} + \Delta w_{j0}$, 并且返回步骤 2;

步骤 4: 停止训练.

2.1.3 逼近理论

Cybenko 在文献 [24] 中首次严格证明了含有一个隐含层的三层感知器能够一致逼近单位超立方体中支集上的任何函数, 即多层感知器为通用逼近器. 同年, Funahashi[25] 以及 Hornik 等[26] 也分别证明了该结论.

定理 2.1.1 令 $\varphi(\cdot)$ 为有界、非常量的单调递增连续函数, I_d 为 d 维单位超立方体 $[0,1]^d$. $C(I_d)$ 表示定义在 I_d 上的连续函数构成的集合, 给定任何函数 $f \in C(I_d)$ 和 $\varepsilon > 0$, 则存在整数 n 和一组常数 α_j, θ_j 和 $w_{ji}(i=1,2,\cdots,d, j=1,2,\cdots,n)$ 使得网络输出

$$F(x_1, x_2, \cdots, x_d) = \sum_{j=1}^{n} \alpha_j \varphi \left(\sum_{i=1}^{d} w_{ji} x_i - \theta_j \right) \tag{2.14}$$

可以任意逼近 $f(\cdot)$, 即

$$|F(x_1, x_2, \cdots, x_d) - f(x_1, x_2, \cdots, x_d)| < \varepsilon, \quad \forall (x_1, x_2, \cdots, x_d) \in I_d. \tag{2.15}$$

由于 Sigmoid 函数满足有界、非常量及单调递增的条件, 因此本节 (图 2.1) 中的三层感知器为一个通用的函数逼近器.

令 $\tilde{f}(\boldsymbol{\omega})$ 是函数 $f(\boldsymbol{x})$ 的多维傅里叶变换, $\boldsymbol{x} \in \Re^d$ 且 $\boldsymbol{\omega}$ 是 d 维频率列向量. 函数 $f(\boldsymbol{x})$ 关于它的傅里叶变换函数 $\tilde{f}(\boldsymbol{\omega})$ 的反变换公式定义为

$$f(\boldsymbol{x}) = \int_{\Re^d} e^{i \boldsymbol{\omega}^T \boldsymbol{x}} \tilde{f}(\boldsymbol{\omega}) d\boldsymbol{\omega}, \tag{2.16}$$

其中 $i = \sqrt{-1}$. 由于 $\boldsymbol{\omega} \tilde{f}(\boldsymbol{\omega})$ 可积, 定义函数 f 的傅里叶幅度分布的一阶动量如下

$$C_f = \int_{\Re^d} \|\boldsymbol{\omega}\|^{\frac{1}{2}} |\tilde{f}(\boldsymbol{\omega})| d\boldsymbol{\omega}, \tag{2.17}$$

其中 $\|\cdot\|$ 为欧氏范数, $|\cdot|$ 为绝对值.

令 $B_r = \{\boldsymbol{x} | \|\boldsymbol{x}\| \leqslant r\}$ 为半径为 r 的球体, μ 为概率测度, 在上述定义的基础之上, Barron 在文献 [27] 中证明了下面的定理.

定理 2.1.2 对于任意一个具有有限一阶绝对动量 C_f 的连续函数 $f(\boldsymbol{x})$ 和任意 $n \geqslant 1$, 存在一个 Sigmoid 函数的线性组合 $F(\boldsymbol{x}) = \sum_{j=1}^{n} c_k \psi \left(\boldsymbol{a}_j^T \boldsymbol{x} + b_j \right) + c_0$, 使得 $\int_{B_r} [f(\boldsymbol{x}) - F(\boldsymbol{x})]^2 \mu(d\boldsymbol{x}) \leqslant \dfrac{C_f'}{n}$, 其中 $C_f' = (2rC_f)^2$.

当在集合 $\{\boldsymbol{x}_i\}_{i=1}^{N}$ 上观察函数 $f(\boldsymbol{x})$ 时, 且 $\boldsymbol{x}_i$ 均严格属于球体 B_r 时, 下面关于经验风险的界

$$\frac{1}{N} \sum_{i=1}^{N} [f(\boldsymbol{x}_i) - F(\boldsymbol{x}_i)]^2 \leqslant O\left(\frac{C_f'}{d} \right) \tag{2.18}$$

成立. 在使用具有 d 个输入节点和 n 个隐含节点的多层感知器时, 文献 [28] 进一步给出如下经验风险的界

$$\frac{1}{N}\sum_{i=1}^{N}[f(\boldsymbol{x}_i)-F(\boldsymbol{x}_i)]^2 \leqslant O\left(\frac{C_f'}{d}\right)+O\left(\frac{dn}{N}\ln N\right). \tag{2.19}$$

2.2 径向基函数神经网络

1985 年, Powell[29] 提出了多变量插值的径向基函数方法. 1988 年, Broomhead 和 Lowe[30] 则率先将径向基函数神经网络引入到神经网络领域中. 径向基函数神经网络的基本思想是: 用径向基函数作为网络唯一隐含层的隐含节点并构造隐含层空间, 从而将低维的输入向量映射到高维空间, 使得在低维空间中线性不可分的问题在高维空间中线性可分. 径向基函数神经网络结构简单、训练简洁且收敛速度快. 它被广泛地应用于时间序列预测[31-33]、模式识别[34-36]、非线性控制[37-40] 和图像处理[41-44] 等领域.

2.2.1 网络结构

径向基函数神经网络是含有一个隐含层的三层前馈神经网络, 从输入层到隐含层的权值固定为 1, 偏差项固定为 0. 隐含层第 j 个节点到输出层第 k 个节点的连接权重为 $w_{kj}(k=1,2,\cdots,m;\ j=1,2,\cdots,n)$. 设网络的输入向量为 $\boldsymbol{x}=(x_1,x_2,\cdots,x_d)^{\mathrm{T}}$, 则网络隐含层第 j 个节点的输出可以表示为

$$h_j(\boldsymbol{x}) = \phi_j(\|\boldsymbol{x}-\boldsymbol{c}_j\|), \tag{2.20}$$

其中 $\phi(\cdot)$ 为径向基函数且 $\|\cdot\|$ 为欧氏范数, 而 $\boldsymbol{c}_j=(c_{j1},c_{j2},\ldots,c_{jd})^{\mathrm{T}}$ 为径向基函数的中心向量. 典型的径向基函数有 [45]

(1) 线性函数 $\phi(\|\boldsymbol{x}-\boldsymbol{c}_j\|)=1+\|\boldsymbol{x}-\boldsymbol{c}_j\|$;
(2) 三次函数 $\phi(\|\boldsymbol{x}-\boldsymbol{c}_j\|)=\|\boldsymbol{x}-\boldsymbol{c}_j\|^3$;
(3) 二、三次函数 $\phi(\|\boldsymbol{x}-\boldsymbol{c}_j\|)=1+\|\boldsymbol{x}-\boldsymbol{c}_j\|^2+\|\boldsymbol{x}-\boldsymbol{c}_j\|^3$;
(4) 薄板样条函数 $\phi(\|\boldsymbol{x}-\boldsymbol{c}_j\|)=1+\|\boldsymbol{x}-\boldsymbol{c}_j\|^2\ln(\|\boldsymbol{x}-\boldsymbol{c}_j\|)$;
(5) 多二次函数 $\phi(\|\boldsymbol{x}-\boldsymbol{c}_j\|)=(\|\boldsymbol{x}-\boldsymbol{c}_j\|^2+\sigma^2)^{1/2}$, σ 为常数;
(6) 逆多二次函数 $\phi(\|\boldsymbol{x}-\boldsymbol{c}_j\|)=\dfrac{1}{\sqrt{\|\boldsymbol{x}-\boldsymbol{c}_j\|^2+\sigma^2}}$;
(7) 高斯函数 $\phi(\|\boldsymbol{x}-\boldsymbol{c}_j\|)=\mathrm{e}^{-\frac{\|\boldsymbol{x}-\boldsymbol{c}_j\|^2}{2\sigma^2}}$.

本节仅对高斯径向基函数神经网络加以探讨, 其网络结构如图 2.2 所示, 高

2.2 径向基函数神经网络

斯径向基函数神经网络输出层第 k 个节点关于向量 $\boldsymbol{x}$ 的输出 y_k 为

$$y_k(\boldsymbol{x}) = \sum_{j=1}^{n} w_{kj} h_j(\boldsymbol{x}) + w_{k0} = \sum_{j=1}^{n} w_{kj} e^{-\frac{\|\boldsymbol{x}-\boldsymbol{c}_j\|^2}{2\sigma_j^2}} + w_{k0}. \quad (2.21)$$

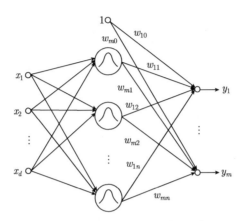

图 2.2 高斯径向基函数神经网络

2.2.2 学习算法

迄今为止,出现了很多种训练径向基函数神经网络的学习算法,常用的几种有两阶段学习法[46]、三阶段训练算法[47]、EM 算法[48] 和遗传算法[49]. 为了节省篇幅,下面仅对前两种算法加以简要的介绍.

2.2.2.1 两阶段学习算法

设径向基函数神经网络的训练样本集为 $\{(\boldsymbol{x}^{(p)}, \boldsymbol{t}^{(p)})\}_{p=1}^{N_{\text{train}}}$,其中 N_{train} 为训练样本个数,而 $\boldsymbol{x}^{(p)} \in \Re^d$ 和 $\boldsymbol{t}^{(p)} \in \Re^m$ 分别为训练样本的输入向量和输出向量. 在此学习算法的第一阶段,仅用输入向量集 $\{\boldsymbol{x}^{(p)}\}_{p=1}^{N_{\text{train}}}$ 确定隐含层节点的中心 (向量)$\boldsymbol{c}_j (j = 1, 2, \cdots, n)$ 及其对应的宽度参数 σ_j. 在第二阶段,固定隐含层节点的参数并使用线性最小二乘方法或者梯度下降法确定连接网络隐含层和输出层的权重.

如上所述,本算法第一阶段需要确定网络的中心和宽度参数. 确定径向基函数神经网络隐含层节点中心最常用的两种方法为: 随机选取中心法和自组织选取中心法. 对随机选取中心法而言,从训练数据中随机选取一定数目的训练样本作为隐含层节点中心. 而自组织选取中心法则要用聚类算法 (如 K 均值聚类算法) 确定隐含层节点中心[50]. 中心确定之后,需要确定隐含层节点的宽度参数,常用的方法有以下两种:

(1) $\sigma_1 = \sigma_2 = \cdots = \sigma_n = \dfrac{d_{\max}}{\sqrt{2n}}$,其中 $d_{\max}$ 为所有中心之间的最大距离;

(2) $\sigma_j = \gamma \min(\|\boldsymbol{c}_j - \boldsymbol{c}_l\|)$, $l = 1, 2, \cdots, n$ 且 $l \neq j$, 其中 $\|\cdot\|$ 为欧氏范数, 且常数 $\gamma > 0$ 决定聚类间的重叠程度.

算法的第二阶段需要训练连接网络隐含层和输出层的权重, 而式 (2.21) 的矩阵形式为

$$\boldsymbol{Y} = \boldsymbol{H}\boldsymbol{W}^{\mathrm{T}}, \tag{2.22}$$

其中 $\boldsymbol{Y} = (y_{pk})_{N_{\mathrm{train}} \times m}$ 且 $y_{pk} = y_k^{(p)}$ 为网络关于 $\boldsymbol{x}^{(p)}$ 的第 k 个输出, $\boldsymbol{H} = \left[\boldsymbol{1}, (h_{pj})_{N_{\mathrm{train}} \times n}\right]$ 且 $\boldsymbol{1}$ 是元素均为 1 的 N_{train} 维列向量, 而 $h_{pj} = h_j(\boldsymbol{x}^{(p)})$, $\boldsymbol{W} = \left[(w_{10}, w_{20}, \ldots, w_{m0})^{\mathrm{T}}, (w_{kj})_{m \times n}\right]$ 且其第一列元素为偏差项. 设网络训练的误差函数为

$$E(\boldsymbol{W}) = \|\boldsymbol{Y} - \boldsymbol{T}\|^2 = \left\|\boldsymbol{H}\boldsymbol{W}^{\mathrm{T}} - \boldsymbol{T}\right\|^2, \tag{2.23}$$

其中矩阵 $\boldsymbol{T} = (t_{pk})_{N_{\mathrm{train}} \times n}$ 且 $t_{pk} = t_k^{(p)}$.

- 根据最小二乘方法, 有 $\boldsymbol{W} = \boldsymbol{H}^{\dagger}\boldsymbol{T}$, 其中 $\boldsymbol{H}^{\dagger} = (\boldsymbol{H}^{\mathrm{T}}\boldsymbol{H})^{-1}\boldsymbol{H}^{\mathrm{T}}$ 为 $\boldsymbol{H}$ 的伪逆.
- 根据梯度下降优化算法, 则有 $w_{kj}(\tau+1) = w_{kj}(\tau) - \eta\dfrac{\partial E(\boldsymbol{W})}{\partial w_{kj}} = w_{kj}(\tau) - 2\eta\sum_{p=1}^{N_{\mathrm{train}}}\left[y_k^{(p)} - t_k^{(p)}\right]h_j(\boldsymbol{x}^{(p)})$, 而 $w_{k0}(\tau+1) = w_{k0}(\tau) - 2\eta\sum_{p=1}^{N_{\mathrm{train}}}\left[y_k^{(p)} - t_k^{(p)}\right]$, 其中 $\eta \in [0,1]$ 为学习率. 据此可对权重 $w_{kj}(k = 1, 2, \cdots, m; j = 1, 2, \cdots, n)$ 和偏差项 $w_{k0}(k = 1, 2, \cdots, m)$ 进行训练.

2.2.2.2 三阶段学习算法

用两阶段法可以对径向基函数神经网络进行快速的训练, 但是经其训练后的网络却往往具有较差的分类能力[51], 原因是在两阶段训练过程中没有考虑训练样本的输入输出关系对隐含节点中心和宽度参数的影响. 为了进一步提高网络的分类能力, 通常采用两种方法克服径向基函数神经网络的这一缺陷, 一种方法是在隐含层中增加更多的隐含节点, 即增加中心个数; 另一种方法 (如三阶段学习算法) 则是使用梯度下降学习算法同时调整网络的所有参数[47], 这些参数包括隐含节点中心、隐含节点宽度参数、连接权重和偏差项.

三阶段学习算法的前两个阶段与上节所述的两阶段学习算法相同, 第三阶段对所有参数使用误差反传算法进行优化. 设径向基函数神经网络的误差函数为误差平方和

$$E(\boldsymbol{W}) = \frac{1}{2}\sum_{p=1}^{N_{\mathrm{train}}}\sum_{k=1}^{m}\left[t_k^{(p)} - y_k^{(p)}\right]^2. \tag{2.24}$$

则优化各参数的迭代公式为

$$w_{kj}(\tau+1) = w_{kj}(\tau) - \eta\sum_{p=1}^{N_{\mathrm{train}}}h_j(\boldsymbol{x}^{(p)})\left[y_k^{(p)} - t_k^{(p)}\right], \tag{2.25}$$

$$w_{k0}(\tau+1) = w_{k0}(\tau) - \eta \sum_{p=1}^{N_{\text{train}}} \left[y_k^{(p)} - t_k^{(p)} \right], \tag{2.26}$$

$$c_{ji}(\tau+1) = c_{ji}(\tau) - \eta \sum_{p=1}^{N_{\text{train}}} \sum_{k=1}^{m} \left[y_k^{(p)} - t_k^{(p)} \right] w_{kj} h_j(\boldsymbol{x}^{(p)}) \frac{x_i^{(p)} - c_{ji}(\tau)}{\sigma_j^2} \tag{2.27}$$

及

$$\sigma_j(\tau+1) = \sigma_j(\tau) - \eta \sum_{p=1}^{N_{\text{train}}} \sum_{k=1}^{m} \left[y_k^{(p)} - t_k^{(p)} \right] w_{kj} h_j(\boldsymbol{x}^{(p)}) \frac{\sum_{i=1}^{d}[x_i^{(p)} - c_{ji}(\tau)]^2}{[\sigma_j(\tau)]^3}. \tag{2.28}$$

2.2.3 逼近理论

Park 和 Sandberg 在文献 [52] 中证明了下面的定理.

定理 2.2.1 令 S_K 为径向基函数神经网络, 它由函数 $\varphi: \Re^d \to \Re$ 组成, 其中 $\varphi(\boldsymbol{x}) = \sum_{j=1}^{n} w_j G\left(\frac{\boldsymbol{x} - \boldsymbol{c}_j}{\sigma_j}\right)$, $G: \Re^d \to \Re$ 是隐含节点的径向基函数, $\boldsymbol{c}_j \in \Re^d$ 为中心, σ_j 为宽度参数. 若令 G 为可积的有界函数, 即 G 几乎处处连续且满足 $\int_{\Re^d} G(\boldsymbol{x}) \mathrm{d}\boldsymbol{x} \neq 0$, 并且 $\sigma_j = \sigma(j=1,2,\cdots,n)$, 则对于任何一个输入输出映射函数 $f(\boldsymbol{x})$, $\varphi(\boldsymbol{x})$ 在 $L_p(p \in [1, +\infty])$ 范数下接近于 $f(\boldsymbol{x})$.

定理 2.2.1 说明所有隐含节点均具有相同宽度参数的径向基函数神经网络可以在一个紧集上逼近任何连续函数[1].

Liu 和 Si 在文献 [53] 中证明了下面的定理.

定理 2.2.2 设 G 是含有一个隐含层的高斯径向基函数神经网络集合, 其隐含节点激活函数为 $g_k(\boldsymbol{x}) = \mathrm{e}^{-\frac{\|\boldsymbol{x} - \boldsymbol{x}^{(k)}\|^2}{\sigma^2}}$, 其中 $\boldsymbol{x}^{(k)} = \left(\frac{2k_1-1}{2N}, \frac{2k_2-1}{2N}, \cdots, \frac{2k_d-1}{2N}\right)$, $k \in \Omega$ 且 $\Omega = \{k = (k_1, k_2, \cdots, k_d) \in \mathbf{Z}^d, k_i \in \{1, 2, \cdots, N\}, i = 1, 2, \cdots, d\}$, 则对于任意定义在 $\boldsymbol{I}_d = [0,1]^d$ 上的 C^2 函数 f, 在 G 中存在最佳逼近 G_0, 且最佳逼近网络输出 $g_0(\boldsymbol{x})$ 与给定函数 $f(\boldsymbol{x})$ 满足 $\|f - g_0\|_{\boldsymbol{I}_d}^2 \leqslant \frac{d\sigma^2 M_0 M_2}{2} + \frac{M_1^2 + M_0 M_2}{4N^2}$, 其中 $M_i = \sup |f^{(i)}(\boldsymbol{x})|$, $\boldsymbol{x} \in \boldsymbol{I}_d$ 且 $i = 0, 1, 2$.

当 $\sigma = \frac{\alpha}{N}$ 且 $\alpha > 0$ 时, 定理 2.2.2 中的不等式即为 $\|f - g_0\|^2 \leqslant \frac{B}{N_{\boldsymbol{I}_d}^2}$, 其中 $B = \frac{M_1^2 + (2\alpha^2 d + 1) M_0 M_2}{4}$.

定理 2.2.2 表明如果 σ 满足条件 $\sigma \propto (1/N)$, 则含 N^d 个隐含节点的高斯径向基函数神经网络能够以误差界 $O(N^{-2})$ 逼近 $\boldsymbol{I}_d$ 上的 C^2 函数.

2.3 切比雪夫神经网络

切比雪夫神经网络最早是由 Namatame 和 Ueda[54] 提出并用于解决模式分类问题的. 因为切比雪夫神经网络具有收敛速度快和逼近准确率高的特点, 所以被广泛地应用于函数逼近[55-57] 和非线性系统辨识[58] 等问题. 与多层感知器和径向基函数神经网络不同的是: 尽管切比雪夫神经网络不是一致逼近器, 但其激活函数为多项式形式, 且满足黎曼可积条件, 所以它具有与一致逼近器相同的逼近能力[59].

2.3.1 网络结构

切比雪夫神经网络的网络结构如图 2.3 所示. 它是含有一个隐含层的三层前馈神经网络, 其中从输入层到隐含层的权值固定为 1, 偏差项固定为 0. 隐含层第 j 个节点到输出层第 k 个节点的连接权重为 $w_{kj}(k=1,2,\cdots,m; j=1,2,\cdots,n)$. 给定输入向量 $\boldsymbol{x}=(x_1,x_2,\cdots,x_d)^{\mathrm{T}}$, 网络的第 k 个输出可以表示为

$$y_k(\boldsymbol{x}) = \sum_{j=1}^{n} w_{kj} T_j(\boldsymbol{x}), \tag{2.29}$$

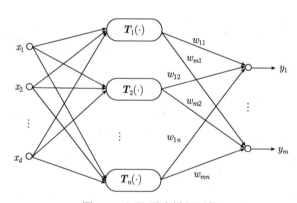

图 2.3 切比雪夫神经网络

其中

$$T_j(\boldsymbol{x}) = \phi_{1j}(x_1)\phi_{2j}(x_2)\phi_{3j}(x_3)\cdots\phi_{dj}(x_d), \quad j=1,2,\cdots,n \tag{2.30}$$

为切比雪夫正交多项式函数, 且函数 $\phi_{lj}(x_i)$ $(l=1,2,\cdots,d)$ 满足

$$\begin{cases} \phi_{1j}(x_i) = 1, \\ \phi_{2j}(x_i) = x_i, & j=1,2,\cdots,n. \\ \phi_{lj}(x_i) = 2x_i\phi_{l-1,j}(x_i) - \phi_{l-2,j}(x_i), \end{cases} \tag{2.31}$$

2.3 切比雪夫神经网络

注意根据切比雪夫多项式的性质，要求输入向量的组成元素 x_i $(i=1,2,\cdots,d)$ 满足 $|x_i| \leqslant 1$. 因此, 在训练切比雪夫神经网络时, 需要将网络输入变换到区间 $[-1,1]$ 上, 变换方法为: 对于输入向量 $\boldsymbol{x}$ 的第 i 个分量 x_i, 如果其对应的所有样本的区间均为 $[a,b]$, 则其所需的变换公式为

$$z_i = \frac{1}{b-a}(2x_i - b - a), \tag{2.32}$$

从而变换后的标量 z_i 可落在区间 $[-1,1]$ 上.

2.3.2 学习算法

训练切比雪夫神经网络的方法通常有两种[59,60]: 一种是梯度下降学习算法; 另一种是线性最小二乘算法. 下面分别对这两种算法加以介绍.

2.3.2.1 梯度下降学习算法

设切比雪夫神经网络的误差函数为

$$E = \frac{1}{2} \sum_{p=1}^{N_{\text{train}}} \sum_{k=1}^{m} \left[y_k \left(\boldsymbol{x}^{(p)} \right) - t_k^p \right]^2, \tag{2.33}$$

其中 N_{train} 为训练样本个数, $y_k(\boldsymbol{x}^{(p)})$ 和 t_k^p 分别为网络关于第 p 个训练样本 $\boldsymbol{x}^{(p)}$ 的真实输出和目标输出. 那么, 误差函数 E 关于连接权重 w_{kj} 的偏导数为

$$\frac{\partial E}{\partial w_{kj}} = \sum_{p=1}^{N_{\text{train}}} \sum_{k=1}^{m} [y_k(\boldsymbol{x}^{(p)}) - t_k^p] \frac{\partial y_k(\boldsymbol{x}^{(p)})}{\partial w_{kj}} = \sum_{p=1}^{N_{\text{train}}} \sum_{k=1}^{m} [y_k(\boldsymbol{x}^{(p)}) - t_k^p] T_j(\boldsymbol{x}^{(p)}), \tag{2.34}$$

因此,

$$w_{kj}(\tau+1) = w_{kj}(\tau) - \eta \frac{\partial E}{\partial w_{kj}}, \quad k=1,2,\cdots,m, \quad j=1,2,\cdots,n, \tag{2.35}$$

其中 $\eta \in [0,1]$ 为学习率, τ 为权重更新次数.

综上所述, 切比雪夫神经网络梯度下降算法可以概括为如下 4 个步骤:

步骤 1: 初始化网络权重 $w_{kj} \in [-0.5, 0.5]$, 学习率 $\eta \in [0,1]$ 和停止阈值 $\varepsilon > 0$;

步骤 2: 根据训练样本数据, 用式 (2.33) 计算网络的训练误差 E, 如果 $E < \varepsilon$ 则转到步骤 4, 否则进入步骤 3;

步骤 3: 根据误差反传原则, 按式 (2.35) 更新网络的权重, 返回步骤 2;

步骤 4: 停止算法, 输出网络的权值和误差函数值.

2.3.2.2 线性最小二乘训练算法

如文献[60] 所述，针对式 (2.33)，令 $y_k(\boldsymbol{x}^{(p)}) = t_k^p$，则网络权重的学习可以变成线性方程组的求解问题，即

$$t_k^p = \sum_{j=1}^n w_{kj} T_j(\boldsymbol{x}^{(p)}), \tag{2.36}$$

其中 $p = 1, 2, \cdots, N_{\text{train}}$。

令 $\boldsymbol{T} = \begin{pmatrix} T_1(\boldsymbol{x}^{(1)}) & \cdots & T_n(\boldsymbol{x}^{(1)}) \\ \vdots & & \vdots \\ T_1(\boldsymbol{x}^{(N_{\text{train}})}) & \cdots & T_n(\boldsymbol{x}^{(N_{\text{train}})}) \end{pmatrix}$，$\boldsymbol{W} = \begin{pmatrix} w_{11} & \cdots & w_{1n} \\ \vdots & & \vdots \\ w_{m1} & \cdots & w_{mn} \end{pmatrix}$，

$\boldsymbol{Y} = \begin{pmatrix} t_1^1 & \cdots & t_m^1 \\ \vdots & & \vdots \\ t_1^{N_{\text{train}}} & \cdots & t_m^{N_{\text{train}}} \end{pmatrix}$，则式 (2.29) 可以表示成矩阵形式

$$\boldsymbol{Y} = \boldsymbol{T}\boldsymbol{W}^{\mathrm{T}}. \tag{2.37}$$

因此 $\boldsymbol{W}$ 的最小二乘解为

$$\boldsymbol{W} = \boldsymbol{T}^{\dagger}\boldsymbol{Y}, \tag{2.38}$$

其中 $\boldsymbol{T}^{\dagger} = (\boldsymbol{T}^{\mathrm{T}}\boldsymbol{T})^{-1}\boldsymbol{T}^{\mathrm{T}}$ 为矩阵 $\boldsymbol{T}$ 的伪逆。

2.3.3 逼近理论

由于多输入多输出切比雪夫神经网络可以看成多个独立的多输入单输出切比雪夫神经网络，因此本节仅探讨多输入单输出切比雪夫神经网络的逼近理论。

设经过训练后，切比雪夫神经网络关于向量 $\boldsymbol{x}$ 的输出为

$$\hat{y} = \sum_{j=1}^n \hat{w}_j T_j(\boldsymbol{x}) = \hat{\boldsymbol{w}}^{\mathrm{T}} \Lambda, \tag{2.39}$$

其中向量 $\hat{\boldsymbol{w}} = (\hat{w}_1, \hat{w}_2, \cdots, \hat{w}_n)^{\mathrm{T}}$，$\Lambda = (T_1(\boldsymbol{x}), T_2(\boldsymbol{x}), \cdots, T_n(\boldsymbol{x}))^{\mathrm{T}}$。

由于任意一个函数可以由正交函数集进行逼近并有[56]

$$t = \sum_{i=1}^n w_i T_i(\boldsymbol{x}) + R(\boldsymbol{x}) = \boldsymbol{w}^{\mathrm{T}} \Lambda + R(\boldsymbol{x}), \tag{2.40}$$

其中 $R(\boldsymbol{x})$ 为逼近误差，则切比雪夫神经网络的逼近误差为

$$\text{err} = t - \hat{y} = (\boldsymbol{w} - \hat{\boldsymbol{w}})^{\mathrm{T}} \Lambda + R(\boldsymbol{x}) = \tilde{\boldsymbol{w}}^{\mathrm{T}} \Lambda + R(\boldsymbol{x}), \tag{2.41}$$

其中 $\tilde{\boldsymbol{w}} = \boldsymbol{w} - \hat{\boldsymbol{w}} = (\tilde{w}_1, \tilde{w}_2, \cdots, \tilde{w}_n)^{\mathrm{T}}$.

设 $J = \dfrac{\mathrm{err}^2}{2}$ 为误差函数, J 关于 $\tilde{\boldsymbol{w}}$ 的偏导数为

$$\frac{\partial J}{\partial \tilde{\boldsymbol{w}}} = \frac{\partial J}{\partial \mathrm{err}} \times \frac{\partial \mathrm{err}}{\partial \tilde{\boldsymbol{w}}} = \mathrm{err} \times \Lambda. \tag{2.42}$$

由于 $\Lambda \neq 0$, 令上式为零, 则有

$$\mathrm{err} = 0. \tag{2.43}$$

可得

$$\tilde{\boldsymbol{w}}^{\mathrm{T}} \Lambda = -R(\boldsymbol{x}). \tag{2.44}$$

由文献 [56] 可得

$$\tilde{\boldsymbol{w}} = \int_C (-R) \Lambda \mathrm{d}\boldsymbol{x} \tag{2.45}$$

且

$$\|\tilde{\boldsymbol{w}}\| \leqslant \int_C |R| \, \|\Lambda\| \mathrm{d}\boldsymbol{x} \leqslant (\sup_{\boldsymbol{x} \subset C} |R|) \int_C \|\Lambda\| \mathrm{d}\boldsymbol{x} = k \sup_{\boldsymbol{x} \subset C} |R|, \tag{2.46}$$

其中 k 为常数, C 为切比雪夫函数的定义域. 式 (2.46) 表明 $\tilde{\boldsymbol{w}}$ 有界.

J 关于 $\tilde{\boldsymbol{w}}$ 的二阶偏导数为

$$\frac{\partial^2 J(\tilde{\boldsymbol{w}})}{\partial \tilde{\boldsymbol{w}}^2} = \frac{\partial \mathrm{err} \times \Lambda}{\partial \tilde{\boldsymbol{w}}} = \frac{\partial \mathrm{err}}{\partial \boldsymbol{w}} \cdot \Lambda = \Lambda \cdot \Lambda = T_1(\boldsymbol{x})^2 + T_2(\boldsymbol{x})^2 + \cdots + T_n(\boldsymbol{x})^2 \geqslant 0. \tag{2.47}$$

因此, 可知 $J(\tilde{\boldsymbol{w}})$ 为凸函数, 且它的全局极小值可以在 $\tilde{\boldsymbol{w}} = 0$ 处得到.

2.4 支持向量机

支持向量机是基于统计学习理论[61-63]的一种机器学习方法. 由于其具有较强的泛化能力, 它得到了很多学者的关注. 在美国邮政服务数字识别问题上, 支持向量机展示了优于径向基函数神经网络的性能[63]. 因此, 支持向量机被广泛地应用于模式识别[64,65]和函数回归[66,67]. 支持向量机取得良好性能的主要原因是它能够同时最小化预测误差和模型复杂性[68].

2.4.1 网络结构

支持向量机的网络结构如图 2.4 所示. 它可以看成是含有一个隐含层的三层前馈神经网络. 在支持向量机的构造过程中, 首先通过非线性映射将输入向量从低维的输入空间映射到高维的特征空间, 即 $\phi: \Re^d \to F$, 然后在特征空间中构造具有最大间隔的最优超平面. 按照已有的理论证明可知: 如果选用适当的映射函数, 在输入空间中线性不可分的问题在高维特征空间中会转化为线性可分的问题.

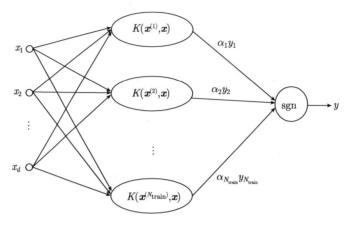

图 2.4 支持向量机

设支持向量机的输入向量为 $\boldsymbol{x} = (x_1, x_2, \cdots, x_d)^{\mathrm{T}}$，则输出层关于 $\boldsymbol{x}$ 的网络输出为

$$y(\boldsymbol{x}) = \mathrm{sgn}\left(\sum_{i=1}^{N_{\mathrm{train}}} y_i \alpha_i^* K(\boldsymbol{x}^{(i)}, \boldsymbol{x}) + b^*\right), \tag{2.48}$$

其中满足 Mercer 条件[63] 的内积函数 $K(\cdot, \cdot)$ 称为核函数. 常用的核函数有以下三种：

(1) 多项式核函数

$$K(\boldsymbol{x}, \boldsymbol{z}) = [(\boldsymbol{x} \cdot \boldsymbol{z}) + 1]^d, \quad d = 1, 2, \cdots, \tag{2.49}$$

其中 $(\boldsymbol{x} \cdot \boldsymbol{z})$ 为向量 $\boldsymbol{x}$ 和 $\boldsymbol{z}$ 的内积, d 为多项式的次数.

(2) Gauss 核函数

$$K(\boldsymbol{x}, \boldsymbol{z}) = \mathrm{e}^{-\frac{\|\boldsymbol{x} - \boldsymbol{z}\|^2}{2\sigma^2}}, \tag{2.50}$$

其中 σ 为宽度参数.

(3) Sigmoid 核函数

$$K(\boldsymbol{x}, \boldsymbol{z}) = \tanh(a(\boldsymbol{x} \cdot \boldsymbol{z}) + b), \tag{2.51}$$

其中 a 和 b 为核函数的两个常数参数.

为了求取判别函数 (2.48) 中的最优参数向量 $\boldsymbol{\alpha}^* = (\alpha_1^*, \alpha_2^*, \cdots, \alpha_{N_{\mathrm{train}}}^*)^{\mathrm{T}}$，需要

2.4 支持向量机

求解下面的二次规划问题:

$$\begin{aligned}
\min \quad & \frac{1}{2}\sum_{i=1}^{N_{\text{train}}}\sum_{j=1}^{N_{\text{train}}}\alpha_i\alpha_j y^{(i)}y^{(j)}K(\boldsymbol{x}^{(i)},\boldsymbol{x}^{(j)}) - \sum_{i=1}^{N_{\text{train}}}\alpha_i, \\
\text{s.t.} \quad & \sum_{i=1}^{N_{\text{train}}}\alpha_i y^{(i)} = 0, \quad i=1,2,\cdots,N_{\text{train}}, \\
& 0 \leqslant \alpha_i \leqslant C, \quad i=1,2,\cdots,N_{\text{train}}.
\end{aligned} \tag{2.52}$$

该公式详细的推导过程可参见文献[63]. 将对应于 $\alpha_i^* > 0$ 的训练样本 $\boldsymbol{x}^{(i)}$ 称为支持向量. 式 (2.48) 中的最优参数 b^* 可由下式求得

$$b^* = \frac{1}{N_{\text{SV}}}\sum_{i\in\text{SV}}\left(y^{(i)} - \sum_{j\in\text{SV}}\alpha_j^* y^{(j)}K(\boldsymbol{x}^{(i)},\boldsymbol{x}^{(j)})\right), \tag{2.53}$$

其中 N_{SV} 是支持向量个数, SV 为支持向量的指标集合.

2.4.2 学习算法

对于分类问题, 支持向量机的学习算法共包括 5 个步骤:

步骤 1: 给定训练样本集 $D=\{(\boldsymbol{x}^{(i)},y^{(i)})\}_{i=1}^{N_{\text{train}}}$, $\boldsymbol{x}^{(i)}\in\Re^d$, 且 $y^{(i)}\in\{-1,1\}$ 为训练样本 $\boldsymbol{x}^{(i)}$ 的类标;

步骤 2: 选择合适的核函数 $K(\boldsymbol{x}^{(i)},\boldsymbol{x})=(\phi(\boldsymbol{x}^{(i)})\cdot\phi(\boldsymbol{x}))$ 及其参数, 并选择合适的折中参数 C;

步骤 3: 在约束条件 $\sum_{i=1}^{N_{\text{train}}}y^{(i)}\alpha_i=0$ 和 $0\leqslant\alpha_i\leqslant C$ $(i=1,2,\cdots,N_{\text{train}})$ 下最小化目标函数 $W(\boldsymbol{\alpha})=\frac{1}{2}\sum_{i=1}^{N_{\text{train}}}\sum_{j=1}^{N_{\text{train}}}\alpha_i\alpha_j y^{(i)}y^{(j)}K(\boldsymbol{x}^{(i)},\boldsymbol{x}^{(j)})-\sum_{i=1}^{N_{\text{train}}}\alpha_i$, 得到最优解 $\boldsymbol{\alpha}^*$;

步骤 4: 计算 b^*, 选取位于开区间 $(0,C)$ 中的 $\boldsymbol{\alpha}^*$ 的分量 $\alpha_j^*(j=1,2,\cdots,N_{\text{SV}})$, 据此计算 $b^*=\frac{1}{N_{\text{SV}}}\sum_{i\in\text{SV}}\left(y^{(i)}-\sum_{j\in\text{SV}}\alpha_j^* y^{(j)}K(\boldsymbol{x}^{(i)},\boldsymbol{x}^{(j)})\right)$;

步骤 5: 构造决策函数 $f(\boldsymbol{x})=\text{sgn}\left(\sum_{i=1}^{N_{\text{train}}}\alpha_i^* y^{(i)}K(\boldsymbol{x}^{(i)},\boldsymbol{x})+b^*\right)$, 将分类向量 $\boldsymbol{x}_{ts}$ 代入决策函数 $f(\boldsymbol{x})$, 根据其计算结果为 $+1$ 或 -1 来决定 $\boldsymbol{x}_{ts}$ 属于正类还是负类.

2.4.3 逼近理论

定义 2.4.1 对于点集 $\{\boldsymbol{x}_1, \boldsymbol{x}_2, \cdots, \boldsymbol{x}_N\}$,若有集合

$$\{(h(\boldsymbol{x}_1), h(\boldsymbol{x}_2), \cdots, h(\boldsymbol{x}_N)) : h \in H\} = \{-1, 1\}^N, \tag{2.54}$$

则称点集 $\{\boldsymbol{x}_1, \boldsymbol{x}_2, \cdots, \boldsymbol{x}_N\}$ 被 H 打散.

若任意大小的集合都可被打散,则对于所有 N,生长函数

$$B_H(N) = \max_{(\boldsymbol{x}_1, \boldsymbol{x}_2, \cdots, \boldsymbol{x}_N) \in X^N} |\{(h(\boldsymbol{x}_1), h(\boldsymbol{x}_2), \cdots, h(\boldsymbol{x}_N)) : h \in H\}| \tag{2.55}$$

等于 2^N,其中 $|\cdot|$ 表示集合的基数.

定义 2.4.2 令 e 为自然对数的底,对于 $N \geqslant d$,生长函数的界为

$$B_H(N) \leqslant \left(\frac{\mathrm{e}N}{d}\right)^d, \tag{2.56}$$

则称 d 为 H 的 VC 维,记为 $d=\mathrm{VCdim}(H)$.

定义 2.4.3 如果超平面 $\boldsymbol{w}^{\mathrm{T}}\boldsymbol{x} - b = 0, \|\boldsymbol{w}\| = 1$ 以如下的形式将向量 $\boldsymbol{x}$ 分类:

$$y = \begin{cases} 1, & \boldsymbol{w}^{\mathrm{T}}\boldsymbol{x} - b \geqslant \Delta, \\ -1, & \boldsymbol{w}^{\mathrm{T}}\boldsymbol{x} - b \leqslant -\Delta, \end{cases}$$

则称为 Δ- 间隔分离超平面,其中 $\Delta = 1/\|\boldsymbol{w}\|$.

定理 2.4.1 设向量 $\boldsymbol{x} \in X$ 包含在半径为 R 的球中,则 Δ- 间隔分离超平面集合的 VC 维 d 以下面的不等式为界:

$$d \leqslant \min\left(\left[\frac{R^2}{\Delta^2}\right], n\right) + 1. \tag{2.57}$$

推论 以概率 $1 - \eta$ 可以断定,测试样本不能被 Δ- 间隔超平面正确分类的概率有下面的界:

$$P_{\mathrm{err}} \leqslant \frac{m}{N} + \frac{\varepsilon}{2}\left(1 + \sqrt{1 + \frac{4m}{N\varepsilon}}\right), \tag{2.58}$$

其中 $\varepsilon = 4\dfrac{d\left(\ln\dfrac{2N}{d} + 1\right) - \ln\dfrac{\eta}{4}}{N}$,$m$ 是被 Δ- 间隔超平面错分的训练样本个数.

定理 2.4.2 在内积空间 X 上,考虑具有单位权重向量的阈值化实值线性函数 h. 对 $X \times \{-1, 1\}$ 上任意概率分布 D,最大间隔超平面在 N 个随机样本 S 上的误差以概率 $1 - \eta$ 不大于

$$\mathop{\mathrm{err}}_{D}(f) \leqslant \frac{1}{N - N_{\mathrm{SV}}}\left(N_{\mathrm{SV}} \log \frac{\mathrm{e}N}{N_{\mathrm{SV}}} + \log \frac{N}{\eta}\right), \tag{2.59}$$

其中 N_{SV} 是支持向量的个数,log 为以 2 为底的对数函数.

参考文献

[1] Haykin S. Neural Networks: A Comprehensive Foundation. 2nd ed. New York: Printice Hall, 1999

[2] Chen H H, Manry M T, Chandrasekaran H. A neural network training algorithm utilizing multiple set of linear equation. Neurocomputing, 1999, 25(1-3): 55-72

[3] Chaudhuri B B, Bhattacharya U. Efficient training and improved performance of multilayer perceptron in pattern classification. Neurocomputing, 2000, 34(1-4): 11-27

[4] Cho S B. Neural-network classifiers for recognizing totally unconstrained handwritten numerals. IEEE Transactions on Neural Networks, 1997, 8(1): 43-53

[5] Manry M T, Chandrasekaran H, Hsieh C H. Singal Processing Using the Multiplayer Perceptron. Boca Raton: CRC Press, 2001

[6] Khotanzad A, Lu J H. Classification of invariant image representations using a neural network. IEEE Transactions on Acoustics, Speech, and Signal Processing, 1990, 38(6): 1028-1038

[7] Subasi A, Erçelebi. Classification of EEG signals using neural network and logic regression. Computer Methods and Programs in Biomedicine, 1983, 78: 87-99

[8] Farmer J D, Sidorowich J J. Predicting chaotic time series. Physical Review Letters, 1983, 59(8): 845-848

[9] Wettayaprasit W, Nanakorn P. Feature extraction and interval filtering technique for time-series forecasting using neural networks. Proceedings of 2006 IEEE Conference on Cybernetics and Intelligent Systems, 2006: 1-6

[10] Karunasinghe D S K, Liong S Y. Chaotic time series prediction with a global model: artificial neural network. Journal of Hydrology, 2006, 323(1-4): 92-105

[11] Xu K, Xie M, Tang L C, et al. Application of neural networks in forecasting engine systems reliability. Applied Soft Computing, 2003, 2(4): 255-268

[12] Ludermir T B, Yamazaki A, Zanchettin C. An optimization methodology for neural network weights and architectures. IEEE Transactions on Neural Networks, 2006, 17(6): 1452-1459

[13] Lightbody G, Irwin G W. Direct neural model reference adaptive control. IEE Proceedings-Control Theory Application, 1995, 142(I): 31-43

[14] Willis M J, Massimo C Di, Montague G A, et al. Artificial neural networks in process engineering. IEE Proceedings-Control Theory and Applications, 1991, 138(3): 256-266

[15] Hoptroff R G, Hall T J. Diffusion learning for the multilayer perceptron. Proceedings of the First IEEE International Conference on Artificial Neural Networks, 1989: 390-394

[16] Castillo P A, Merelo J J, Prieto A, et al. G-Prop: global optimization of multilayer perceptrons using GAs. Neurocomputing, 2000, 35:149-163

[17] Castillo P A, Rivas V, Merelo J J, et al. G-Prop-II: global optimization of multilayer

perceptrons using GAs. Proceedings of the 1999 Congress on Evolutionary Computation, 1999, 3: 2022-2027

[18] Filho E F M, de Carvalho A. Evolutionary design of MLP neural network architectures. Proceedings of the IVth Brazilian Symposium on Neural Networks, 1997: 58-65

[19] Haykin S. Neural Networks: A Comprehensive Foundation. New York: Macmillan, 1994

[20] Rumelhart D E, Hinton G E, Williams J. Learning internal representations by error propagation // Rumelhart D E, et al, ed. Parallel Distributed Processing, Exploation in the Microstructure of Cognition: Volume 1: Foundations. Cambridge, MA: Massachusetls Institute of Technology Press, 1986

[21] Shepherd A J. Second-Order Methods for Neural Networks-Fast and Reliable Methods for Multi-layer Perceptrons. Berlin: Springer-Verlag, 1997

[22] Smagt P P. Minimisation methods for training feedforward neural networks. Neural Networks, 1994, 6(4): 525-533

[23] Moller M F. A scaled conjugate gradient algorithm for fast supervised learning. Neural Networks, 1993, 6(4): 525-533

[24] Cybenko G. Approximation by superpositions of a sigmoidal function. Mathematics of Control, Signals, and Systems, 1989, 2: 303-314

[25] Funahashi K. On the approximate realization of continuous mappings by neural networks. Neural Networks, 1989, 2: 183-192

[26] Hornik K, Stinchcombe M, White H. Multilayer feedforward networks are universal approximator. Neural Networks, 1989, 2: 359-366

[27] Barron A R. Universal approximation bounds for superpositions of a sigmoidal function. IEEE Transactions on Information Theory, 1993, 39(3): 930-945

[28] Barron A R. Neural net approximation. Proceedings of the Seventh Yale Workshop on Adaptive and Learning Systems, New Haven, CT: Yale University, 1992: 69-72

[29] Powell M J D. Radial basis functions for multivariable interpolation: a review // Mason J C, et al, ed. Algorithms for Approximation. Oxford: Clarendon Press, 1987: 143-167

[30] Broomhead D, Lowe D. Multivariable functional interpolation and adaptive networks. Complex Systems, 1988, 2: 321-355

[31] Górriz J M, Puntonet C G, Salmerón M, et al. A new model for time-series forecasting using radial basis functions and exogenous data. Neural Computing & Applications, 2004, 13: 101-111

[32] Sharma A K, Sharma R K, Kasana H S. Empirical comparisons of feed-forward connectionist and conventional regression models for prediction of first lactation 305-day milk yield in Karan Fries dairy cows. Neural Computing & Applications, 2006, 13: 359-365

[33] Donald K W, Krzysztof J C. Time series forecasting by combining RBF networks, certainty factors, and the Box-Jenkins model. Neurocomputing, 1996, 10(2): 149-168

[34] Lampariello F, Sciandrone M. Efficient training of RBF neural networks for pattern recogntion. IEEE Transactions on Neural Networks, 2001, 12(5): 1235-1242

[35] Lee Y. Handwritten digit recognition using k-nearest neighbor, radial-basis function, and back-propagation neural network. Neural Computation, 1991, 3(3): 440-449

[36] Mak M W, Allen W G, Sexton G G. Speaker identification using multilayer perceptrons and radial basis function networks. Neurocomputing, 1994, 6: 99-117

[37] Yang Y S, Wang X F. Adaptive H_∞ tracking control for a class of uncertain nonlinear systems using radial-basis-function neural networks. Neurocomputing, 2007, 70: 932-941

[38] Li Y, Sundararajan N, Saratchandran P. Neuro-controller design for nonlinear fighter maneuver using fully tuned RBF networks. Automatica, 2001, 37: 1293-1301

[39] Kim K B, Park J B, Choi Y H, et al. Control of chaotic dynamical systems using radial basis function network approximators. Information Sciences, 2000, 130: 165-183

[40] Diao Y, Passino K M. Adaptive neural/fuzzy control for interpolated nonlinear systems. IEEE Transactions on Fuzzy Systems, 2002, 10(5): 583-595

[41] Cho S Y, Chow T W S. Learning parametric specular reflectance model by radial basis function network. IEEE Transactions on Neural Networks, 2000, 11(6): 1498-1503

[42] Leung C S, Wong T T, Choy K H. An RBF-based compression method for image-based relighting. IEEE Transactions on Image Processing, 2006, 15(4): 1031-1041

[43] Cha I, Kassam S A. RBFN restoration of nonlinear degraded images. IEEE Transactions on Image Processing, 1996, 5(6): 964-975

[44] Giakoumis I, Nikoliadis N, Pitas I. Digital image processing techniques for the detection and removal of cracks in digitized paintings. IEEE Transaction on Image Processing, 2006, 15(1): 178-188

[45] 李健瑜. 径向基人工神经网络的算法及其应用. 北京: 北京交通大学博士学位论文, 2003

[46] Bishop C M. Neural Networks for Pattern Recogntion. Oxford: Oxford University Press, 1995

[47] Schwenker F, Kestler H A, Palm G. Three learning phases for radial-basis-function networks. Neural Networks, 2001, 14: 439-458

[48] Xu L. RBF nets, mixture experts, and Bayesian Ying-Yang learning. Neurocomputing, 1998, 19(1-3): 223-257

[49] Billings S A, Zheng G L. Radial basis function network configuration using genetic algorithms. Neural Networks, 1995, 8(6): 877-890

[50] Moody J E, Darken C J. Fast learning in networks for locally-tuned processing units. Neural Computation, 1989, 1: 281-294

[51] Michie D, Spiegelhalter D, Taylor C. Machine Learning, Neural and Statistical Classification. New York: Ellis Horwood, 1994

[52] Park J, Sandberg J W. Universal approximation using radial basis functions network. Neural Computation, 1991, 3: 246-257

[53] Liu B, Si J. The best approximation to C^2 functions and its error bounds using regular-center Gaussian networks. IEEE Transactions on Neural Networks, 1994, 5(5): 845-847

[54] Namatame A, Ueda N. Pattern classification with Chebyshev neural network. International Journal of Neural Networks, 1992, 3: 23-31

[55] Basios V, Bonushkina A Y, Ivanov V V. A method for approximation one-dimensional functions. Computers & Mathematics with Applications, 1997, 34(7/8): 687-693

[56] Sher C F, Tseng C S, Chen C S. Properties and performance of orthogonal neural network in function approximation. International Journal of Intelligent Systems, 2001, 16: 1377-1392

[57] Tseng C S, Yang S S. A new orthogonal neural network. Proceedings of IEEE International Conference on Neural Networks, 1995, 1: 296-299

[58] Patra J C, Kot A C. Nonlinear dynamic system identification using Chebyshev functional link artificial neural networks. IEEE Transactions on Systems, Man, and Cybernetics-Part B: Cybernetics, 1996, 26(5): 779-785

[59] Lee T T, Jeng J T. The Chebyshev-polynomials-based unified model neural networks for function approximation. IEEE Transaction on Systems, Man, and Cybernetics-Part B: Cybernetics, 1998, 28(6): 925-935

[60] 肖少拥. 基于正交变换的神经网络及其应用. 杭州: 浙江大学博士学位论文, 1999

[61] Burges C. A tutorial on support vector machines for pattern recognition. Data Mining and Knowledge Discovery, 1998, 2(2): 121-167

[62] Vapnik V N. The Nature of Statistical Learning Theory. Berlin: Springer-Verlag, 1995

[63] Vapnik V N. Statistical Learning Theory. New York: Wiley, 1998

[64] Tsai C F. Training support vector machines based on stacked generalization for image classification. Neurocomputing, 2005, 64: 497-503

[65] Zhang Y Q, Shen D G. Design efficient support vector machine for fast classification. Pattern Recognition, 2005, 38(1): 157-161

[66] Vapnik V N, Golowich S, Smola A. Support vector method for function approximation, regression estimation and signal processing// Michael C, et al, ed. Advances in Neural Information Processing Systems 9, Cambridge, MA: Massachusetts Institute of Technology Press, 1997

[67] Tsong J J. Hybrid approach of selecting hyper-parameters of support vector machine for regression. IEEE Transactions on Systems, Man, and Cybernetics-Part B: Cybernetics, 2006, 36(3): 699-709

[68] Celikyilmaz A, Türksen I B. Fuzzy functions with support vector machines. Information Sciences, 2007, 177(23): 5163-5177

第 3 章 无监督学习前馈神经网络

无监督学习前馈神经网络是指用于无监督学习的前馈神经网络, 常用的三种无监督学习前馈神经网络有自组织映射神经网络 (self-organizing map neural network)、神经气网络 (neural gas network) 和主成分分析网络 (principal component analysis network). 本章将从网络结构和学习算法等方面分别对它们逐一介绍.

3.1 自组织映射神经网络

自组织映射神经网络的网络模型最早由 von der Malsburg[1] 在 1973 年提出, 但是该模型限制为输入和输出维数相同的映射. 芬兰学者 Kohonen[2] 对 von der Malsburg 的模型加以改进, 并于 1982 年建立了更为适用的模型. 自组织映射神经网络引入了网络的拓扑结构, 并在该拓扑结构上进一步引入获胜神经元和近邻函数的概念来模拟生物神经网络中的侧抑制现象, 从而实现网络的自组织特征. 自组织映射神经网络被广泛地应用于处理数据聚类[3]、图像分割[4]、异常检测[5] 等领域.

3.1.1 网络结构

自组织映射神经网络是一种两层前馈神经网络, 其网络结构如图 3.1 所示. 自组织映射神经网络的输入层由输入样本 $\{x_i\}_{i=1}^N (x_i \in \Re^d)$ 构成. 输出层的神经元 $\{w_j\}_{j=1}^K (w_j \in \Re^d)$ 被放置在一维、二维或者更高维的网格中, 通常被称为 Kohonen 层. 应用最为广泛的二维网格模型如图 3.1 所示. 与多层感知器及径向基函数神经

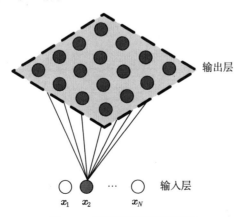

图 3.1 自组织映射神经网络

网络不同, 自组织映射神经网络的输入均为样本向量, 而非样本向量中的分量; 此外, 网络输入层和输出层之间不存在连接权重.

自组织映射神经网络通过引入二维网格, 在输出神经元之间建立由它们在网格上的相对位置决定的拓扑关系. 自组织映射神经网络训练完成之后, 连续输入空间的拓扑关系通过输出神经元之间的竞争过程反映到二维网格的离散输出空间上, 即连续输入空间中样本分布密集的区域, 在二维网格中与该区域中样本对应的输出神经元的分布就会密集. 同理, 在连续输入空间中样本分布稀疏的区域, 在二维网格中与该区域中样本对应的输出神经元的分布就会稀疏.

3.1.2 学习算法

自组织映射神经网络的学习算法属于无监督竞争学习算法, 包括竞争、合作和突触调节三个主要过程[6].

(1) 在竞争过程中, 从训练样本中任意选取一个输入向量 $\boldsymbol{x}$ 作为自组织映射神经网络的输入, 计算输出层中所有神经元与 $\boldsymbol{x}$ 之间的欧氏距离, 如果

$$\|\boldsymbol{x}-\boldsymbol{w}_i\| = \min_j \|\boldsymbol{x}-\boldsymbol{w}_j\| = \min_j \sqrt{\sum_{k=1}^{d}(x_k-w_{jk})^2}, \quad j=1,2,\cdots,K, \quad (3.1)$$

其中 $\boldsymbol{x}=(x_1,x_2,\cdots,x_d)^{\mathrm{T}}$, $\boldsymbol{w}_j=(w_{j1},w_{j2},\cdots,w_{jd})^{\mathrm{T}}$, 则称 $\boldsymbol{w}_i$ 为与输入向量 $\boldsymbol{x}$ 对应的获胜神经元.

(2) 在合作过程中, 在获胜神经元邻域范围内的神经元称为兴奋神经元, 其位置由获胜神经元 $\boldsymbol{w}_i$ 确定. 因此, 近邻函数的选取在自组织映射神经网络中起着重要的作用. 一种常用的近邻函数是高斯函数, 其表达形式如下:

$$h_{ji}(\boldsymbol{x}) = \exp\left\{-\frac{\|\boldsymbol{r}_j-\boldsymbol{r}_{i(\boldsymbol{x})}\|^2}{2\sigma^2}\right\}, \quad (3.2)$$

其中离散向量 $\boldsymbol{r}_{i(\boldsymbol{x})}=(r_{i(\boldsymbol{x})1},r_{i(\boldsymbol{x})2})^{\mathrm{T}}$ 为获胜神经元 $\boldsymbol{w}_i$ 在二维网格中的位置, 即 $r_{i(\boldsymbol{x})1}$ 表示 $\boldsymbol{w}_i$ 在二维网格中的行数, $r_{i(\boldsymbol{x})2}$ 表示 $\boldsymbol{w}_i$ 在二维网格中的列数, 离散向量 $\boldsymbol{r}_j=(r_{j1},r_{j2})^{\mathrm{T}}$ 表示兴奋神经元 $\boldsymbol{w}_j$ 在二维网格中的位置, σ 为宽度参数, 它可以控制拓扑近邻的个数. 随着学习迭代次数的增加, σ 的值逐步减小, 拓扑近邻的个数 (兴奋神经元的个数) 也减少. σ 依赖于迭代次数 τ, 其表达形式如下

$$\sigma(\tau) = \sigma(0) \times \left(1-\frac{\tau}{T_{\max}}\right), \quad (3.3)$$

其中 $\sigma(0)$ 为宽度参数的初始值, $T_{\max}$ 为最大迭代次数. 因此, 拓扑近邻在第 τ 次的表达形式为

$$h_{ji(\boldsymbol{x})}(\tau) = \exp\left\{-\frac{\|\boldsymbol{r}_j-\boldsymbol{r}_i\|^2}{2\sigma(\tau)^2}\right\}. \quad (3.4)$$

(3) 在更新过程中，假定在第 τ 次迭代时兴奋神经元的权重向量为 $\boldsymbol{w}_j(\tau)$，则二维网格上获胜神经元及其拓扑邻域内的兴奋神经元的权重向量在第 $\tau+1$ 步为

$$\boldsymbol{w}_j(\tau+1) = \boldsymbol{w}_j(\tau) + \eta(\tau) h_{ji(\boldsymbol{x})}(\tau)[\boldsymbol{x} - \boldsymbol{w}_j(\tau)], \tag{3.5}$$

其中 $\eta(\tau) = \eta(0) \times \left(1 - \dfrac{\tau}{T_{\max}}\right)$ $(0 < \eta(\tau) < 1)$ 为第 τ 次的学习率，它随着迭代次数的增加而单调减少。

自组织映射神经网络的学习算法可概括为以下 5 个步骤：

步骤 1：初始化所有的权重向量为 $\boldsymbol{w}_1(0), \boldsymbol{w}_2(0), \cdots, \boldsymbol{w}_K(0)$，设置初始宽度参数 $\sigma(0)$、初始学习率 $\eta(0)$ 和最大迭代次数 $T_{\max}$；

步骤 2：对于第 τ 步迭代，从训练样本集 $\{\boldsymbol{x}_i\}_{i=1}^N$ 中任选一个输入向量 $\boldsymbol{x}(\tau)$，计算 $\boldsymbol{x}(\tau)$ 与所有权重向量的欧氏距离，寻找获胜神经元

$$i(\boldsymbol{x}) = \arg\min_j \|\boldsymbol{x}(\tau) - \boldsymbol{w}_j(\tau)\|;$$

步骤 3：按下面的更新公式更新获胜神经元及其拓扑近邻

$$\boldsymbol{w}_j(\tau+1) = \boldsymbol{w}_j(\tau) + \eta(\tau) h_{ji(\boldsymbol{x})}(\tau)[\boldsymbol{x} - \boldsymbol{w}_j(\tau)];$$

步骤 4：按下面的更新公式分别更新学习率和拓扑近邻函数

$$\eta(\tau) = \eta(0) \times \left(1 - \dfrac{\tau}{T_{\max}}\right) \text{和} h_{ji(\boldsymbol{x})}(\tau) = \exp\left\{-\dfrac{\|\boldsymbol{r}_j - \boldsymbol{r}_i\|^2}{2\left[\sigma(0) \times \left(1 - \dfrac{\tau}{T_{\max}}\right)\right]^2}\right\};$$

步骤 5：判断迭代次数 τ 是否超过最大迭代次数 $T_{\max}$，如果有 $\tau \leqslant T_{\max}$，则令 $\tau = \tau + 1$，转向步骤 2，否则结束迭代过程。

3.1.3 核自组织映射神经网络

核方法是近年来模式识别和机器学习领域的一个研究热点[7]，其实质是通过核诱导的隐含映射将低维输入空间中的非线性问题变换至高维 (甚至是无穷维) 特征空间中易于解决的线性问题，而隐含映射由核函数在原始的输入空间中实现。现有的核方法包括支持向量机、核主成分分析、核线性判别分析、核独立成分分析、核聚类等[8]。基于核技巧，MacDonald 和 Fyfe[9] 提出了特征空间中的核自组织映射神经网络，潘志松等[10] 提出了输入空间中的核自组织映射神经网络。两种方法均指出：当样本在输入空间中分布不规则或呈高度非线性分布时，依赖于欧氏距离的自组织映射神经网络的聚类效果就会很差，而核自组织映射可以通过非线性映射函数将欧氏距离转化为非欧氏距离，从而可以有效地解决上述问题。

3.1.3.1 特征空间中的核自组织映射神经网络

MacDonald 和 Fyfe[9] 认为自组织映射规则就是一个以自组织的方式来分配均值的 K 均值算法, 他们参考 Schölkopf 等[11] 提出的核 K 均值聚类算法, 提出了核自组织映射算法. 在核自组织映射算法中, 输出层中的权重向量 $\boldsymbol{w}_j$ 可以表示为输入向量在特征空间中像的线性组合

$$\boldsymbol{w}_j = \sum_{l=1}^{N} \gamma_{jl} \phi(\boldsymbol{x}_l), \tag{3.6}$$

其中 $\gamma_{jl}(j=1,2,\cdots,K;\ l=1,2,\cdots,N)$ 为组合系数, K 表示权重向量的个数 (即聚类个数), N 为输入向量的个数, 映射函数 $\phi(\boldsymbol{x}_l)$ 将输入向量 $\boldsymbol{x}_l$ 从低维输入空间映射到高维特征空间.

从训练样本集中选取输入向量 $\boldsymbol{x}$, 与之对应的获胜神经元由下式确定:

$$\begin{aligned} i(\boldsymbol{x}) &= \arg\min_{j} \|\phi(\boldsymbol{x}) - \boldsymbol{w}_j\| \\ &= \arg\min_{j} \left\|\phi(\boldsymbol{x}) - \sum_{l=1}^{N} \gamma_{jl}\phi(\boldsymbol{x}_l)\right\| \\ &= \arg\min_{j} \sqrt{K(\boldsymbol{x},\boldsymbol{x}) - 2\sum_{l=1}^{N}\gamma_{jl}K(\boldsymbol{x},\boldsymbol{x}_l) + \sum_{l=1}^{N}\sum_{m=1}^{N}\gamma_{jl}\gamma_{jm}K(\boldsymbol{x}_l,\boldsymbol{x}_m)}, \end{aligned} \tag{3.7}$$

其中 $K(\cdot,\cdot)$ 为核函数, 文献 [9] 中使用的是高斯核函数, 即

$$K(\boldsymbol{x},\boldsymbol{y}) = \exp\left\{-\frac{\|\boldsymbol{x}-\boldsymbol{y}\|^2}{2\sigma^2}\right\}, \tag{3.8}$$

其中 σ 为宽度参数.

由式 (3.6) 可知: 由于非线性映射 $\phi(\cdot)$ 没有明确的表达形式, 则权重向量 $\boldsymbol{w}_j$ 的更新公式只能通过其组合系数 γ_{jl} 来体现, γ_{jl} 的更新公式表达如下:

$$\gamma_{jl}^{\tau+1} = \begin{cases} \gamma_{jl}^{\tau}(1-\Lambda), & l \neq \tau+1, \\ \Lambda, & l = \tau+1, \end{cases} \tag{3.9}$$

其中 $\Lambda = \dfrac{M_{i(\boldsymbol{x}),j}}{\sum_{k=1}^{\tau+1} M_{i,k}}$, $M_{i(\boldsymbol{x}),j} = \exp\left\{-\dfrac{\|\boldsymbol{r}_{i(\boldsymbol{x})}-\boldsymbol{r}_j\|^2}{2\sigma(\tau)^2}\right\}$ 且 $\sigma(\tau) = \sigma(0)\exp\left\{-\dfrac{\tau}{\tau_1}\right\}$

(τ_1 为常数). 最后, 将式 (3.7) 和式 (3.9) 替换到 3.1.2 小节自组织映射神经网络学习算法步骤 2 和步骤 3 的相应位置, 即可得到核自组织映射神经网络的学习算法.

3.1.3.2 输入空间中的核自组织映射神经网络

在 3.1.3.1 小节中, 将输出层中的权重向量表示为输入向量在特征空间中像的线性组合, 虽然可以构造出核自组织映射, 但是无法在输入空间中对获胜神经元及其拓扑近邻进行刻画, 且聚类结果在输入空间中无法获得直观的解释. 因此, 潘志松等[10] 提出在输入空间中使用基于核函数的距离确定获胜神经元, 其计算公式如下

$$\begin{aligned} i(\boldsymbol{x}) &= \arg\min_j \|\phi(\boldsymbol{x}) - \phi(\boldsymbol{w}_j)\| \\ &= \arg\min_j \sqrt{K(\boldsymbol{x},\boldsymbol{x}) + K(\boldsymbol{w}_j,\boldsymbol{w}_j) - 2K(\boldsymbol{x},\boldsymbol{w}_j)}, \end{aligned} \quad (3.10)$$

其中 $\phi(\boldsymbol{x})$ 和 $\phi(\boldsymbol{w}_j)$ 分别为输入层中输入向量 $\boldsymbol{x}$ 和输出层中神经元 $\boldsymbol{w}_j$ 在特征空间中的像.

在确定了获胜神经元及其拓扑近邻, 即兴奋神经元之后, 它们在第 $\tau+1$ 步的更新公式为

$$\boldsymbol{w}_j(\tau+1) = \boldsymbol{w}_j(\tau) - \eta(\tau) h_{j,i(\boldsymbol{x})}(\tau) \nabla J(\boldsymbol{w}_j), \quad (3.11)$$

其中目标函数的梯度 $\nabla J(\boldsymbol{w}_j)$ 定义为

$$\begin{aligned} \nabla J(\boldsymbol{w}_j) &= \frac{\partial J(\boldsymbol{w}_j)}{\partial \boldsymbol{w}_j} = \frac{\partial \|\phi(\boldsymbol{x}) - \phi(\boldsymbol{w}_j)\|^2}{\partial \boldsymbol{w}_j} \\ &= \frac{\partial K(\boldsymbol{w}_j,\boldsymbol{w}_j)}{\partial \boldsymbol{w}_j} - 2\frac{\partial K(\boldsymbol{x},\boldsymbol{w}_j)}{\partial \boldsymbol{w}_j}. \end{aligned} \quad (3.12)$$

文献 [10] 中用到的核函数有多项式核函数、径向基核函数、柯西核函数和对数形式的核函数. 以径向基核函数为例, 在 $\tau+1$ 步, 获胜神经元及兴奋神经元的更新公式为

$$\boldsymbol{w}_j(\tau+1) = \boldsymbol{w}_j(\tau) + \frac{2\eta(\tau) h_{j,i(\boldsymbol{x})}(\tau)}{\sigma(\tau)^2} \exp\left\{-\frac{\|\boldsymbol{x}-\boldsymbol{w}_j(\tau)\|^2}{2\sigma(\tau)^2}\right\}[\boldsymbol{x}-\boldsymbol{w}_j(\tau)]. \quad (3.13)$$

最后, 将式 (3.10) 和式 (3.13) 替换到 3.1.2 小节自组织映射神经网络学习算法步骤 2 和步骤 3 的相应位置, 即可得到相应的核自组织映射神经网络学习算法.

3.2 神经气网络

神经气网络是由 Martinetz 和 Schulten[12] 在 1991 年提出的一种前馈神经网络. 它是一种寻找最优数据表示的简单算法, 已被成功地应用于与数据压缩和向量量化相关的领域, 如语音识别[13] 和图像处理[14] 等.

神经气网络与自组织映射神经网络的不同之处为:

(1) 神经气网络的突触权重 (输出神经元) w_j 不需要在输出空间中以网格形式进行拓扑排列;

(2) 神经气网络的突触权重改变量 Δw_j 不能由输出网格中神经元之间的邻域信息刻画, 而是由输入空间中神经元之间的邻域关系所决定;

(3) 神经气网络的邻域核函数刻画了输入空间上各个输入向量与特征空间上所有权重向量间距离的排序关系, 最终聚类结果能够在输入空间中获得直观解释, 能够更好地保持特征空间的拓扑有序性.

3.2.1 学习算法

神经气网络的目标函数为[15]

$$E(\boldsymbol{w}) = \frac{1}{2C(\lambda)} \sum_{j=1}^{K} \int P(\boldsymbol{x}) h_\lambda\left(k_j(\boldsymbol{x}, \boldsymbol{w})\right) \|\boldsymbol{x} - \boldsymbol{w}_j\|^2 \, \mathrm{d}\boldsymbol{x}, \tag{3.14}$$

其中, $h_\lambda(k_j(\boldsymbol{x}_l, \boldsymbol{w})) = \exp\left\{\dfrac{-k_j(\boldsymbol{x}_l, \boldsymbol{w})}{\lambda}\right\}$, $k_j(\boldsymbol{x}_l, \boldsymbol{w})$ 是满足 $\|\boldsymbol{x}_l - \boldsymbol{w}_t\| \leqslant \|\boldsymbol{x}_l - \boldsymbol{w}_j\|$ 的 $\boldsymbol{w}_t$ 个数, 即邻域距离的排列序号. 衰减参数 λ 随迭代次数单调递减, 对于第 τ 次迭代, 其取值为 $\lambda(\tau) = \lambda(0) \left(\dfrac{\alpha}{\lambda(0)}\right)^{\frac{\tau}{T_{\max}}}$ ($0 < \alpha < 1$ 为常数). $C(\lambda)$ 为仅与 λ 有关的归一化因子, 且 $C(\lambda) = \sum_{j=1}^{K} h_\lambda\left(k_j(\boldsymbol{x}, \boldsymbol{w})\right) = \sum_{k=0}^{K-1} h_\lambda(k)$.

根据梯度下降法, 突触权重在第 $l+1$ 次的更新公式为[15]

$$\boldsymbol{w}_j^{\tau+1} = \boldsymbol{w}_j^\tau + \eta(\tau) h_\lambda(k_j(\boldsymbol{x}_l, \boldsymbol{w}))(\boldsymbol{x}_l - \boldsymbol{w}_j^\tau), \tag{3.15}$$

其中 $\eta(\tau) = \eta(0) \times \left(\dfrac{\beta}{\eta(0)}\right)^{\frac{\tau}{T_{\max}}}$ ($0 < \beta < 1$ 为常数).

神经气网络的学习算法可以概括为以下 5 个步骤:

步骤 1: 初始化所有的权重向量为 $\boldsymbol{w}_1(0), \boldsymbol{w}_2(0), \cdots, \boldsymbol{w}_K(0)$, 设置初始衰减参数 $\lambda(0)$ 及其常数参数 α、初始学习率 $\eta(0)$ 及其常数参数 β、最大迭代次数 $T_{\max}$;

步骤 2: 对于第 τ 次迭代, 从训练样本集 $\{\boldsymbol{x}_i\}_{i=1}^{N}$ 中任选一个输入向量 $\boldsymbol{x}(\tau)$, 计算 $\boldsymbol{x}(\tau)$ 与所有权重向量 $\boldsymbol{w}_j(\tau)(j = 1, 2, \cdots, K)$ 之间的欧氏距离并进行排序 $\|\boldsymbol{x}(\tau) - \boldsymbol{w}_{j_1}(\tau)\| < \|\boldsymbol{x}(\tau) - \boldsymbol{w}_{j_2}(\tau)\| < \cdots < \|\boldsymbol{x}(\tau) - \boldsymbol{w}_{j_K}(\tau)\|$;

步骤 3: 按下面的更新公式对 K 个权重向量进行更新

$$\boldsymbol{w}_j(\tau+1) = \boldsymbol{w}_j(\tau) + \eta(\tau) h_\lambda(k_j(\boldsymbol{x}(\tau), \boldsymbol{w}(\tau)))[\boldsymbol{x}(\tau) - \boldsymbol{w}_j(\tau)];$$

步骤 4：按下面的更新公式分别更新习率和拓扑近邻函数的衰减参数

$$\eta(\tau) = \eta(0) \times \left(\frac{\beta}{\eta(0)}\right)^{\frac{\tau}{T_{\max}}} 和 \lambda(\tau) = \lambda(0) \left(\frac{\alpha}{\lambda(0)}\right)^{\frac{\tau}{T_{\max}}};$$

步骤 5：判断迭代次数 τ 是否超过最大迭代次数 $T_{\max}$，如果 $\tau \leqslant T_{\max}$，则令 $\tau = \tau + 1$，转向步骤 2，否则结束迭代过程.

3.2.2 核神经气网络

与自组织映射神经网络、最大熵聚类和 K 均值聚类相比, 神经气网络具有收敛速度快、代价误差小及收敛性稳定等优点. 但是, 当被处理的数据具有非线性聚类边界时, 神经气网络就会失效. 为了克服神经气网络的上述缺陷, Qin 和 Suganthan[16] 提出了核神经气网络. 核神经气网络的思想是: 首先通过非线性映射将低维的输入向量映射到高维的特征空间, 然后在特征空间中构造神经气网络.

给定输入向量 x, 通过非线性映射函数 $\phi(x)$ 将输入向量 x 映射到高维特征空间. 突触权重的权值可以表示成高维特征空间中所有输入向量的像的线性组合

$$w_j = \sum_{l=1}^{N} \gamma_{jl} \phi(x_l), \tag{3.16}$$

其中 $\gamma_{jl}(j = 1, 2, \cdots, K; l = 1, 2, \cdots, N)$ 为组合系数. 从而, 输入向量 x 在高维特征空间中的像 $\phi(x)$ 与突触权重向量 w_j 之间的距离为

$$D^F(\phi(x), w_j) = \|\phi(x) - w_j\| = \left\|\phi(x) - \sum_{l=1}^{N} \gamma_{jl} \phi(x_l)\right\|$$

$$= \sqrt{K(x, x) - 2 \sum_{l=1}^{N} \gamma_{jl} K(x, x_l) + \sum_{l=1}^{N} \sum_{m=1}^{N} \gamma_{jl} \gamma_{jm} K(x_l, x_m)}, \tag{3.17}$$

突触权重的改变量为

$$\Delta w_j = \eta(\tau) h_\lambda (k_j (\phi(x_l), w)) [\phi(x_l) - w_j]. \tag{3.18}$$

将式 (3.16) 代入式 (3.18) 可得

$$\sum_{l=1}^{N} \Delta \gamma_{jl} \phi(x_l) = \eta(\tau) h_\lambda (k_j (\phi(x_l), w)) \left[\sum_{m=1}^{N} \delta_{lm} \phi(x_m) - \sum_{l=1}^{N} \gamma_{jl} \phi(x_l)\right], \tag{3.19}$$

其中

$$\delta_{lm} = \begin{cases} 0, & x_l \neq x_m, \\ 1, & x_l = x_m. \end{cases} \tag{3.20}$$

与特征空间中的核自组织映射神经网络相同，由于突触权重表示为全体输入向量在特征空间中像的线性组合，且非线性映射 $\phi(\cdot)$ 没有明确的表达形式，所以突触权重的更新公式只能通过其组合系数实现，γ_{jl} 在第 $\tau+1$ 步的更新公式为

$$\gamma_{jl}(\tau+1) = \begin{cases} [1-\eta(\tau+1)h_\lambda\left(k_j\left(\phi(\boldsymbol{x}_m),\boldsymbol{w}\right)\right)]\gamma_{jl}(\tau), & \boldsymbol{x}_l \neq \boldsymbol{x}_m, \\ [1-\eta(\tau+1)h_\lambda\left(k_j\left(\phi(\boldsymbol{x}_m),\boldsymbol{w}\right)\right)]\gamma_{jl}(\tau)+\eta(\tau+1)h_\lambda\left(k_j\left(\phi(\boldsymbol{x}_m),\boldsymbol{w}\right)\right), \\ & \boldsymbol{x}_l = \boldsymbol{x}_m. \end{cases} \quad (3.21)$$

最后，将式 (3.16)、式 (3.17) 和式 (3.21) 代入到 3.2.1 小节神经气网络的学习算法中即可得到核神经气网络的学习算法，在此不再赘述。

3.2.3 生长型神经气网络

在训练神经气网络时，突触权重的个数需要预先指定，这在一定程度上限制了神经气网络的应用。为了自动确定突触权重的个数，Fritzke[17] 提出了生长型神经气网络。当突触权重的初始值不在输入向量范围内，或者距离很远时，这部分突触权重的权值收敛很慢，或者根本无法得到训练，这就是欠训练现象。为了克服在训练神经气网络时出现的欠训练现象，沈辉等[18] 提出了另一种生长型神经气网络。两种生长型神经气网络的不同之处在于[18]：Fritzke 提出的方法是根据网络拓扑维数增长的需要动态地增加神经元，以使网络的拓扑结构符合输入空间的拓扑结构；沈辉等提出的方法是为了加快神经元权值的收敛速度，根据输入向量距离现有突触权重的远近，不断地增加突触权重的数目，以逐步细化输入空间。下面简要介绍上述两种生长型神经气网络的学习算法。

Fritzke[17] 所提生长型神经气网络的学习算法可以概括为以下 8 个步骤：

步骤 1：从训练样本集中选取前两个输入向量 $\boldsymbol{x}_1$ 和 $\boldsymbol{x}_2$ 分别作为初始突触权重 $\boldsymbol{w}_1$ 和 $\boldsymbol{w}_2$，令突触权重集合 $A = \{\boldsymbol{w}_1, \boldsymbol{w}_2\}$，令连接集合 $C = \phi$，设置最大神经元数目 r，常数参数 $\varepsilon_b, \varepsilon_n, \lambda, \beta$ 和 $a_{\max}$；

步骤 2：从训练样本集 $\{\boldsymbol{x}_i\}_{i=1}^N$ 中任选一个输入向量 $\boldsymbol{x}$，计算 $\boldsymbol{x}$ 与突触权重集合中所有权重向量之间的距离，并寻找出对应最短和次短距离的两个突触权重的指标 s_1 和 s_2，即 $s_1 = \arg\min_j \|\boldsymbol{x} - \boldsymbol{w}_j\|$ 且 $s_2 = \arg\min_{j \neq s_1} \|\boldsymbol{x} - \boldsymbol{w}_j\|$；

步骤 3：若 $\boldsymbol{w}_{s_1}$ 和 $\boldsymbol{w}_{s_2}$ 间的连接不存在，则增加该连接，即令 $C = C \cup \{(s_1, s_2)\}$，并将 $\boldsymbol{w}_{s_1}$ 和 $\boldsymbol{w}_{s_2}$ 间连接的时间设置为 0，即 $\text{age}(s_1, s_2) = 0$；

步骤 4：更新第 s_1 个权重向量的局部误差，即 $\Delta E_{s_1} = \|x - w_{s_1}\|^2$，改变权重向量 $\boldsymbol{w}_{s_1}$ 及其所有近邻，即 $\Delta \boldsymbol{w}_{s_1} = \varepsilon_b(\boldsymbol{x} - \boldsymbol{w}_{s_1})$ 和 $\Delta \boldsymbol{w}_i = \varepsilon_n(\boldsymbol{x} - \boldsymbol{w}_i)$；

步骤 5：增加连接第 s_1 个突触权重的边的时间，即 $\text{age}(s_1, i) = \text{age}(s_1, i) + 1$，删除所有时间大于 $a_{\max}$ 的边，如果该删除操作产生了无边连接的点，则将这些点

也加以删除;

步骤 6: 如果选择的输入向量个数是参数 λ 的整数倍, 则按照下面的方式增加突触权重:

(1) 从突触权重集合 A 中找到具有最大累积误差的突触权重的指标, 即 $q = \arg\max_j E_j$,

(2) 在 $\boldsymbol{w}_q$ 及其具有最大误差变量的突触权重 $\boldsymbol{w}_f$ 之间增加一个新的突触权重并令其为 $\boldsymbol{w}_r = 0.5(\boldsymbol{w}_q + \boldsymbol{w}_f)$,

(3) 在 $\boldsymbol{w}_r$ 和 $\boldsymbol{w}_q$ 及 $\boldsymbol{w}_r$ 和 $\boldsymbol{w}_f$ 之间分别增加边, 并删除 $\boldsymbol{w}_q$ 和 $\boldsymbol{w}_f$ 之间的边,

(4) 分别减小 $\boldsymbol{w}_q$ 和 $\boldsymbol{w}_f$ 的误差变量, 令改变量分别为 $\Delta E_q = -\alpha E_q$ 和 $\Delta E_f = -\alpha E_f$, 并令 $\boldsymbol{w}_r$ 的误差变量为 $E_r = 0.5(E_q + E_f)$;

步骤 7: 减小集合 A 中所有突触权重的误差变量, 令改变量为 $\Delta E_j = -\beta E_j$;

步骤 8: 如果神经元个数达到 r 个, 则停止迭代, 否则, 返回步骤 2.

沈辉等[18] 提出的生长型神经气网络的学习算法可以概括为以下 5 个步骤:

步骤 1: 将第一个输入向量 $\boldsymbol{x}_1$ 初始化为开始的权重向量 $\boldsymbol{w}(1)$, 设置神经元数目 $N = 1$、初始衰减参数 $\lambda(0)$ 及其常数参数 α、初始学习率 $\eta(0)$ 及其常数参数 β、最大迭代次数 $T_{\max}$、生长阈值 r;

步骤 2: 对于第 τ 次迭代, 从训练样本集 $\{\boldsymbol{x}_i\}_{i=1}^N$ 中任选一个输入向量 $\boldsymbol{x}(\tau)$, 计算 $\boldsymbol{x}(\tau)$ 与所有权重向量 $\boldsymbol{w}_j(\tau)(j = 1, 2, \cdots, K)$ 之间的欧氏距离并进行排序 $\|\boldsymbol{x}(\tau) - \boldsymbol{w}_{j_1}(\tau)\| < \|\boldsymbol{x}(\tau) - \boldsymbol{w}_{j_2}(\tau)\| < \cdots < \|\boldsymbol{x}(\tau) - \boldsymbol{w}_{j_K}(\tau)\|$, 如果 $\|\boldsymbol{x}(\tau) - \boldsymbol{w}_{j_1}(\tau)\| \leqslant r$, 则转向步骤 3, 否则增加一个新神经元, 并用输入向量 $\boldsymbol{x}(\tau)$ 作为其权值, 令 $N = N + 1$, 转向步骤 5;

步骤 3: 按下面的更新公式对权重向量进行更新

$$\boldsymbol{w}_j(\tau + 1) = \boldsymbol{w}_j(\tau) + \eta(\tau) h_\lambda(k_j(\boldsymbol{x}(\tau), \boldsymbol{w}(\tau)))[\boldsymbol{x}(\tau) - \boldsymbol{w}_j(\tau)];$$

步骤 4: 按下面的更新公式分别更新学习率和拓扑近邻函数的衰减参数

$$\eta(\tau) = \eta(0) \times \left(\frac{\beta}{\eta(0)}\right)^{\frac{\tau}{T_{\max}}} \text{和} \lambda(\tau) = \lambda(0) \left(\frac{\alpha}{\lambda(0)}\right)^{\frac{\tau}{T_{\max}}};$$

步骤 5: 判断迭代次数 τ 是否超过最大迭代次数 $T_{\max}$, 如果 $\tau \leqslant T_{\max}$, 则令 $\tau = \tau + 1$, 转向步骤 2, 否则结束迭代过程.

3.3 主成分分析及其改进方法

主成分分析是一种简化数据结构的多元统计方法, 也是一种最为基本的特征提

取方法. 它将原有特征组合成相互正交的新特征 —— 主成分, 可以有效地解决模式识别和机器学习中的维数灾难问题. 主成分分析神经网络属于无监督学习网络, 通过连接权值的自组织学习, 实现了对输入样本的特征提取.

3.3.1 主成分分析

主成分分析也被称为 Karhunen-Loève (K-L) 变换, 这一方法要求基向量组满足正交性, 而且由它定义的子空间最优地考虑数据的相关性, 将原始数据集合变换到主分量空间并将单一数据样本的互相关性降低到最低点.

3.3.1.1 基本原理

设 d 维随机向量 $\boldsymbol{X} = (x_1, x_2, \cdots, x_d)^{\mathrm{T}}$ 的均值 $\bar{\boldsymbol{X}} = E\boldsymbol{X}$ 为零, 当 $\boldsymbol{X}$ 的均值不为零时, 可以令 $\boldsymbol{X}' = \boldsymbol{X} - E\boldsymbol{X}$, 从而得到 $E\boldsymbol{X}' = 0$. 随机向量 $\boldsymbol{X}$ 的协方差矩阵 $\boldsymbol{\Sigma}_{\boldsymbol{X}}$ 为

$$\boldsymbol{\Sigma}_{\boldsymbol{X}} = E[(\boldsymbol{X} - E\boldsymbol{X})(\boldsymbol{X} - E\boldsymbol{X})^{\mathrm{T}}]. \tag{3.22}$$

因为 $E\boldsymbol{X} = 0$, 则有

$$\boldsymbol{\Sigma}_{\boldsymbol{X}} = E(\boldsymbol{X}\boldsymbol{X}^{\mathrm{T}}). \tag{3.23}$$

计算 $\boldsymbol{\Sigma}_X$ 的特征值 $\lambda_1, \lambda_2, \cdots, \lambda_d$ 和对应的归一化特征向量 $\boldsymbol{u}_1, \boldsymbol{u}_2, \cdots, \boldsymbol{u}_d$, 即

$$\boldsymbol{\Sigma}_X \boldsymbol{u}_i = \lambda_i \boldsymbol{u}_i, \quad i = 1, 2, \cdots, d, \tag{3.24}$$

其中 $\boldsymbol{u}_i = (u_{i1}, u_{i2}, \cdots, u_{id})^{\mathrm{T}}$. 不妨设 $\lambda_1 \geqslant \lambda_2 \geqslant \cdots \geqslant \lambda_d$, 则 $y_i = \boldsymbol{u}_i^{\mathrm{T}}\boldsymbol{X}(i = 1, \cdots, d)$ 即为 $\boldsymbol{X}$ 的第 i 个主成分, 表示成矩阵形式为

$$\boldsymbol{Y} = \boldsymbol{U}^{\mathrm{T}}\boldsymbol{X}, \tag{3.25}$$

其中 $\boldsymbol{U} = [\boldsymbol{u}_1, \boldsymbol{u}_2, \cdots, \boldsymbol{u}_d]$ 且 $\boldsymbol{U}^{\mathrm{T}}\boldsymbol{U} = \boldsymbol{E}$, $\boldsymbol{Y} = (y_1, y_2, \cdots, y_d)^{\mathrm{T}}$.

在使用主成分进行特征提取时, 考虑 $\lambda_1, \lambda_2, \cdots, \lambda_d$ 中前 k 个最大的特征值 (即 $\lambda_1, \lambda_2, \cdots, \lambda_k$) 对应的特征向量 (即 $\boldsymbol{u}_1, \boldsymbol{u}_2, \cdots, \boldsymbol{u}_k$), 令 $\boldsymbol{U} = [\boldsymbol{u}_1, \boldsymbol{u}_2, \cdots, \boldsymbol{u}_k]$, 则根据式 (3.25) 得到 k 维的主成分向量. 由于 $k < d$, 因此可以完成对原始数据的降维处理.

3.3.1.2 主成分分析网络及其算法

传统的主成分分析需要求解数据协方差矩阵的特征值和特征向量, 运算量很大. 主成分分析网络采用自组织学习, 通过并行计算实现了对输入数据的主成分提取. 下面介绍两种主成分分析网络, 一种是仅能提取第一个主成分的 Oja 神经网络, 另一种是能够提取多个主成分的 Sanger 神经网络. 两种神经网络均属于前馈神经网络且采用改进的 Hebb 学习的权值更新规则.

1. Oja 神经网络模型及其算法

Oja[19] 最早设计了提取主成分的神经网络模型,该网络模型被称为 Oja 神经网络模型,其网络结构如图 3.2 所示. Oja 网络有 d 个输入节点和一个输出节点,该模型的网络输出为输入的线性组合,输出结果 y 为

$$y = \sum_{i=1}^{d} w_i x_i = \boldsymbol{w}^{\mathrm{T}} \boldsymbol{x}, \tag{3.26}$$

其中输入向量 $\boldsymbol{x} = (x_1, x_2, \cdots, x_d)^{\mathrm{T}}$,权重向量 $\boldsymbol{w} = (w_1, w_2, \cdots, w_d)^{\mathrm{T}}$.

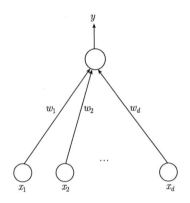

图 3.2 Oja 神经网络模型

通过对网络权值的学习,使得网络输出为输入的第一主成分,根据这个目标,Oja 提出了权重向量 $\boldsymbol{w}$ 在第 $\tau + 1$ 次的更新规则

$$\boldsymbol{w}(\tau+1) = \boldsymbol{w}(\tau) + \eta y(\tau)\left[\boldsymbol{x}(\tau) - y(\tau)\boldsymbol{w}(\tau)\right], \tag{3.27}$$

其中 $\eta (0 < \eta < 1)$ 为学习率.

Oja 学习算法可以概括为以下 4 个步骤.

步骤 1:初始化权重向量 $\boldsymbol{w}(0)$,设置学习率 η、网络收敛阈值 ε、最大迭代次数 $T_{\max}$;

步骤 2:对于第 j 个训练样本 $\boldsymbol{x}^j = (x_1^j, x_2^j, \cdots, x_d^j)^{\mathrm{T}}$,计算其第 τ 次对应的网络输出 $y^j = [\boldsymbol{w}(\tau)]^{\mathrm{T}} \boldsymbol{x}^j = \sum_{i=1}^{d} w_i(\tau) x_i^j$, $j = 1, 2, \cdots, l$;

步骤 3:更新网络的权重向量 $\boldsymbol{w}(\tau+1) = \boldsymbol{w}(\tau) + \eta \sum_{j=1}^{l} y^j \left[\boldsymbol{x}^j - y^j \boldsymbol{w}(\tau)\right]$,计算权重向量的改变量 $\Delta \boldsymbol{w} = \boldsymbol{w}(\tau+1) - \boldsymbol{w}(\tau)$,并令 $\tau = \tau + 1$;

步骤 4:如果有 $\|\Delta \boldsymbol{w}\| < \varepsilon$,则停止训练,否则转向步骤 2 继续训练网络.

理论和应用已证明,Oja 神经网络能够提取输入样本集的第一主成分.

2. Sanger 神经网络模型及其算法

如上所述，Oja 神经网络仅能学习一个主成分，而 Sanger 神经网络[20]允许提取任意 k 个主成分 $(k \leqslant d)$. Sanger 神经网络是一个两层前馈神经网络，其网络结构如图 3.3 所示.

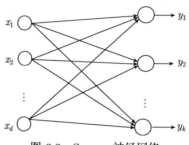

图 3.3 Sanger 神经网络

Sanger 神经网络将 Oja 神经网络的输出节点从一个扩充到多个，第 i 个输出节点的输出为 $y_i = \boldsymbol{w}_i^{\mathrm{T}} \boldsymbol{x} = \sum_{j=1}^{d} w_{ij} x_j \ (i = 1, 2, \cdots, k)$. 网络权重向量 $\boldsymbol{w}_i$ 在第 $\tau + 1$ 次的更新公式为

$$\boldsymbol{w}_i(\tau+1) = \boldsymbol{w}_i(\tau) + \eta y_i(\tau) \left[\boldsymbol{x}(\tau) - y_i(\tau) \boldsymbol{w}_i(\tau) - \sum_{j=1}^{i-1} y_j(\tau) \boldsymbol{w}_j(\tau) \right], \quad (3.28)$$

与 Oja 神经网络的权重更新规则相比，式 (3.28) 多出一项 $\sum_{j=1}^{i-1} y_i y_j \boldsymbol{w}_j(\tau)$，其目的是使各权重向量相互正交. 当 $k = 1$ 时，Sanger 神经网络退化为 Oja 神经网络.

Sanger 学习算法可以概括为以下 4 个步骤.

步骤 1：初始化权重向量 $\boldsymbol{w}_1(0), \boldsymbol{w}_2(0), \cdots, \boldsymbol{w}_k(0)$，设置学习率 η、网络收敛阈值 ε、最大迭代次数 $T_{\max}$；

步骤 2：对于第 p 个训练样本 $\boldsymbol{x}^p = (x_1^p, x_2^p, \cdots, x_d^p)^{\mathrm{T}}$，计算其第 τ 次对应的网络输出 $y_i^p = [\boldsymbol{w}_i(\tau)]^{\mathrm{T}} \boldsymbol{x}^p = \sum_{s=1}^{d} w_{is}(\tau) x_s^p, 1 \leqslant p \leqslant l, 1 \leqslant i \leqslant k$；

步骤 3：更新网络的权重向量

$$\boldsymbol{w}_i(\tau+1) = \boldsymbol{w}_i(\tau) + \eta \sum_{p=1}^{l} y_i^p \left[\boldsymbol{x}^p - y_i^p \boldsymbol{w}_i(\tau) - \sum_{j=1}^{i-1} y_j^p \boldsymbol{w}_j(\tau) \right], \quad i = 1, 2, \cdots, k,$$

计算权重向量的改变量 $\Delta \boldsymbol{w}_i = \boldsymbol{w}_i(\tau+1) - \boldsymbol{w}_i(\tau)$，并令 $\tau = \tau + 1$；

步骤 4：如果 $\|\max\{\Delta \boldsymbol{w}_1, \Delta \boldsymbol{w}_2, \cdots, \Delta \boldsymbol{w}_k\}\| < \varepsilon$，则停止训练，否则转向步骤 2，继续训练网络；

训练完成之后，网络的 k 个输出对应于输入向量的前 k 个主成分，即网络实现了对输入向量集前 k 个主成分的提取.

3.3.2 核主成分分析

尽管主成分分析已被成功地用于维数约减,但是从本质上讲,它是一种线性映射,在处理非线性问题时,往往不能取得好的效果. 于是, Schölkopf 等[11] 提出了核主成分分析,它的基本思想是将核方法应用到主成分分析中,不仅适合处理非线性问题,而且能提供更多的信息.

首先,通过一个非线性映射函数 $\phi: \Re^d \to F$,将输入空间中的向量 $\boldsymbol{x}$ 从 $\Re^d$ 映射到高维的特征空间 F 中,即输入空间的样本点 $\boldsymbol{x}_1, \boldsymbol{x}_2, \cdots, \boldsymbol{x}_l$ 变换为特征空间中的样本点 $\phi(\boldsymbol{x}_1), \phi(\boldsymbol{x}_2), \cdots, \phi(\boldsymbol{x}_l)$. 然后,在特征空间中使用主成分分析,即求解特征值问题

$$\lambda \boldsymbol{w}_\phi = \boldsymbol{C}_\phi \boldsymbol{w}_\phi, \tag{3.29}$$

其中 $\boldsymbol{C}_\phi = \dfrac{1}{l}\sum_{i=1}^{l}\phi(\boldsymbol{x}_i)\phi(\boldsymbol{x}_i)^{\mathrm{T}}$ 为特征空间中的样本协方差矩阵,同时要求 $\sum_{i=1}^{l}\phi(\boldsymbol{x}_i)=0$.

由再生核 Hilbert 空间理论知: 在特征空间 F 中的特征向量为 $\phi(\boldsymbol{x}_1), \cdots, \phi(\boldsymbol{x}_l)$,并且

$$\boldsymbol{w}_\phi = \sum_{i=1}^{l}\alpha_i\phi(\boldsymbol{x}_i), \tag{3.30}$$

其中 $\boldsymbol{\alpha} = (\alpha_1, \alpha_2, \cdots, \alpha_l)^{\mathrm{T}}$.

定义一个 $l \times l$ 阶核矩阵 $\boldsymbol{K}$,且其元素满足

$$\boldsymbol{K}_{ij} = K(\boldsymbol{x}_i, \boldsymbol{x}_j) = \phi(\boldsymbol{x}_i) \cdot \phi(\boldsymbol{x}_j). \tag{3.31}$$

则核主成分分析问题变为

$$l\lambda \boldsymbol{K}\boldsymbol{\alpha} = \boldsymbol{K}^2\boldsymbol{\alpha}, \tag{3.32}$$

即

$$l\lambda \boldsymbol{\alpha} = \boldsymbol{K}\boldsymbol{\alpha}. \tag{3.33}$$

从而求出特征值 λ 及其对应的特征向量 $\boldsymbol{\alpha} = (\alpha_1, \alpha_2, \cdots, \alpha_l)^{\mathrm{T}}$. 将特征向量 $\boldsymbol{w}_\phi$ 归一化,使得归一化后的向量满足 $\boldsymbol{w}_\phi \cdot \boldsymbol{w}_\phi = 1$,则由式 (3.30),式 (3.31) 和式 (3.33) 可知 $\lambda(\boldsymbol{\alpha} \cdot \boldsymbol{\alpha}) = 1$. 为了在特征空间中提取一个测试向量 $\boldsymbol{x}$ 的主成分,需要计算出该测试向量在特征空间中的像在 $\boldsymbol{w}_\phi$ 上的投影,其计算公式如下

$$V^{\mathrm{KPCA}} = \boldsymbol{w}_\phi \cdot \phi(\boldsymbol{x}) = \sum_{i=1}^{l}\alpha_i\left(\phi(\boldsymbol{x}_i) \cdot \phi(\boldsymbol{x})\right) = \sum_{i=1}^{l}\alpha_i K(\boldsymbol{x}_i, \boldsymbol{x}). \tag{3.34}$$

当输入向量的像在特征空间的均值不等于零时,式 (3.33) 中的 K 用下式代替:

$$\tilde{\boldsymbol{K}} = \boldsymbol{K} - \boldsymbol{I}_l\boldsymbol{K} - \boldsymbol{K}\boldsymbol{I}_l + \boldsymbol{I}_l\boldsymbol{K}\boldsymbol{I}_l, \tag{3.35}$$

其中 K 为去均值前的 $l \times l$ 阶核矩阵，$\tilde{K}$ 为去均值后的核矩阵，I_l 是元素均为 $\frac{1}{l}$ 的 $l \times l$ 阶矩阵.

利用核主成分分析进行特征提取的过程可以概括为以下 6 个步骤：

步骤 1：输入数据集 $D = \{x_1, x_2, \cdots, x_l\}$ 和特征提取后数据的维数 k；

步骤 2：计算核矩阵 $K = (k_{ij})_{l \times l} = K(x_i, x_j), i, j = 1, 2, \cdots, l$；

步骤 3：将核矩阵中心化：$K \leftarrow K - I_l K - K I_l + I_l K I_l$，其中 I_l 为元素全为 $1/l$ 的 $l \times l$ 阶矩阵；

步骤 4：计算核矩阵 K 的特征值和特征向量 $[V, \Lambda] = \mathrm{eig}(K)$；

步骤 5：将特征向量 v_j 归一化为 $\alpha^j = \dfrac{v_j}{\sqrt{\lambda_j}}, j = 1, 2, \cdots, k$；

步骤 6：重构数据：$\tilde{x}_i = \sum\limits_{m=1}^{l} \alpha_m^j K(x_m, x_i), i = 1, 2, \cdots, l$，输出变换后的数据集 $\tilde{D} = \{\tilde{x}_1, \tilde{x}_2, \cdots, \tilde{x}_l\}$.

实验结果表明[21]：核主成分分析方法在特征空间中具有与线性主成分分析相同的统计特征，而且它比线性主成分分析能够提取更多的样本信息. 在达到相同分类性能的前提下，核主成分分析所需的主成分个数少于主成分分析，与其他非线性特征提取方法相比，它不需要解决非线性优化问题.

3.3.3 二维主成分分析

在基于主成分分析的人脸识别或掌纹识别技术中，需要将二维图像转化为一维向量，容易产生维数灾难问题，增加计算量且不利于准确计算. 为了克服主成分分析的上述缺陷，Yang 等[22] 提出了二维主成分分析并成功地应用于人脸识别，通过对二维图像数据直接进行列去相关计算，有效地提高了识别效率和准确率.

设 A 为 $m \times n$ 维图像矩阵，X 为 n 维单位化向量，将 A 通过式 (3.36) 中的线性变换直接投影到向量 X 上：

$$Y = AX, \tag{3.36}$$

得到一个 m 维的列向量 Y，称为 A 在 X 方向上的投影特征向量. 最佳投影轴 X 可以根据特征向量 Y 的散布情况来决定，采用的准则公式如下

$$J(X) = \mathrm{tr}[S_x], \tag{3.37}$$

其中 S_x 为训练样本投影特征向量 Y 的协方差矩阵，$\mathrm{tr}[S_x]$ 为 S_x 的迹. 当 $J(X)$ 取得最大值时，可以找到一个将所有训练样本投影在其上的投影轴，使得投影后所得到特征向量的总体分散度最大. 协方差矩阵 S_x 为

$$S_x = E(Y - EY)(Y - EY)^{\mathrm{T}} = E[(A - EA)X][(A - EA)X]^{\mathrm{T}}, \tag{3.38}$$

则有
$$\operatorname{tr}[\boldsymbol{S}_x] = \boldsymbol{X}^{\mathrm{T}}[E(\boldsymbol{A} - E\boldsymbol{A})^{\mathrm{T}}(\boldsymbol{A} - E\boldsymbol{A})]\boldsymbol{X}. \tag{3.39}$$

令
$$\boldsymbol{C} = E[(\boldsymbol{A} - E\boldsymbol{A})^{\mathrm{T}}(\boldsymbol{A} - E\boldsymbol{A})], \tag{3.40}$$

称 C 为图像协方差矩阵,它是 $n \times n$ 阶的非负定矩阵. 设训练图像集为 $\boldsymbol{A}_1, \boldsymbol{A}_2, \cdots, \boldsymbol{A}_l$, 则用训练图像集可以直接得到协方差矩阵

$$\boldsymbol{C} = \frac{1}{l} \sum_{i=1}^{l} (\boldsymbol{A}_i - \bar{\boldsymbol{A}})^{\mathrm{T}}(\boldsymbol{A}_i - \bar{\boldsymbol{A}}), \tag{3.41}$$

其中
$$\bar{\boldsymbol{A}} = \frac{1}{l} \sum_{i=1}^{l} \boldsymbol{A}_i \tag{3.42}$$

是所有训练图像的平均图像. 相应地,式 (3.37) 中的准则变为

$$J(\boldsymbol{X}) = \boldsymbol{X}^{\mathrm{T}} \boldsymbol{C} \boldsymbol{X}. \tag{3.43}$$

由于 $\boldsymbol{X}$ 为单位向量,则在此条件下最优化式 (3.43) 可以通过求解 C 的特征值和特征向量得到. 设 C 的特征值满足 $\lambda_1 > \lambda_2 > \cdots > \lambda_k$, 则 k 个最佳投影轴为与它们所对应的特征向量 $\boldsymbol{X}_1, \boldsymbol{X}_2, \cdots, \boldsymbol{X}_k$.

参 考 文 献

[1] von der Malsburg C. Self-organization of orientation sensitive cells in the striate cortex. Kybernetik, 1973, 14: 85-100

[2] Kohonen T. Self-organized formation of topologically correct feature maps. Biological Cybernetics, 1982, 43: 59-69

[3] Kohonen T. Self-Organizing Maps, Berlin: Springer-Verlag, 2001

[4] 陈可佳, 姜远, 周志华. 基于 SOM 神经网络的彩色图像分割. 计算机科学, 2003, 30(4): 171-173

[5] Ypma A, Duin R. Novelty detection using self-organizing maps. Progress in Connectionist-Based Information Systems, 1997, 2: 1322-1325

[6] Haykin S. Neural Networks: A Comprehensive Foundation. 2nd ed. New York: Printice Hall, 1999

[7] Shawe-Taylor J, Cristianini N. Kernel Methods for Pattern Analysis. Cambridge: Cambridge University Press, 2004

[8] Schölkopf B, Smola A J. Learning with Kernels. Cambridge, MA: Massachusetls Institute of Technology Press, 2001

[9] MacDonald D, Fyfe C. The kernel self organizing map. Proceedings of the Fourth International Conference on Knowledge-Based Intelligent Engineering Systems & Applied Technologies, 2000: 317-320

[10] 潘志松, 陈松灿, 张道强. 原空间中的核 SOM 分类器. 电子学报, 2004, 32(2): 227-231

[11] Schölkopf B, Smola A, Muller K R. Nonlinear component analysis as a kernel eigenvalue problem. Neural Computation, 1998, 10: 1299-1319

[12] Martinetz T, Schulten K. A "neural gas" network learns topologies. Artificial Neural Networks, 1991, 397-402

[13] Curatelli F, Mayora-lberra O. Competitive learning methods for efficient vector quantizations in a speech recognition environment. Proceedings of the Mexican International Conference on Artiricial Intelligence, 2000, 1793: 108-114

[14] Angelopoulou A, Psarrou A, Rodríguez J G, et al. Automatic landmarking of 2D medical shapes using the growing neural gas network. Proceedings of the First International Workshop on Computer Vision for Biomedical Image Applications, 2005, 3765: 210-219

[15] Martinetz T M, Berkovich S G, Schulten K J. "Neural gas" network for vector quantization and its application to time-series prediction. IEEE Transactions on Neural Network, 1993, 4(4): 558-569

[16] Qin A K, Suganthan P N. Kernel neural gas algorithms with application to cluster analysis. Proceedings of the 17th International Conference on Pattern Recognition, 2004, 4: 617-620

[17] Fritzke B. A growing neural gas network learns topologies. Advances in Neural Information Processing Systems, 1995: 625-632

[18] 沈辉, 胡德文, 温熙森. 混沌系统辨识的一种新的生长型神经气方法. 自动化学报, 2001, 27(3): 401-405

[19] Oja E. A simplified neuron model as a principal component analyzer. Journal of Mathematical Biology, 1982, 15: 267-273

[20] Sanger T D. Optimal unsupervised learning in a single-layer linear feedforward neural network. Neural Networks, 1989, 12: 459-473

[21] Cao L J, Shua K S, Chong W K. A comparison of PCA, KPCA and ICA for dimensionality reduction in support vector machine. Neurocomputing, 2003, 55(2): 321-336

[22] Yang J, Zhang D, Frangi A F, et al. Two-dimensional PCA: a new approach to appearance-based face representation and recognition. IEEE Transactions on Pattern Analysis and Machine Intelligence, 2004, 26(1): 131-137

第 4 章　前馈神经网络的模型选择

前馈神经网络的模型选择主要包括以下四方面: 隐含层个数的选取; 输入层和隐含层中节点个数的选取; 隐含层激活函数的选取; 连接权重的选取. 本章主要介绍基于假设检验的方法、基于信息准则的方法、基于敏感度分析的方法和基于互信息的方法.

4.1　基于假设检验的方法

由于多层感知器可以看成非线性回归模型, 因此可以使用标准的参数显著性检验, 如 Wald–检验[1] 和 LM–检验, 这两种检验方法需要事先知道网络参数的 (渐近) 分布[2].

4.1.1　Wald–检验

在解决实际问题时, 经常需要使用一个规模庞大的多层感知器, 而神经网络的规模越小, 其学习训练数据的独有特征或噪声的可能性也更小[3]. 因此, 在实际应用中需要在保持网络性能的前提下使网络的规模最小化. 为了达到此目的, 可以通过两种方式来设计多层感知器:

(1) 网络生长, 该方法以规模很小的多层感知器开始, 然后在不能达到设计要求时增加新的隐含节点;

(2) 网络修剪, 该方法以规模很大的多层感知器开始, 然后通过特定的方法对隐含节点的重要性进行排序, 逐一删除那些重要性较小的隐含节点.

Anders 将剪枝法中的 "显著性" 计算用到 Wald–检验, 并进行了推广, 即当多层感知器中没有不相关的隐含节点时, 可以对连接输入层和隐含层的权重的任意参数约束进行 Wald–检验, 且检验统计量为 $(R\hat{w})^{\mathrm{T}}(R\hat{C}R^{\mathrm{T}})^{-1}(Rw) \sim \chi_\lambda^2$, 其中 $\hat{w}$ 为经过估计得到的网络权重向量, R 为参数约束的矩阵, λ 为参数约束的个数, 矩阵 $\hat{C}$ 为协方差矩阵的估计量, 该估计量由式 (4.1) 给出:

$$\hat{C} = A^{-1}BA^{-1}, \tag{4.1}$$

其中 $A \equiv -E[\nabla^2 \ln L_t]$, $B \equiv E[\nabla \ln L_t(\nabla \ln L_t)^{\mathrm{T}}]$ 且 $\ln L_t$ 为对数似然分布[3].

通过 Wald–检验, 可以得到合理的权重个数.

4.1.2 LM–检验

LM–检验有两种形式: 一种是采用随机抽样进行 LM–检验; 另一种是采用泰勒级数进行检验.

4.1.2.1 基于随机抽样的 LM–检验法

White[4] 提出的基于随机抽样的 LM–检验法依赖于零假设 $H_0 : \beta_q = 0$ ($q = N_H+1,\cdots,N_H+Q$), 其中 N_H 为隐含节点数, Q 为增加的隐含节点数, β_q 为隐含层和输出层之间的连接权重. 相应的备择假设为 $H_1 : \beta_q \neq 0$ ($q = N_H+1,\cdots,N_H+Q$). 如果零假设 H_0 成立, 则 $F(X) = f(X,w)$, 其中 $F(X)$ 为被逼近的函数, $f(X,w)$ 为多层感知器函数.

基于随机抽样的 LM–检验法的具体步骤如下:

步骤 1: 用多层感知器函数 $f(X,w)$ 对 $y (y = F(X) + \varepsilon)$ 进行回归, 并计算残差 $\hat{\varepsilon}$;

步骤 2: 用梯度 $\nabla f(X,\hat{w})$ 和取自增加隐含节点的 Q 个信号 $s_q(X,\gamma_q)$(其定义参见文献 [5]) 对残差 $\hat{\varepsilon}$ 进行回归, 此回归通常被称为高斯–牛顿回归 (GNR)[6], 由 GNR 可以计算未中心化的二次复相关量 R_u^2;

步骤 3: White[4] 指出检验统计量为 TR_u^2 且 TR_u^2 满足渐近的 χ_Q^2 分布, 而 Davidson 和 MacKinnon[6] 提出在有限样本情况下使用 $(T-K+Q)R_u^2$ 作为检验统计量, 其中 K 为自由模型中的参数个数且 T 为观测变量个数. 如果检验统计量的值超出了 χ_Q^2 分布的某个值, 则拒绝零假设. 另外, Davidson 和 MacKinnon 还指出取自 GNR 的 F- 统计量具有较好的有限样本性质.

4.1.2.2 基于泰勒级数的 LM–检验法

基于泰勒级数的 LM–检验法由 Teräsvirta 等[7] 在 1993 年提出. 与 4.1.1 小节中 White 的方法不同, 该检验法依赖于零假设 $\tilde{H}_0 : \gamma_q = 0$, 其中 $q = N_H+1,\cdots,N_H+Q$. 为了解决检验过程中的辨识问题, 需要将隐含层激活函数 $g(X_\gamma) = \tanh(X_\gamma)$ 在 $X_\gamma = 0$ 处进行三阶泰勒展开, 即

$$\tanh(X_\gamma) \approx \sum_{i=0}^{I} \gamma_i x_i - \frac{1}{3}\sum_{i=0}^{I}\sum_{j=i}^{I}\sum_{k=j}^{I} \delta_{ijk} x_i x_j x_k, \tag{4.2}$$

其中 I 为输入节点数, δ_{ijk} 为三次项的系数, 则相应的无约束模型为

$$y = f(X,w) + \sum_{i=0}^{I}\left(\sum_{q=N_H+1}^{N_H+Q} \beta_q \gamma_{qi}\right) x_i - \frac{1}{3}\sum_{i=0}^{I}\sum_{j=i}^{I}\sum_{k=j}^{I}\left(\sum_{q=N_H+1}^{N_H+Q} \beta_q \delta_{q,ijk}\right) x_i x_j x_k + \eta. \tag{4.3}$$

4.2 基于信息准则的方法

令 $\theta_i \equiv \sum_{q=N_H+1}^{N_H+Q} \beta_q \gamma_{qi}$, $\theta_{ijk} \equiv \sum_{q=N_H+1}^{N_H+Q} \beta_q \delta_{q,ijk}$, 则式 (4.3) 变为

$$y = f(X,w) + \sum_{i=0}^{I} \theta_i x_i - \frac{1}{3}\sum_{i=0}^{I}\sum_{j=i}^{I}\sum_{k=j}^{I} \theta_{ijk} x_i x_j x_k + \eta. \tag{4.4}$$

对式 (4.4) 中的泰勒展开式进行显著性检验, 即对零假设 $\tilde{H}_0: \theta = 0$ 进行检验, 如果泰勒展开式是显著的, 则在原有网络的基础上添加一个隐含节点. 此检验过程与 4.1.2.1 小节中的随机抽样检验过程类似. 详细的描述请参见文献 [7].

4.2 基于信息准则的方法

基于信息准则的方法的主要思想是寻找对暗含模型的最佳逼近和由参数增加引起的准确率降低之间的最佳折衷. 为了达到这个目的, 以信息准则为惩罚项引入一些度量方法来计算网络复杂度, 其中广泛使用的方法有:AIC 准则[8]、BIC 准则[9]、NIC 准则[10]、最小描述长度[11] 和交叉验证[12] 等.

4.2.1 AIC 准则和 BIC 准则

4.2.1.1 AIC 准则

AIC 准则是评估模型使用的较为流行的方法, 在统计、优化、识别等领域得到了广泛的应用. AIC 准则由日本学者 Akaike[8] 于 1973 年基于 K-L 距离, 从信息论角度提出的一种模型选择方法. Akaike 找到了 K-L 距离和最大似然对数的关系, 巧妙地给出了模型选择的度量公式

$$\text{AIC} = -2\ln f(X|\hat{\theta}_K) + 2K, \tag{4.5}$$

其中 K 是参数 θ_K 的维数.

对于多层感知器的情形, 有

$$\text{AIC} = \ln\left(\frac{\text{SSE}}{T}\right) + \frac{2K}{T}, \tag{4.6}$$

其中 SSE 为多层感知器的误差, K 为模型复杂度的测度 (即多层感知器中自由参数的个数), T 为训练样本的数目. 一般情况下, 并不关心 AIC 的具体大小, 而是利用 AIC 准则给出一组模型的不同优先程度, 按照式 (4.6) 计算各个模型的 AIC 值, 值最小的模型会被优先选择.

然而, 对于维数较低的情形, AIC 准则往往不能准确地反映模型的优劣. 因此, 一些学者提出了 AIC 的改进准则, 如 NIC 准则[10]、AICc 准则[13] 等, 有效地克服了 AIC 准则对小样本失真的现象.

此外，神经网络通常被看成对暗含函数模型的逼近模型，而 AIC 准则却要求模型必须是真实模型. 因此，在这种情况下很难使用 AIC 准则对模型结构加以分析. 为了克服 AIC 的这个缺陷，Stone[10]提出了一种 AIC 准则的推广准则，Murata 等[14]将其命名为 NIC 准则 (network information criterion, NIC)，其定义如下

$$\text{NIC} = \frac{1}{2}\ln\left(\frac{\text{SSE}}{T}\right) + \frac{\text{tr}[\boldsymbol{BA}^{-1}]}{T}, \tag{4.7}$$

其中 $\boldsymbol{A}$ 与 $\boldsymbol{B}$ 的定义可参见 4.1.1 小节. 如果被检测的模型包含真实模型，即 $\boldsymbol{A} = \boldsymbol{B}$ 成立，则 $\text{tr}[\boldsymbol{BA}^{-1}] = \text{tr}[\boldsymbol{I}] = K$ 为模型的参数个数，此时乘以 2，则 NIC 即可退化为 AIC.

4.2.1.2 BIC 准则

基于贝叶斯理论，Schwartz[9] 在 1978 年提出了 BIC 准则 (Bayesian information criteria, BIC). 与 AIC 准则的惩罚项不同，Schwartz 给出了计算公式

$$\text{BIC} = \ln\left(\frac{\text{SSE}}{T}\right) + \frac{2(K+2)}{\sigma^2} - 2T\left(\frac{\sigma^2}{\text{SSE}}\right)^2, \tag{4.8}$$

后来，给出了一种简化的 SBIC 形式，即

$$\text{BIC} = \ln\left(\frac{\text{SSE}}{T}\right) + \frac{K\ln(T)}{T}, \tag{4.9}$$

在选取模型时，也是计算一组模型中每个模型的 BIC 值，从中选取值最小的模型.

4.2.2 最小描述长度和交叉验证

4.2.2.1 最小描述长度

Rissanen[11] 提出利用 Kolmogorov 的复杂度作为学习机器归纳推理的主要工具，于 1978 年首次提出了最小描述长度 (minimum description length, MDL) 的概念，后来在信息领域和计算机学科都广为参考，其具体的表达形式如下

$$\text{MDL} = (T-K)\ln\left(\frac{\text{SSE}}{T}\right) + K\ln\left(\sum_{i=1}^{T}\boldsymbol{y}_i^{\text{T}}\boldsymbol{y}_i\right) + (T-K-1)\ln\left(\frac{T}{T-K}\right) - (K+1)\ln K, \tag{4.10}$$

其中 $\boldsymbol{y}_i$ 为第 i 个训练样本的目标输出.

对于隐含节点个数不同的多层感知器，计算每个网络的 MDL 值，从中选取值最小的多层感知器. 事实上，有研究人员指出二阶的 MDL 方法在理论上与 SBIC 等价，即等同于式 (4.9)[15]. 通常，进行模型选择时使用 MDL 和 BIC 之一即可.

4.2.2.2 交叉验证

交叉验证是为了克服停止训练方法的"过学习"而提出的[12], 它提供了另外一种神经网络的模型选择方法. 为了找到恰当的复杂度, 对于不同的模型, 比较它们的均方预测误差 (MSPE). MSPE 用下面的方法获得: 首先将所有样本平均分为 M 个子集, 每一个子集含有 ν 个样本, 每次留下一个子集, 用其他的样本子集对模型进行估计, 并且每次留下的子集均不相同, 其次计算经过估计后的模型在留下的子集上产生的 MSPE, 依此法对模型重复估计 M 次, 从而可以得到平均的 MSPE, 将它定义为交叉验证误差 CV:

$$\mathrm{CV} = \frac{1}{M} \sum_{m=1}^{M} \mathrm{MSPE}_m, \tag{4.11}$$

最终选取具有最小交叉验证误差的模型.

4.3 基于敏感度分析的方法

对于多层感知器的结构选取, Engelbrecht[16] 做了全面的回顾. 文献 [17] 则将多层感知器的结构选取分为两类: 构造性方法和剪枝方法, 这两种方法分别对应于 4.1.1 小节中所提到的网络生长法和网络修剪法. 相对于构造性方法, 剪枝方法更为常用, 原因是它兼备复杂网络和简单网络的优点. 在剪枝方法中, 基于敏感度分析的剪枝策略[16,18] 占据了重要的地位.

4.3.1 基于偏导数的敏感度分析方法

敏感度分析是研究怎样将性能函数的导数用于衡量系统对参数扰动行为进行响应[19]. 神经网络的敏感度分析源于性能函数 F 对于网络参数 θ_i 的泰勒展开式

$$F(\theta_1, \cdots, \theta_i + \Delta\theta_i, \cdots, \theta_I) = F(\boldsymbol{\theta}) + F'(\boldsymbol{\theta})\Delta\theta_i + \frac{1}{2}F''(\boldsymbol{\theta})\Delta\theta_i^2 + \cdots, \tag{4.12}$$

其中 θ_i 可以是输入节点、隐含节点或连接权重, $\boldsymbol{\theta} = (\theta_1, \theta_2, \cdots, \theta_I)$ 为参数向量. $\Delta\theta_i$ 是 θ_i 的一个小的扰动. 对于多层感知器, 性能函数 F 可以是网络的目标函数 E, 也可以是网络的输出函数 F_{NN}. 如果使用多层感知器的输出函数 F_{NN} 作为网络的性能函数, 由式 (4.12) 可得

$$F(\theta_1, \cdots, \theta_i + \Delta\theta_i, \cdots, \theta_I) - F_{NN}(\boldsymbol{\theta}) = \Delta\theta_i F'_{NN}(\boldsymbol{\theta}), \tag{4.13}$$

对于小的扰动 $\Delta\theta_i$, 需要

$$\lim_{\Delta\theta_i \to 0} \left(\frac{1}{2}\Delta\theta_i^2 F''_{NN}(\boldsymbol{\theta}) + \cdots \right) = 0 \tag{4.14}$$

成立.

对于三层感知器, 假设 x_i 表示第 i 个输入节点的输入, z_j 表示第 j 个隐含节点的输入, y_k 表示第 k 个输出节点的输出, v_{kj} 表示连接第 j 个隐含节点和第 k 个输出节点的连接权重, w_{ji} 表示连接第 j 个隐含节点和第 i 个输入节点的连接权重, f_{y_k} 表示第 k 个输出节点上的激活函数, f_{z_j} 表示第 j 个隐含节点上的激活函数.

表 4.1 展示了目标误差和网络输出关于网络参数的敏感度分析, 对于具有单个输出节点的三层感知器, 有

$$\frac{\partial^2 E}{\partial \theta^2} \approx \left(\frac{\partial y_k}{\partial \theta}\right)^2 \tag{4.15}$$

成立. 因此, 两种敏感度分析方法可以产生相同的参数重要性排序. 对于具有多个输出节点的三层感知器, 则有

$$\frac{\partial^2 E}{\partial \theta^2} = \sum_{k=1}^{K} \frac{\partial^2 E_k}{\partial \theta^2} \approx \sum_{k=1}^{K} \left(\frac{\partial y_k}{\partial \theta}\right)^2 \tag{4.16}$$

成立. 其中 E_k 为第 k 个输出节点上的误差.

由式 (4.15) 和式 (4.16) 可知, 由参数扰动所引起模型误差的变化可以看成是这些扰动引起网络输出变化的一个可加函数.

表 4.1 目标误差函数敏感度分析和输出敏感度分析的比较

参数	目标误差函数敏感度	输出敏感度
x_i	$\frac{\partial^2 E}{\partial x_i^2} \approx \left(f'_{y_k}\right)^2 \left[\sum_{j=1}^{J} v_{kj} f'_{z_j} w_{ji}\right]^2$	$\frac{\partial y_k}{\partial x_i} = f'_{y_k} \sum_{j=1}^{J} v_{kj} f'_{z_j} w_{ji}$
z_j	$\frac{\partial^2 E}{\partial z_j^2} \approx \left(f'_{y_k}\right)^2 v_{kj}^2$	$\frac{\partial y_k}{\partial z_j} = f'_{y_k} v_{kj}$
v_{kj}	$\frac{\partial^2 E}{\partial v_{kj}^2} \approx \left(f'_{y_k}\right)^2 z_j^2$	$\frac{\partial y_k}{\partial v_{kj}} = f'_{y_k} z_j$
w_{ji}	$\frac{\partial^2 E}{\partial w_{ji}^2} \approx \left(f'_{z_j}\right)^2 \left(f'_{y_k}\right)^2 v_{kj}^2 x_i^2$	$\frac{\partial y_k}{\partial w_{ji}} = f'_{z_j} f'_{y_k} v_{kj} x_i$

定义 4.3.1 设参数 θ_i 为神经网络的输入节点、隐含节点或权重, 则参数 θ_i 的重要性定义为网络输出向量对该参数上小扰动的敏感度.

设 Φ_{θ_i} 表示参数 θ_i 的重要性, 则有

$$\Phi_{\theta_i} \equiv \|\boldsymbol{S}_{y\theta}\|, \tag{4.17}$$

其中 $\boldsymbol{S}_{y\theta}$ 是定义在整个训练集上的输出敏感度矩阵, $\|\cdot\|$ 为任意合适的范数. 重要性低的参数对网络输出影响较小或毫无影响, 从而这些参数可以被剔除.

4.3 基于敏感度分析的方法

参数的重要性可以由最大范数来定义, 即

$$\Phi_{\theta_i} \equiv \|S_{y\theta}\|_\infty = \max_{k=1,\cdots,K} \{S_{y\theta,ki}\}, \quad (4.18)$$

其中 $S_{y\theta}$ 表示输出向量 y 关于参数向量 θ 的敏感度矩阵, 其元素 $S_{y\theta,ki}$ 表示输出 y_k 在所有样本上对参数 θ_i 中扰动的敏感度.

可以用不同的范数计算输出敏感度矩阵 $S_{y\theta}$, 如和范数、欧氏范数及最大范数. 无论使用何种范数, 该范数都要作用于全部训练集上以反映它对所有模式的综合影响. 如果使用欧氏范数, 则有

$$S_{y\theta,ki} = \|S_{y\theta}\|_2 = \sqrt{\frac{\sum_{p=1}^{P} [S_{y\theta,ki}^{(p)}]^2}{P}}, \quad (4.19)$$

其中 $S_{y\theta,ki}^{(p)}$ 为网络输出 y_k 对于参数 θ_i 在第 p 个样本上改变的敏感度.

$S_{y\theta,ki}^{(p)}$ 的计算公式与参数类型和激活函数有关. 对于输入节点:

$$S_{yx,ki}^{(p)} = f_{yk}^{(p)\prime} \sum_{j=1}^{J} v_{kj} f_{z_j}^{(p)\prime} w_{ji}, \quad (4.20)$$

其矩阵形式为

$$S_{yx}^{(p)} = Y^{(p)\prime} V Z^{(p)\prime} W, \quad (4.21)$$

其中 V $(K \times J)$ 和 W $(J \times I)$ 分别为输出层和隐含层的权重矩阵, 并且 $Y^{(p)\prime}$ $(K \times K)$ 和 $Z^{(p)\prime}$ $(J \times J)$ 分别定义为

$$Y^{(p)\prime} = \text{diag}\left(y_1^{(p)\prime}, \cdots, y_k^{(p)\prime}, \cdots, y_K^{(p)\prime}\right) \quad (4.22)$$

和

$$Z^{(p)\prime} = \text{diag}\left(z_1^{(p)\prime}, \cdots, z_j^{(p)\prime}, \cdots, z_J^{(p)\prime}\right). \quad (4.23)$$

对于隐含层节点的修剪, 使用矩阵符号

$$S_{yz}^{(p)} = Y^{(p)\prime} V. \quad (4.24)$$

对于权重的修剪, 则有

$$S_v^{(p)} = Y^{(p)\prime} Z^{(p)}, \quad (4.25)$$

$$S_w^{(p)} = Y^{(p)\prime} V Z^{(p)\prime} X^{(p)}, \quad (4.26)$$

其中

$$Z^{(p)} = \text{diag}(z_1^{(p)}, \cdots, z_j^{(p)}, \cdots, z_J^{(p)}), \quad (4.27)$$

$$\boldsymbol{X}^{(p)} = \mathrm{diag}(x_1^{(p)}, \cdots, x_i^{(p)}, \cdots, x_d^{(p)}). \tag{4.28}$$

此外, 为了确保输出向量和参数向量的取值范围相同, 需要对敏感度矩阵作如下变换:

$$\boldsymbol{S}_{y\theta,ki} = \boldsymbol{S}_{y\theta,ki} \frac{\left(\max_{p=1,\cdots,P}\left\{\theta_i^{(p)}\right\} - \min_{p=1,\cdots,P}\left\{\theta_i^{(p)}\right\}\right)}{\left(\max_{p=1,\cdots,P}\left\{y_k^{(p)}\right\} - \min_{p=1,\cdots,P}\left\{y_k^{(p)}\right\}\right)}. \tag{4.29}$$

4.3.1.1 参数显著性修剪法

参数显著性修剪法首先按照重要性对输入参数进行降序排列, 其次寻找序列中的最大间隙, 并删除位于间隙后的所有参数. Zurada 等[20] 定义了如下形式的间隙度量:

$$g_{i_m} = \frac{\Phi_{i_m}}{\Phi_{i_{m+1}}}, \tag{4.30}$$

其中 Φ_{i_m} 的表达形式由式 (4.17) 给出, 且 $\Phi_{i_{m+1}} \leqslant \Phi_{i_m}$, 其中 $m = 1, 2, \cdots, d-2$.

最大间隙定义如下

$$g_{\max} = \max_{i_m} g_{i_m}, \tag{4.31}$$

并定义

$$i_{m_{\text{cut}}} = i_m, \tag{4.32}$$

其中 i_m 满足 $g_{i_m} = g_{\max}$.

若找到最大间隙且有下述条件成立

$$Cg_{\max} > \max_{i_m \neq i_{m_{\text{cut}}}} \{g_{i_m}\}, \tag{4.33}$$

则可删除指标为 $\{i_{m+1}, \cdots, i_{d-1}\}$ 的输入, 其中常数 C 由交叉验证方法确定.

4.3.1.2 方差无效性修剪法

方差无效性度量[16] 的基本思想是检验参数敏感度在所有样本上的方差是否与零有显著差异. 如果参数敏感度的方差与零没有显著性差异且平均敏感度较小, 则表明相应的参数对网络输出影响较小或毫无影响.

参数 θ_i 在所有样本上的敏感度 $S_{y\theta,ki}$ 的数学期望满足下面的关系:

$$\langle S_{y\theta,ki}^2 \rangle = \langle S_{y\theta,ki} \rangle^2 - \mathrm{var}(S_{y\theta,ki}). \tag{4.34}$$

为了检验 $\langle S_{y\theta,ki}^2 \rangle$ 是否为零, 需要检验 $\langle S_{y\theta,ki} \rangle^2 = 0$ 和 $\mathrm{var}(S_{y\theta,ki}) = 0$ 是否成立. 检验过程由下面两个步骤构成.

(1) 检验假设

$$H_0: \langle S_{y\theta,ki} \rangle^2 = 0. \tag{4.35}$$

4.3 基于敏感度分析的方法

如果零假设可接受, 转向步骤 (2), 否则参数是重要的, 不能删除.

(2) 检验假设

$$H_0: \text{var}(S_{y\theta,ki}) = 0. \tag{4.36}$$

如果零假设被拒绝, 则参数是重要的, 不能删除. 如果零假设可接受, 则参数 θ_i 不重要, 需要删除.

定义 4.3.2 参数方差无效性: 神经网络参数 θ_i 在样本 $p = 1, \cdots, P$ 上的参数敏感度方差的统计无效性定义为

$$\gamma_{\theta_i} = \frac{(P-1)\sigma_{\theta_i}^2}{\sigma_0^2}, \tag{4.37}$$

其中 $\sigma_{\theta_i}^2$ 是网络输出对参数 θ_i 中扰动的敏感度的方差, σ_0^2 是其接近零的值.

参数敏感度的方差 $\sigma_{\theta_i}^2$ 由如下给出:

$$\sigma_{\theta_i}^2 = \frac{\sum_{p=1}^{P}(\aleph_{\theta_i}^{(p)} - \bar{\aleph}_{\theta_i})}{P-1}, \tag{4.38}$$

其中

$$\aleph_{\theta_i}^{(p)} = \frac{\sum_{k=1}^{K} S_{y\theta,ki}^{(p)}}{K}, \tag{4.39}$$

且 $\bar{\aleph}_{\theta_i}$ 为平均参数敏感度, 其定义形式如下

$$\bar{\aleph}_{\theta_i} = \frac{\sum_{p=1}^{P} \aleph_{\theta_i}^{(p)}}{P}. \tag{4.40}$$

在使用参数方差无效性时, 需要对参数敏感度方差近似为零加以检验, 即对每个参数 θ_i 定义零假设

$$H_0: \sigma_{\theta_i}^2 = \sigma_0^2. \tag{4.41}$$

然而由式 (4.37) 可知 $\sigma_0^2 \neq 0$, 因此不能假设所有样本上参数敏感度的方差严格为零, 即 $\sigma_{\theta_i}^2 = 0$. 因此, 赋给 σ_0^2 接近于零的值并使用备择假设

$$H_1: \sigma_{\theta_i}^2 < \sigma_0^2. \tag{4.42}$$

在零假设的条件下, 方差无效性度量满足 $\chi^2(P-1)$ 分布且 γ_C 可以从 χ^2 分布表中查询

$$\gamma_C = \chi_{v;1-\alpha}^2, \tag{4.43}$$

其中 $v = P - 1$ 为自由度, α 为显著性水平.

方差无效性剪枝法可概括为以下 3 个步骤:

步骤 1: 初始化神经网络的网络结构和学习参数.

步骤 2: 执行循环:

1) 训练神经网络.

2) 令 $\sigma_0^2 = 0.0001$.

3) 对于每个 θ_i:

(1) 对于 $p = 1, \cdots, P$, 使用式 (4.39) 计算 $\aleph_{\theta_i}^{(p)}$;

(2) 使用式 (4.40) 计算 $\bar{\aleph}_{\theta_i}$;

(3) 利用式 (4.38) 计算参数敏感度的方差 $\sigma_{\theta_i}^2$;

(4) 使用式 (4.37) 计算检验变量 γ_{θ_i}.

4) 使用剪枝启发式方法:

(1) 按升序排列 γ_{θ_i};

(2) 使用式 (4.43) 寻找 γ_C;

(3) 对于每个 θ_i, 如果 $\gamma_{\theta_i} \leqslant \gamma_C$ 成立, 则删除 θ_i;

(4) 对于所有 θ_i, 如果 $\gamma_{\theta_i} > \gamma_C$ 成立, 令 $\sigma_0^2 = \sigma_0^2 \times 10$ 并转向步骤 2 的 3)(4).

直至没有 θ_i 被删除, 或者约减后的网络不被接受 (会大幅降低原网络的泛化性能).

步骤 3: 训练最终剪枝后的神经网络.

4.3.2 基于随机分析的敏感度分析方法

输入变量和连接权重都可作为随机变量, 然后从概率统计的角度考察它们的敏感度, 即当把神经网络的输入变量作为随机变量时, 网络输出也可作为随机变量, 则网络可被看成一个多随机变量的函数, 进而可借助随机变量的数字特征, 为神经网络的输入变量和连接权重定义敏感度. 下面就多层感知器和径向基函数神经网络分别给出基于随机分析的敏感度分析方法[17,21].

4.3.2.1 多层感知器

假设多层感知器含有 L 层, 第 $l(0 \leqslant l \leqslant L)$ 层含有 $n^l(n^l \geqslant 1)$ 个节点, n^0 表示输入层中的节点个数, 即输入变量的维数. n^L 表示输出层中的节点个数, 即输出变量的维数. 对于第 l 层中的第 i 个节点, 其输入变量为 $X^l = (x_1^l, \cdots, x_{n^{l-1}}^l)^{\mathrm{T}}$, 输入权重向量为 $W_i^l = (w_{1i}^l, \cdots, w_{n^{l-1}i}^l)^{\mathrm{T}}$, 输出权重向量为 $V_i^l = (v_{i1}^l, \cdots, v_{in^{l+1}}^l)^{\mathrm{T}}$, 偏差项为 b_i^l, 输出为 $y_i^l = f(X^l \cdot W_i^l + b_i^l)$, 其中 · 为内积算子, $f(\cdot)$ 为 Sigmoid 函数, 即

$$f(x) = \frac{1}{1 + \mathrm{e}^{-x}}. \tag{4.44}$$

4.3 基于敏感度分析的方法

对于多层感知器的第 l 层, 所有节点的输入向量均为 X^l, 则输入权重集为 $W^l = \{W_1^l, \cdots, W_{n^l}^l\}$, 输出权重集为 $V^l = \{V_1^l, \cdots, V_{n^l}^l\}$, 输出向量为 $Y^l = (y_1^l, \cdots, y_{n^l}^l)^T$. 此外, 令 $\Delta X^l = (\Delta x_1^l, \cdots, \Delta x_{n^{l-1}}^l)^T$ 和 $\Delta Y^l = (\Delta y_1^l, \cdots, \Delta y_{n^l}^l)^T$ 分别是输入和输出的导数. 则 Δy_i^l 可以表示为

$$\Delta y_i^l = g(X^l, \Delta X^l, W_i^l) = f((X^l + \Delta X^l) \cdot W_i^l) - f(X^l \cdot W_i^l). \tag{4.45}$$

令 ΔX^l 的期望绝对值为 $\overline{\Delta X^l} = (\overline{\Delta x_1^l}, \cdots, \overline{\Delta x_{n^{l-1}}^l}) = (E(|\Delta x_1^l|), \cdots, E(|\Delta x_{n^{l-1}}^l|))$, 且 a_j 和 b_j 分别为对应输入元素的上界和下界, 则多层感知器中第 l 层第 i 个神经元的敏感度定义如下.

定义 4.3.3 对于输入 $X^l \in [a_1, b_1] \times \cdots \times [a_{n^{l-1}}, b_{n^{l-1}}] \subseteq [0, 1]^{n^{l-1}}$, 其期望误差为 $\overline{\Delta X^l}$, 且 $W_i^l \in \Re^{n^{l-1}}$, 则第 l 层第 i 个神经元的敏感度定义为 $|\Delta y_i^l|$ 关于 X^l 的数学期望, 可表示为

$$s_i^l = E(|g(X^l)|) = E(|f((X^l + \overline{\Delta X^l}) \cdot W_i^l) - f(X^l \cdot W_i^l)|). \tag{4.46}$$

为了方便描述, 去掉表示神经元层数的上标和表示神经元顺序的下标, 式 (4.46) 可表示为

$$s = \int \cdots \int_\Omega \varphi(X) |f((X + \overline{\Delta X}) \cdot W) - f(X \cdot W)| \mathrm{d}\Omega, \tag{4.47}$$

其中 $\varphi(X)$ 表示概率密度函数, Ω 表示积分区域 $[a_1, b_1] \times \cdots \times [a_{n^{l-1}}, b_{n^{l-1}}]$. 假设 X 的成分之间相互独立, 则式 (4.46) 可表示为

$$s = \int_{a_1}^{b_1} \cdots \int_{a_n}^{b_n} \varphi(X) |f((X + \overline{\Delta X}) \cdot W) - f(X \cdot W)| \mathrm{d}x_1 \cdots \mathrm{d}x_n. \tag{4.48}$$

由于 $f(x)$ 是单调递增函数且 $\varphi(x) \geqslant 0$, 则有

$$s = \left| \int_{a_1}^{b_1} \cdots \int_{a_n}^{b_n} \varphi(X) f((X + \overline{\Delta X}) \cdot W) \mathrm{d}x_1 \cdots \mathrm{d}x_n \right. \\ \left. - \int_{a_1}^{b_1} \cdots \int_{a_n}^{b_n} \varphi(X) f(X \cdot W) \mathrm{d}x_1 \cdots \mathrm{d}x_n \right|. \tag{4.49}$$

令 $\sigma = \sum_{j=1}^n \overline{\Delta x_j} w_j$, 于是式 (4.49) 可变为

$$s = \left| \int_{a_1}^{b_1} \cdots \int_{a_n}^{b_n} \frac{\varphi(X)}{1 + \mathrm{e}^{-\sum\limits_{j=1}^n x_j w_j - \sigma}} \mathrm{d}x_1 \cdots \mathrm{d}x_n \right.$$

$$-\int_{a_1}^{b_1}\cdots\int_{a_n}^{b_n}\frac{\varphi(X)}{1+e^{-\sum\limits_{j=1}^{n}x_jw_j}}\mathrm{d}x_1\cdots\mathrm{d}x_n\bigg|. \tag{4.50}$$

最后, 敏感度的计算公式可以简化为计算下面的积分

$$s=\left|\int_{a_1}^{b_1}\cdots\int_{a_n}^{b_n}\frac{\varphi(X)}{1+e^{-\sum\limits_{j=1}^{n}x_jw_j-\sigma}}\mathrm{d}x_1\cdots\mathrm{d}x_n\right|. \tag{4.51}$$

如果令 $\varphi(X)=1$, 则式 (4.51) 的值可以由 Parzen 窗估计方法求得.

在确定一个神经元的重要性程度时, 除了使用敏感度 (输入权重的函数) 度量之外, 还需要考虑该神经元的输出权重, Zeng 和 Yeung[17] 定义了如下形式的重要性度量.

定义 4.3.4 给定敏感度 s_i^l 和输出权重 $V_i^l \in \Re^{n^{l+1}}$, 第 l 层中第 i 个神经元的重要性定义为其敏感度与输出权重的乘积, 即

$$r_i^l = s_i^l \times \sum_{j=1}^{n^{l+1}}|v_{ij}^l|. \tag{4.52}$$

最后, 多层感知器的剪枝过程可以概括为以下 3 个步骤:

步骤 1: 训练一个满足性能要求的多层感知器 (如果网络不收敛, 则增加隐含节点个数).

步骤 2: 从第 2 层到第 $L-1$ 层,

(1) 删除具有最小重要性的隐含节点;

(2) 重新训练剪枝后的网络;

(3) 如果网络能够达到所需的性能, 则转向步骤 2 的 (1); 否则存储所得权重和偏差项, 并处理下一层隐含节点.

步骤 3: 在满足性能要求的前提下直到最小规模的网络为止.

4.3.2.2 径向基函数神经网络

对于输入向量 $\boldsymbol{x}=(x_1,\cdots,x_d)^{\mathrm{T}}$, 径向基函数神经网络的网络输出可以表示为

$$y=f(x_1,x_2,\cdots,x_d)=\sum_{j=1}^{m}w_j\exp\left\{-\frac{\sum\limits_{i=1}^{d}(x_i-u_{ji})^2}{2\sigma_j^2}\right\}, \tag{4.53}$$

其中 w_j 是连接第 j 个隐含节点和输出节点的权重, u_{ji} 为第 j 个隐含节点的中心向量的第 i 个元素, σ_j 为第 j 个隐含节点的宽度参数.

如果为径向基函数神经网络第一个输入变量施加一个随机扰动 Δx, 网络会产生一个随机变量扰动 $\Delta Y = f(x_1 + \Delta x, x_2, \cdots, x_d) - f(x_1, x_2, \cdots, x_d)$, 则比例关系 $\dfrac{\Delta Y}{\Delta x}$ 仍然是一个随机变量, 它随每次输入向量值的不同而不同. 当 $\Delta x \to 0$ 时, 不宜考虑 $\dfrac{\Delta Y}{\Delta x}$ 的极限值, 转而借助随机变量的数字特征来定义径向基函数神经网络的敏感度.

对于 $\dfrac{\Delta Y}{\Delta x}$, 当各输入变量的联合分布函数已知时, 利用其平均值来描述在扰动 Δx 下网络对第一个特征的敏感度, 即 $E\left(\dfrac{\Delta Y}{\Delta x}\right)$. 当 $\Delta x \to 0$ 时, 将 $E\left(\dfrac{\Delta Y}{\Delta x}\right)$ 的极限值定义为网络对第一个特征的敏感度度量.

定义 4.3.5 径向基函数神经网络对第一特征的敏感度定义为

$$s(x_1) = \lim_{\Delta x \to 0} E\left(\frac{f(x_1 + \Delta x, x_2, \cdots, x_d) - f(x_1, x_2, \cdots, x_d)}{\Delta x}\right), \quad (4.54)$$

其中 $\boldsymbol{x} = (x_1, x_2, \cdots, x_d)^{\mathrm{T}}$ 为随机向量, 其各个分量是 d 个相互独立的随机变量, $\Phi(\boldsymbol{x})$ 是它们的联合分布函数, Δx 是趋于 0 的一个实变量序列.

同理, 可以定义径向基函数神经网络对其他输入变量的敏感度.

定理 4.3.1 假设随机向量 $\boldsymbol{x} = (x_1, x_2, \cdots, x_d)^{\mathrm{T}}$ 的一阶矩存在, 则定义 4.3.5 中式 (4.54) 的求数学期望的积分算子与极限算子可以交换运算顺序, 即

$$\lim_{\Delta x \to 0} E\left(\frac{f(x_1 + \Delta x, x_2, \cdots, x_d) - f(x_1, x_2, \cdots, x_d)}{\Delta x}\right) = E\left(\frac{\partial f}{\partial x_1}\right). \quad (4.55)$$

证 考虑一个实数序列 $\Delta_k \to 0\ (k \to \infty)$, 代替式 (4.55) 中的 $\Delta x \to 0$. 令

$$g_k = \frac{f(x_1 + \Delta_k, x_2, \cdots, x_d) - f(x_1, x_2, \cdots, x_d)}{\Delta_k}. \quad (4.56)$$

要证明式 (4.55) 成立, 需证明

$$\lim_{k \to \infty} \int g_k \varphi(\boldsymbol{x}) \mathrm{d}\boldsymbol{x} = \int \left(\lim_{k \to \infty} g_k\right) \varphi(\boldsymbol{x}) \mathrm{d}\boldsymbol{x} \quad (4.57)$$

成立, 其中 $\varphi(\boldsymbol{x})\mathrm{d}\boldsymbol{x} = \mathrm{d}\Phi(\boldsymbol{x})$.

由式 (4.53), 式 (4.56) 可表示为

$$g_k = \sum_{j=1}^m w_j \exp\left\{-\frac{\sum_{i=1}^d (x_i - u_{ji})}{2\sigma_j^2}\right\}\left(\frac{1}{\Delta_k}\left(\exp\left\{-\frac{2\Delta_k(x_1 - u_{j1}) + \Delta_k^2}{2\sigma_j^2}\right\} - 1\right)\right). \tag{4.58}$$

令 $h_k = \frac{1}{\Delta_k}\left(\exp\left\{-\frac{2\Delta_k(x_1 - u_{j1}) + \Delta_k^2}{\Delta_k}\right\} - 1\right)$, 则有

$$\lim_{k \to \infty} h_k = \lim_{\Delta \to 0} \frac{\frac{\mathrm{d}}{\mathrm{d}\Delta}\exp\left\{-\frac{2\Delta(x_1 - u_{j1}) + \Delta^2}{2\sigma_j^2}\right\}}{\frac{\mathrm{d}}{\mathrm{d}\Delta}(\Delta)}$$

$$= \lim_{\Delta \to 0} \exp\left\{-\frac{2\Delta(x_1 - u_{j1}) + \Delta^2}{2\sigma_j^2}\right\} \times \frac{(x_1 - u_{j1}) + \Delta}{-2\sigma_j^2} = -\frac{x_1 - u_{j1}}{\sigma_j^2}. \tag{4.59}$$

式 (4.59) 也表明对于所有的 k, 均有 $|h_k| \leqslant \left|-\frac{x_1 - u_{j1}}{\sigma_j^2}\right| + C$ 成立, 其中 C 为任意常数, 则有

$$|g_k \varphi(\boldsymbol{x})| = \left|\sum_{j=1}^m w_j \exp\left\{-\frac{\sum_{i=1}^d (x_i - u_{ji})^2}{2\sigma_j^2}\right\}\right| \leqslant \sum_{j=1}^m |w_j|\left(-\frac{x_1 - u_{j1}}{\sigma_j^2} + C\right)\varphi(\boldsymbol{x}). \tag{4.60}$$

式 (4.60) 中不等号的右边不随 k 的变化而变化, 则有

$$\int \left(\sum_{j=1}^m |w_j|\left(\left|-\frac{x_1 - u_{j1}}{\sigma_j^2}\right| + C\right)\varphi(\boldsymbol{x})\right)\mathrm{d}\boldsymbol{x} < \infty. \tag{4.61}$$

由积分收敛定理[22], 可知式 (4.57) 成立, 并由 $\lim\limits_{k\to\infty} g_k = \dfrac{\partial f}{\partial x}$, 则有式 (4.55) 成立.

定理 4.3.2 假设随机向量 $\boldsymbol{x} = (x_1, x_2, \cdots, x_d)^{\mathrm{T}}$ 的一阶矩和二阶矩均存在, 则求方差的积分算子与极限算子可以交换运算顺序, 即

$$\lim_{\Delta x \to 0} \mathrm{var}\left(\frac{f(x_1 + \Delta x, x_2, \cdots, x_d) - f(x_1, x_2, \cdots, x_d)}{\Delta x}\right) = \mathrm{var}\left(\frac{\partial f}{\partial x_1}\right). \tag{4.62}$$

证 类似于定理 4.3.1 中式 (4.57) 的证明, 可以证明

$$\lim_{k \to \infty} \int g_k^2 \varphi(\boldsymbol{x})\mathrm{d}\boldsymbol{x} = \int \left(\lim_{k \to \infty} g_k^2\right)\varphi(\boldsymbol{x})\mathrm{d}\boldsymbol{x}. \tag{4.63}$$

4.3 基于敏感度分析的方法

同时, 根据随机变量的方差的计算公式

$$\mathrm{var}(g_k) = E(g_k^2) - (E(g_k))^2 = \int g_k^2 \varphi(\boldsymbol{x})\mathrm{d}\boldsymbol{x} - \left(\int g_k \varphi(\boldsymbol{x})\mathrm{d}\boldsymbol{x}\right)^2. \tag{4.64}$$

由式 (4.57), 式 (4.63) 和式 (4.64), 可得

$$\begin{aligned}\lim_{k\to\infty}\mathrm{var}(g_k) &= \lim_{k\to\infty}\left(E(g_k^2) - (E(g_k))^2\right) = \lim_{k\to\infty}\int g_k^2\varphi(\boldsymbol{x})\mathrm{d}\boldsymbol{x} - \left(\lim_{k\to\infty}\int g_k\varphi(\boldsymbol{x})\mathrm{d}\boldsymbol{x}\right)^2 \\ &= \int \left(\lim_{k\to\infty} g_k\right)^2 \varphi(\boldsymbol{x})\mathrm{d}\boldsymbol{x} - \left(\int \left(\lim_{k\to\infty} g_k\right)\varphi(\boldsymbol{x})\mathrm{d}\boldsymbol{x}\right)^2 \\ &= E\left(\lim_{k\to\infty} g_k\right)^2 - \left(E\left(\lim_{k\to\infty} g_k\right)\right)^2 = \mathrm{var}\left(\lim_{k\to\infty} g_k\right).\end{aligned} \tag{4.65}$$

则定理得证.

由定义 4.3.5 所给出的网络敏感度定义, 并根据定理 4.3.1 和定理 4.3.2 以及数学期望和方差的性质, 可以得到网络对第一个特征的敏感度的计算公式如下

$$\begin{aligned}E\left(\frac{\partial f}{\partial x_1}\right) = &-\sum_{j=1}^{m}\frac{w_j}{\sigma_j^2}\left(\frac{\sigma_j^2(\mu_1 - u_{j1})^2}{(v_1^2 + \sigma_j^2)^{3/2}}\right.\\ &\left.\times \exp\left\{\frac{\sum\limits_{i=2}^{d}\left(v_i^2(v_i^2 - 2\sigma_j^2) + 2(\mu_i - u_{ji})^2(v_i^2 - \sigma_j^2)\right)}{4\sigma_j^4} - \frac{(\mu_1 - u_{j1})^2}{2(v_1^2 + \sigma_j^2)^2}\right\}\right),\end{aligned} \tag{4.66}$$

其中 μ_i 和 v_i^2 分别为 x_i 的期望和方差, 指标 $i = 1, 2, \cdots, d$. 此外, 方差描述了随机变量取值相对于平均值的分散程度, 有

$$\begin{aligned}\mathrm{var}\left(\frac{\partial f}{\partial x_1}\right) = &\sum_{j=1}^{m}\frac{w_j^2}{\sigma_j^4}\left(\frac{v_1^2\sigma_j^3(2v_1^2 + \sigma_j^2) + \sigma_j^5(\mu_1 - u_{j1})^2}{(2v_1^2 + \sigma_j^2)^{5/2}}\right.\\ &\times \exp\left\{\frac{\sum\limits_{i=2}^{d}\left(v_i^2(v_i^2 - \sigma_j^2) + (\mu_i - u_{ji})^2(2v_i^2 - \sigma_j^2)\right)}{\sigma_j^4} - \frac{2(\mu_1 - u_{j1})^2}{(2v_1^2 + \sigma_j^2)^2}\right\}\\ &- \frac{\sigma_j^6(\mu_1 - u_{j1})^4}{(v_1^2 + \sigma_j^2)^3} \times \exp\left\{\frac{\sum\limits_{i=2}^{d}\left(v_i^2(v_i^2 - 2\sigma_j^2) + 2(\mu_i - u_{ji})^2(v_i^2 - \sigma_j^2)\right)}{2\sigma_j^4}\right.\end{aligned}$$

$$-\frac{(\mu_1 - u_{j1})^2}{(v_1^2 + \sigma_j^2)^2}\bigg\} . \tag{4.67}$$

利用定义 4.3.5 中的敏感度定义, 以及式 (4.66) 和式 (4.67), 对径向基函数神经网络的输入变量的冗余特征进行筛选, 并把这些冗余特征从网络结构中删除, 达到特征选择的目的. 删除冗余特征 (输入节点) 的过程可以概括为以下 5 个步骤.

步骤 1: 训练一个径向基函数神经网络;

步骤 2: 根据式 (4.66) 计算网络对各个特征的敏感度;

步骤 3: 把敏感度按降序排列, 选择有最小敏感度的特征子集 A;

步骤 4: 由式 (4.67), 计算 A 中特征敏感度的稳定性, 并递减排列;

步骤 5: 逐个删除 A 中具有最稳定敏感度的特征, 直到网络的验证误差升高为止.

4.4 基于互信息的方法

本节首先简要回顾互信息的概念并根据不同的变量类型介绍两种不同的互信息估计方法, 其次详细阐述基于互信息的两阶段多层感知器构造方法, 并通过实验结果验证该方法的有效性并与其相关工作进行比较.

4.4.1 互信息及其估计

本小节首先介绍互信息的概念, 其次从离散和连续两种情况出发, 详细地描述互信息的两种估计方法.

4.4.1.1 基本概念

根据香农的信息理论[23], 离散型随机变量 C 的不确定性可以由熵来度量, 其定义方式如下

$$H(C) = -\sum_c P(c)\log(P(c)), \tag{4.68}$$

其中 $P(c) = \Pr\{C = c\}$, log 为以 2 为底的对数函数.

如果一个连续型随机变量 X 已得到了观测, 则变量 C 剩余的不确定性可以定义为条件熵

$$H(C|X) = -\int_{\boldsymbol{x}} p(\boldsymbol{x}) \left(\sum_c p(c|\boldsymbol{x}) \log(p(c|\boldsymbol{x})) \right) \mathrm{d}\boldsymbol{x}. \tag{4.69}$$

不确定性的减少量可以由上面两个变量之间的互信息得到, 形式如下

$$I(C;X) = \sum_c \int_{\boldsymbol{x}} p(c,\boldsymbol{x}) \log \frac{p(c,\boldsymbol{x})}{P(c)p(\boldsymbol{x})} \mathrm{d}\boldsymbol{x}. \tag{4.70}$$

4.4 基于互信息的方法

式 (4.70) 可以表示为熵和条件熵的函数，如下所示：

$$I(C;X) = H(C) - H(C|X). \tag{4.71}$$

因此，两个变量之间的相关度可以由它们之间的互信息进行度量，并且互信息的值越大，两个变量之间的联系越紧密。

对于两个连续型随机变量 X 和 Y，熵和互信息分别定义为

$$H(Y) = -\int_{\bm{y}} p(\bm{y})\log(p(\bm{y}))\mathrm{d}\bm{y} \tag{4.72}$$

与

$$I(Y;X) = \int_{\bm{x}}\int_{\bm{y}} p(\bm{x},\bm{y})\log\frac{p(\bm{x},\bm{y})}{p(\bm{x})p(\bm{y})}\mathrm{d}\bm{x}\mathrm{d}\bm{y}. \tag{4.73}$$

4.4.1.2 互信息的估计

对于离散情况，为了对式 (4.71) 中的互信息进行估计，可以使用Kwak和Choi[24]提出的 Parzen 窗方法。

给定 N 个输入向量 $\{\bm{x}^{(p)}\}_{p=1}^{N}$，其中 $\bm{x}^{(p)} \in \Re^d$，且此 N 个输入向量共有 N_C 个类别标号，则对于第 c 类 ($c \in \{1, 2, \cdots, N_C\}$)，条件概率密度函数 $p(\bm{x}|c)$ 可以通过 Parzen 窗估计得到，其表达式如下

$$\hat{p}(\bm{x}|c) = \frac{1}{J_c}\sum_{i \in I_c}\kappa\left(\bm{x} - \bm{x}^{(i)}, \bm{\Sigma}_{\bm{x}_c}\right), \tag{4.74}$$

其中 $\bm{x}^{(i)} \in \Re^d$，J_c 为 c 的出现次数，I_c 为属于第 c 类的输入向量构成的集合，$\kappa(\cdot,\cdot)$ 为 Parzen 窗函数且在本小节中取为高斯窗函数，$\bm{\Sigma}_{\bm{x}_c}$ 为第 c 类中所有输入向量的协方差矩阵。另外，高斯窗函数定义如下

$$\begin{aligned}\kappa\left(\bm{x} - \bm{x}^{(i)}, \bm{\Sigma}_{\bm{x}_c}\right) &= G\left(\bm{x} - \bm{x}^{(i)}, \bm{\Sigma}_{\bm{x}_c}\right)\\&= \frac{1}{(2\pi)^{d/2}h^d|\bm{\Sigma}_{\bm{x}_c}|^{1/2}}\exp\left\{-\frac{(\bm{x} - \bm{x}^{(i)})^{\mathrm{T}}\bm{\Sigma}_{\bm{x}_c}^{-1}(\bm{x} - \bm{x}^{(i)})}{2h^2}\right\},\end{aligned} \tag{4.75}$$

其中，h 为窗函数参数，取为[25]

$$h = \left(\frac{4}{d+2}\right)^{\frac{1}{d+4}} N^{-\frac{1}{d+4}}. \tag{4.76}$$

由于式 (4.71) 中的 C 为离散型变量，则它取值为 c 的概率可以估计为

$$\hat{P}(c) = \Pr\{C = c\} = \frac{J_c}{N}. \tag{4.77}$$

则式 (4.71) 等号右侧第一项可以由式 (4.68) 和式 (4.77) 得到.

与文献 [24] 相同, 假设所有的数据向量具有相同的概率, 即 $\hat{p}(\boldsymbol{x}^{(j)}) = \dfrac{1}{N}$ 且 $j = 1, 2, \cdots, N$, 则式 (4.71) 等号右侧第二项可以估计为

$$\hat{H}(C|X) = -\sum_{j=1}^{N} \frac{1}{N} \sum_{c=1}^{N_C} \hat{p}\left(c|\boldsymbol{x}^{(j)}\right) \log \hat{p}\left(c|\boldsymbol{x}^{(j)}\right), \tag{4.78}$$

且

$$\hat{p}\left(c|\boldsymbol{x}^{(j)}\right) = \frac{\sum\limits_{i \in I_c} G\left(\boldsymbol{x}^{(j)} - \boldsymbol{x}^{(i)}, \Sigma_{\boldsymbol{x}_c}\right)}{\sum\limits_{l=1}^{N_C} \sum\limits_{k \in I_l} G\left(\boldsymbol{x}^{(j)} - \boldsymbol{x}^{(k)}, \Sigma_{\boldsymbol{x}_l}\right)}. \tag{4.79}$$

对于连续情况, 使用 Kraskov 等[26] 提出的基于 k 近邻的统计方法对式 (4.73) 中的互信息进行估计. 给定 N 个输入-输出样本 $\boldsymbol{z}^p = \left[(\boldsymbol{x}^{(p)})^{\mathrm{T}}, (\boldsymbol{y}^{(p)})^{\mathrm{T}}\right]^{\mathrm{T}}$ ($p = 1, 2, \cdots, N$), 其中 $\boldsymbol{x}^{(p)} \in \Re^d$ 且 $\boldsymbol{y}^{(p)} \in \Re^m$, 如果 $\boldsymbol{z}$ 和 $\boldsymbol{z}'$ 为数据集中两个不同的向量, 则

$$\|\boldsymbol{z} - \boldsymbol{z}'\| = \max\left(\|\boldsymbol{x} - \boldsymbol{x}'\|, \|\boldsymbol{y} - \boldsymbol{y}'\|\right), \tag{4.80}$$

其中 $\|\cdot\|$ 取为最大范数.

设 $\boldsymbol{z}^{(k(p))} = \left[(\boldsymbol{x}^{(k(p))})^{\mathrm{T}}, (\boldsymbol{y}^{(k(p))})^{\mathrm{T}}\right]^{\mathrm{T}}$ 为 $\boldsymbol{z}^{(p)}$ 的第 k 个最近邻, 且

$$\varepsilon^p = \left\|\boldsymbol{z}^{(p)} - \boldsymbol{z}^{k(p)}\right\| = \max_{i=1,\cdots,d+m} \left|z_i^{(p)} - z_i^{k(p)}\right|, \tag{4.81}$$

$$\varepsilon_{\boldsymbol{x}}^p = \left\|\boldsymbol{x}^{(p)} - \boldsymbol{x}^{k(p)}\right\| = \max_{s=1,\cdots,d} \left|x_s^{(p)} - x_s^{k(p)}\right| \tag{4.82}$$

及

$$\varepsilon_{\boldsymbol{y}}^p = \left\|\boldsymbol{y}^{(p)} - \boldsymbol{y}^{k(p)}\right\| = \max_{t=1,\cdots,m} \left|y_t^{(p)} - y_t^{k(p)}\right|. \tag{4.83}$$

将与 $x_s^{(p)}$ 之间的距离小于 ε^p 的样本点个数记为 $N_{x_s}^{(p)}$, 同理 $N_{y_t}^{(p)}$ 表示与 $y_t^{(p)}$ 之间距离小于 ε^p 的样本点个数.

因此, 按照文献 [27], 互信息的估计量表示为

$$\hat{I}(Y;X) = \psi(k) - \frac{d+m-1}{k} + (d+m-1)\psi(N) - \frac{1}{N}\sum_{p=1}^{N}\left[\sum_{s=1}^{d}\psi(N_{x_s}^p) + \sum_{t=1}^{m}\psi(N_{y_t}^p)\right], \tag{4.84}$$

其中 $\psi(\cdot)$ 为 digamma 函数, 其定义如下

$$\psi(\tau) = \frac{\mathrm{d}}{\mathrm{d}t} \log \Gamma(\tau) \tag{4.85}$$

且

$$\Gamma(\tau) = \int_0^{+\infty} \mu^{\tau-1} \mathrm{e}^{-\mu} \mathrm{d}\mu. \tag{4.86}$$

上面的 digamma 函数满足递归关系 $\psi(\tau+1) = \psi(\tau) + \frac{1}{\tau}$ 并且 $\psi(1) \approx -0.5772156$.

4.4.2 基于互信息的多层感知器两阶段构造方法

本节详细阐述我们提出的两阶段多层感知器构造策略[28]. 第一阶段构造具有最优输入节点个数的多层感知器, 第二阶段对冗余的隐含节点进行删减.

4.4.2.1 输入节点选取

给定数据集 $D = \{(\boldsymbol{x}^{(p)}, \boldsymbol{t}^{(p)})\}_{p=1}^{N}$, 则输出向量 $\boldsymbol{t}$ 对于输入向量 $\boldsymbol{x}$ 的子集的相关度可以由式 (4.71) 或者 (4.84) 确定. 对于分类问题, 相关度可以由式 (4.71) 计算得到, 对于函数逼近问题, 相关度则可由式 (4.84) 计算得到. 因此, 设 $\boldsymbol{x}_s$ 为向量 $\boldsymbol{x}$ 的子集, 即 $\boldsymbol{x}_s \subseteq \boldsymbol{x}, \boldsymbol{x} \in \Re^d$ 并且 $\boldsymbol{x}_s \in \{\{x_1\}, \cdots, \{x_d\}, \{x_1, x_2\}, \cdots, \{x_{d-1}, x_d\}, \cdots, \{x_1, \cdots, x_d\}\}$, 则目标输出向量 $\boldsymbol{t}$ 关于特征子集 $\boldsymbol{x}_s$ 的互信息可以由式 (4.71) 或者式 (4.84) 计算得到.

在选取输入节点之前, 需要对向量 $\boldsymbol{x}$ 的子集进行排序. 但是没必要对所有的子集都进行排序. 对于单元素子集, 需要按照它们与目标输出变量 $\boldsymbol{t}$ 之间的互信息值对它们进行排序并选取具有最大值的单元素子集. 假设选取的单元素子集为 $\{x_{i_1}\}$. 下一步固定 $\{x_{i_1}\}$, 选取与目标输出变量 $\boldsymbol{t}$ 之间具有最大互信息的双元素子集, 设为 $\{x_{i_1}, x_{i_2}\}$. 依此类推, 可以得到 d 个子集, 最终得到具有 d 个元素的集合 $\{x_{i_1}, x_{i_2}, \cdots, x_{i_d}\}$. 从而, 输入向量 $\boldsymbol{x}$ 的特征排序为 $i_1 \succ i_2 \succ \cdots \succ i_d$.

当输入向量的特征进行排序之后, 用训练数据的输入 $\{\boldsymbol{x}^{(p)}\}_{p=1}^{N_{\mathrm{train}}}$ 的第 i_1 个特征和输出 $\{\boldsymbol{t}^{(p)}\}_{p=1}^{N_{\mathrm{train}}}$ 训练一个单输入多层感知器. 然后用输入的第 i_1 个和第 i_2 个特征及相应的输出训练一个双输入多层感知器. 按照同样的操作, 并按照顺序 $i_1 \succ i_2 \succ \cdots \succ i_d$ 一共可以训练 d 个多层感知器. 然后在这 d 个多层感知器中选取具有最优泛化能力的一个多层感知器.

输入节点选取的整个过程可以概括在下面的算法 4.1 之中.

4.4.2.2 隐含节点剪枝

本节仅对含有一个隐含层的三层感知器进行研究, 该方法很容易推广到含有两个或者两个以上隐含层的多层感知器, 在此不做赘述.

对于一个三层感知器, 它的多输入多输出模型可以表示为

$$o_k(\boldsymbol{x}) = \sum_{j=1}^{J} w_{kj}\phi_j(\boldsymbol{x}) + w_{k0} = \sum_{j=1}^{J} \frac{w_{kj}}{1 + \exp\left\{-\sum_{i=1}^{d'} u_{ji}x_i - u_{j0}\right\}} + w_{k0}, \quad (4.87)$$

其中 w_{kj} 是连接输出层第 k 个节点和隐含层第 j 个节点的权重，指标 $k = 1, 2, \cdots, m$ 且 $j = 1, 2, \cdots, J$。u_{ji} 是连接隐含层第 j 个节点和输入层第 i 个节点的权重，指标 $i = 1, 2, \cdots, d'$。$\boldsymbol{x} \in \Re^{d'}$ 和 $\boldsymbol{o} \in \Re^m$ 分别为网络的输入和输出向量。w_{k0} 和 u_{j0} 分别是输出层和隐含层的偏差项。

算法 4.1 输入节点选取算法

输入：特征向量矩阵 $\boldsymbol{X} = (x_{p,i})_{N \times d}$，目标矩阵 $\boldsymbol{T} = (t_{p,i})_{N \times m}$。

输出：具有最优性能的多层感知器。

初始化：选取的特征向量矩阵 $\boldsymbol{X}_s = \phi$。排序的特征指标集合 $S = \phi$，剩余的特征指标集合 $F = \{1, 2, \cdots, d\}$。

repeat
  for epoch=1, 2, $\cdots$, d **do**
  $h^* = \underset{h \in F}{\operatorname{argmax}} \hat{I}(t; \mathbf{X}_s, (\boldsymbol{x}_h^{(1)}, \boldsymbol{x}_h^{(2)}, \cdots, \boldsymbol{x}_h^{(N)})^\mathrm{T})$,
  $\mathbf{X}_s = [\mathbf{X}_s, (\boldsymbol{x}_{h^*}^{(1)}, \boldsymbol{x}_{h^*}^{(2)}, \cdots, \boldsymbol{x}_{h^*}^{(N)})^\mathrm{T}]$,
  $F = F \setminus \{h^*\}, S = S \cup \{h^*\}$
end for
until $\boldsymbol{F} = \phi$
for $i = 1, 2, \cdots, d$ **do**
  训练具有 i 个输入节点的多层感知器，同时这些节点对应着指标 S 中前 i 个元素。
end for

给定 N_{train} 个训练样本，它们的输入记为 $\{\boldsymbol{x}^{(p)}\}_{p=1}^{N_{\text{train}}}$，且 $\boldsymbol{x}^{(p)} = (x_1^{(p)}, x_2^{(p)}, \cdots, x_{d'}^{(p)})^\mathrm{T} \in \Re^{d'}$，与它们对应的输出向量为 $\{\boldsymbol{t}^{(p)}\}_{p=1}^{N_{\text{train}}}$ 且 $\boldsymbol{t}^{(p)} = (t_1^{(p)}, t_2^{(p)}, \cdots, t_m^{(p)})^\mathrm{T} \in \Re^m$。网络训练完成以后，对于输入样本 $\boldsymbol{x}^{(p)}$，第 j 个隐含节点的输出可以表示为

$$y_j^{(p)} = \phi_j(\boldsymbol{x}^{(p)}) = \frac{1}{1 + \exp\left\{-\sum_{i=1}^{d'} u_{ji}x_i - u_{j0}\right\}}. \quad (4.88)$$

因此，对于第 p 个训练样本，隐含层的输出变量可以表示为 $\boldsymbol{y}^{(p)} = (y_1^{(p)}, y_2^{(p)}, \cdots, y_J^{(p)})^\mathrm{T}$。与此样本对应的第 k 个输出节点的输出可以表示成

$$o_k^{(p)} = \sum_{j=1}^{J} w_{kj} y_j^{(p)} + w_{k0}. \quad (4.89)$$

于是，与第 p 个训练样本对应的输出层的输出向量为 $\boldsymbol{o}^{(p)} = (o_1^{(p)}, o_2^{(p)}, \cdots, o_m^{(p)})^{\mathrm{T}}$.

对于隐含层中的第 j 个节点，它对于 N_{train} 个输入向量的输出可以表示为向量形式，即 $\boldsymbol{y}_j = (y_j^{(1)}, y_j^{(2)}, \cdots, y_j^{(N_{\text{train}})})^{\mathrm{T}}$. 设与 N_{train} 个输入向量对应的输出矩阵为 $\boldsymbol{O} = (o_{p,t})_{N_{\text{train}} \times m}$. 由于 $\boldsymbol{y}_j$ 和输出层的输出矩阵 $\boldsymbol{O}$ 都是连续的，则 $\boldsymbol{O}$ 关于 $\boldsymbol{y}_j$ 的互信息可以由式 (4.84) 计算得到. 然而 $\hat{I}(\boldsymbol{O}; \boldsymbol{y}_j)$ 不能直接用作 $\boldsymbol{y}_j$ 的相关度. 原因是权重 w_{kj} ($k = 1, 2, \cdots, m$) 对于估计 $\boldsymbol{y}_j$ 的相关度也有相当大的贡献. 因此，用互信息 $\hat{I}(\boldsymbol{O}; \boldsymbol{y}_j)$ 乘以权重 w_{kj} ($k = 1, 2, \cdots, m$) 的贡献量，可以得到三层感知器的第 j 个隐含节点的相关度，定义如下

$$r_j = \hat{I}(\boldsymbol{O}; \boldsymbol{y}_j) \times \sum_{k=1}^{m} |w_{kj}|. \tag{4.90}$$

从式 (4.90) 可以发现此相关度定义将隐含节点看成是相互独立的，因此只能对隐含层节点进行逐一的删减. 整个删减冗余隐含节点的操作可以概括成以下 3 个步骤：

步骤 1：将 4.4.2.1 小节通过输入节点选取得到的三层感知器用作初始的神经网络；

步骤 2：按照式 (4.90) 计算所有隐含节点的相关度并且删减具有最小相关度的隐含节点，如果隐含节点的数目等于零，停止剪枝操作并用带有一个隐含节点的多层感知器作为最终的网络，否则进入步骤 3；

步骤 3：训练剪枝后的三层感知器，如果剪枝后的网络性能等于或者优于剪枝前的网络性能，则返回到步骤 2，否则停止剪枝操作并用此次迭代过程中剪枝前的多层感知器作为最终的网络.

注意对于步骤 3，剪枝后网络的权重直接使用它们各自对应的剪枝前的权重作为初始值，即相应的步骤 2 的权重.

4.4.2.3 数值试验

下面将基于互信息的两阶段构造方法应用到一些人工数据集和标准数据集上，以检验其有效性. 实验的主要目标是检验使用两阶段构造法得到的三层感知器的泛化能力是否强于传统意义下的三层感知器. 在对网络进行训练之前，需要对所有的训练样本进行归一化处理. 如对于训练集 $\boldsymbol{D}_{\text{train}}$ 的第 p 个训练样本 $\boldsymbol{x}^{(p)}$，其归一化后的向量为

$$\overline{\boldsymbol{x}^{(p)}} = \frac{\boldsymbol{x}^{(p)} - \boldsymbol{m}}{\sigma}, \tag{4.91}$$

其中 $\boldsymbol{m}$ 和 σ 分别为训练数据集的输入矩阵 $\boldsymbol{D}_{\text{train}}$ 的均值和标准差.

本节的三层感知器由带动量项的误差反传训练算法进行训练，且网络的误差函

数全部使用均方根误差，其定义如下

$$\text{RMSE} = \sqrt{\frac{\sum_{p=1}^{N_{\text{train}}}[\boldsymbol{o}^{(p)} - \boldsymbol{t}^{(p)}]^2}{N_{\text{train}}}}, \tag{4.92}$$

其中对于第 p 个输入样本 $\boldsymbol{x}^{(p)}$ $(p = 1, 2, \cdots, N_{\text{train}})$，$\boldsymbol{o}^{(p)}$ 和 $\boldsymbol{t}^{(p)}$ 分别表示网络的实际输出和目标输出.

1. 分类

本实验详细展示了用两阶段构造方法构造三层感知器的具体过程，并将之用于 Iris 数据集和经过修改的 Ripley 人工数据集.

Iris 数据集：Iris 数据集选自 UCI 机器学习数据库[29]. 它由 150 个 4 维样本构成. 此数据集具有 3 个类别，每类包含 50 个样本. 它的 4 个特征分别是萼片长度、萼片宽度、花瓣长度、花瓣宽度.

首先，根据算法 4.1 对 Iris 数据集的特征进行排序. 排序操作的整个过程如图 4.1 所示. 由图 4.1 可以得到特征排序操作后的顺序为 $4 \succ 3 \succ 2 \succ 1$. 从而，按照算法 4.1 对单个输入节点的三层感知器进行训练. 并且，此单个输入节点的输入向量为训练样本的第 4 个特征. 将 Iris 数据集分成两个相同规模的集合. 一个用作训练集，另一个用作测试集. 此三层感知器的隐含节点数、最大迭代次数、学习率、动量常数和停止阈值分别取为 10, 10000, 0.0001, 0.9 和 0.01. 单输入节点三层感知器训练完成以后，再训练双输入节点三层感知器，此感知器的输入为 Iris 数据集的第 3 个和第 4 个特征，并且它的参数设置与单输入网络完全相同. 按照相同的方式训练三输入节点和四输入节点感知器，则可得到 4 个三层感知器的分类准确率并概括在表 4.2 中.

表 4.2 四种不同规模的三层感知器在 Iris 数据集上产生的训练准确率和测试准确率

网络结构	Acc_{train}	Acc_{test}
1-10-3	97.33%	94.77%
2-10-3	96.00%	96.00%
3-10-3	97.33%	97.33%
4-10-3	98.67%	96.00%

注：Acc_{train} 为训练准确率；Acc_{test} 为测试准确率

由表 4.2 可以看出在所提方法的第一阶段最优的网络结构为 3-10-3. 第二阶段对隐含层节点进行删减. 进行剪枝操作时，网络的参数设置除了迭代次数为 1000 次外，其他参数设置与第一阶段的网络参数设置完全相同. 剪枝后感知器的结果如表 4.3 所示. 从表 4.2 和表 4.3 可以发现两阶段方法构造的三层感知器比使用全部

4.4 基于互信息的方法

特征的传统三层感知器具有更强的泛化能力. 表 4.3 中的 "传统网络" 是指使用全部输入特征和全部隐含节点的感知器, 其网络结构为 4-10-3.

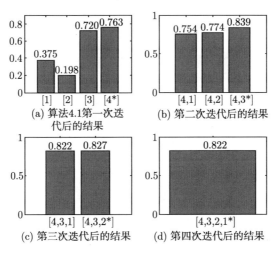

图 4.1 目标输出对于不同特征子集的互信息值

此外, 剪枝网络 (3-2-3) 的初始权重取自其剪枝前的网络 (3-10-3), 因此仍需检验此法是否比直接训练的 3-2-3 结构三层感知器具有优势. 因此对一个 3-2-3 结构的三层感知器进行训练, 此网络的参数设置除了迭代次数为 19000 次之外, 其他设置与前面的 3-10-3 网络完全相同, 迭代次数取 19000 次是由于此值为 3-10-3 网络和所有剪枝网络的训练次数的总和. 最终其结果如表 4.3 所示. 结果表明它的泛化能力不如两阶段构造法所得网络的泛化能力强.

表 4.3 三个不同规模的三层感知器在 Iris 数据集上产生的训练和测试准确率

模型	网络结构	Acc_{train}	Acc_{test}
传统网络	4-10-3	98.67%	96.00%
直接训练的网络	3-2-3	97.33%	97.33%
剪枝后的网络	3-2-3	97.33%	98.67%

人工数据集: Ripley 的人工数据集[30] 由两个高斯分布混合产生. 它由 250 个二维样本构成. 为了展示所提方法的抗噪声能力, 在此数据集加入一个噪声维, 此噪声维的元素满足 $N(0, 0.01)$. 因此, 所使用的人工数据集具有三维.

首先, 此数据集的特征排序过程如图 4.2 所示. 由图 4.2 可以看出特征排序操作后的顺序为 $2 \succ 1 \succ 3$. 于是, 按照此顺序可以训练三个三层感知器, 它们的性能如表 4.4 所示. 三个网络的参数设置除了隐含层节点数为 15 个之外, 其他参数设置与用于 Iris 数据集的网络的参数设置完全相同. 从表 4.4 中可以看出在所提方法的第一阶段最优的网络结构为 2-15-2.

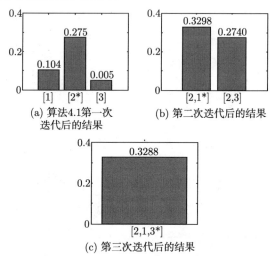

图 4.2　目标输出对于不同特征子集的互信息值

表 4.4　三个不同规模的三层感知器在人工数据集上产生的训练准确率和测试准确率

网络结构	Acc_{train}	Acc_{test}
1-15-2	83.06%	86.51%
2-15-2	88.71%	87.30%
3-15-2	94.35%	86.51%

对于两阶段构造法的第二阶段, 各个剪枝网络的参数设置除了最大迭代次数为 1000 次之外, 其他的参数设置与 2-15-2 结构的网络参数设置完全相同. 最终得到的剪枝网络和初始网络 (3-15-2) 的分类结果如表 4.5 所示. 图 4.3(b) 展示了最终的剪枝网络 (2-9-2) 在测试集前两维上的分类效果. 因为传统网络在此问题上具有 3 个输入节点, 则它的分类效果不能用二维图形表示. 直接训练的三层感知器 (2-9-2) 的参数设置除了迭代次数为 17000 次之外, 其他的参数设置与剪枝网络的参数设置完全相同. 其分类结果如表 4.5 所示. 图 4.3(a) 展示了它在测试数据集前两维上的分类效果.

从表 4.4、表 4.5 和图 4.3 可以看出, 两阶段构造法的确能够提高传统网络 (3-15-2) 的泛化能力. 同时两阶段法可以有效地删除噪音特征维. 另外, 剪枝网络的泛化能力也强于直接训练的网络 (2-9-2).

表 4.5　三个不同规模的三层感知器在人工数据集上产生的训练准确率和测试准确率

模型	网络结构	Acc_{train}	Acc_{test}
传统网络	3-15-2	94.35%	86.51%
直接训练的网络	2-9-2	88.71%	87.30%
剪枝后的网络	2-9-2	90.32%	88.10%

4.4 基于互信息的方法

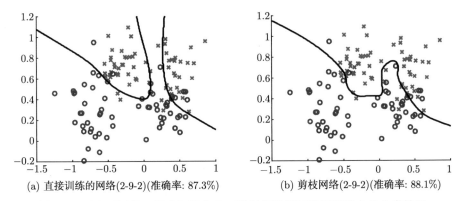

(a) 直接训练的网络(2-9-2)(准确率: 87.3%) (b) 剪枝网络(2-9-2)(准确率: 88.1%)

图 4.3 两个不同的三层感知器在人工数据集的测试集前两维上的分类效果

2. 函数逼近

下面四个问题均为函数逼近问题. 其中前两个基于人工数据集, 而后两个则基于实际数据集. 对四个数据集的描述如下.

Func1: 此人工数据集由下面的函数产生

$$y(x_1, x_2) = \frac{1}{2} \exp\{\cos(4x_1 + 4x_2)\}, \tag{4.93}$$

其中 $x_1, x_2 \in [0,1]$. 训练数据和测试数据分别由 $[0,1] \times [0,1]$ 上均匀分布的 8×8 和 40×40 网格生成, 并且训练数据被一个均值为 0 标准差为 0.1 的高斯噪声所污染.

Friedman #1: 此人工数据集取自文献 [31], 其函数形式如下

$$y_{\#1}(\boldsymbol{x}) = 10\sin(\pi x_1 x_2) + 20\left(x_3 - \frac{1}{2}\right)^2 + 10x_4 + 5x_5 + \sum_{i=6}^{10} x_i, \tag{4.94}$$

其中输入变量 $x_1, x_2, \cdots, x_{10}$ 都均匀分布在区间 $[0,1]$ 上. 注意 $x_6, \cdots, x_{10}$ 对函数毫无贡献. 在 10 个变量的定义域构成的超立方体中随机选取 240 个含高斯噪声的样本作为训练集, 且高斯噪声满足 $N(0,1)$, 然后在同样的超立方体中随机选取 1000 个不含噪声的样本作为测试集.

Ozone: 此真实数据集[32] 由 366 个样本构成. 每个样本含有 9 个特征和 1 个目标输出. 输入特征由气象信息 (温度、湿度等) 构成且目标对应着洛杉矶盆地中某个位置的每日最大臭氧量. 删掉含有缺失数据最多的一个特征属性并且删除含有缺失特征值的样本, 可以得到一个含有 330 个样本的数据集, 且其含有 8 个输入特征. 从所有 330 个样本中随机选取 250 个作为训练样本, 并用其余的 80 个样本作为测试样本.

Boston Housing: 此真实数据集取自 UCI 机器学习数据库[29]. 它含有 506 个

14 维样本, 其中最后一维由前 13 维预测得到. 在此数据集中随机抽取 481 个样本作为训练集, 剩余的 25 个样本作为测试集.

对于 Func1 数据集, 两阶段构造法的第一阶段可以不予执行, 原因是它的两个特征对函数的贡献相同并且它不含冗余特征. 而对 Friedman #1 数据集而言. 两阶段法的第一阶段得到的特征排序为 $4 \succ 1 \succ 2 \succ 5 \succ 3 \succ 10 \succ 7 \succ 6 \succ 9 \succ 8$ 且最后 5 个特征被识别为不相关特征, 由此可知, 由两阶段法的第一阶段即可准确地辨识出 Friedman #1 数据集的不相关特征.

对于 Ozone 和 Boston Housing 数据集, 第一阶段得到的特征排序分别为 $7 \succ 4 \succ 6 \succ 1 \succ 3 \succ 5 \succ 2$ 和 $13 \succ 6 \succ 3 \succ 10 \succ 11 \succ 5 \succ 2 \succ 1 \succ 9 \succ 8 \succ 4 \succ 12 \succ 7$, 并且两者特征的后 5 维和后 8 维分别被识别为不相关特征. 因此, 按照两阶段法, 此四个问题的输入节点数分别为 2, 5, 3 和 5.

对于四个数据集, 传统网络和剪枝网络的参数设置如表 4.6 所示. 对于四个问题, 直接训练网络的参数设置除了最大迭代次数分别为 32000, 15000, 26000 和 21000 之外, 其他的参数设置均与它相应的传统网络完全相同. 关于四个问题的最终结果参见表 4.7. 此三类网络在 Func1 人工数据集的测试集上的效果如图 4.4 所示.

表 4.6 两个不同网络的参数设置

数据集	初始网络					剪枝网络			
	N_{hidden}	Goal	Epoch	η	α	Goal	Epoch	η	α
Func1	10	0.01	2e+4	0.001	0.8	0.01	2000	0.001	0.8
Friedman #1	15	0.01	5e+3	0.001	0.8	0.01	2000	0.001	0.8
Ozone	15	0.01	1e+4	0.0001	0.8	0.01	2000	0.0001	0.8
Boston Housing	25	0.01	2e+4	0.0001	0.8	0.01	1000	0.0001	0.8

注: N_{hidden} 为隐含节点数; η 为学习率; α 为动量常数

表 4.7 三个不同三层感知器在四个函数逼近数据集上的实验结果

数据集	初始网络			直接训练的网络			剪枝网络		
	NN	E_{train}	E_{test}	NN	E_{train}	E_{test}	NN	E_{train}	E_{test}
Func1	2-10-1	0.083	0.058	2-4-1	0.095	0.059	2-4-1	0.089	0.036
Friedman #1	10-15-1	1.1967	2.5526	5-10-1	0.4381	0.7841	5-10-1	0.4312	0.7117
Ozone	8-15-1	3.5987	4.5812	3-7-1	4.0724	4.0213	3-7-1	4.0470	3.9434
Boston Housing	13-25-1	2.435	3.205	5-18-1	3.178	3.258	5-18-1	3.083	2.773

注: NN 为网络结构; E_{train} 为训练误差; E_{test} 为测试误差

从表 4.7 可以发现剪枝网络的泛化能力明显强于传统网络. 同时两阶段构造方法所得到三层感知器的泛化能力也明显优于它们相应的直接训练的三层感知器.

4.4 基于互信息的方法

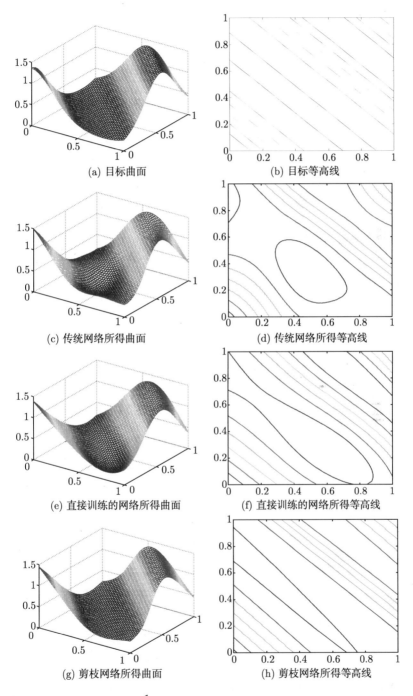

图 4.4 函数 $y(x_1, x_2) = \dfrac{1}{2}\exp\{\cos(4x_1 + 4x_2)\}$ 的曲面和等高线及各个网络在测试数据集上所得的逼近曲面及各自的等高线

3. 与相关工作的比较

在神经网络研究领域当中有很多的结构选取方法,而在这些方法之中剪枝方法占有很重要的位置. 基于敏感度分析的剪枝方法为基于剪枝的方法作出了重要的贡献. 本小节将两阶段构造方法和基于敏感度分析的方法进行比较. 在基于敏感度分析的剪枝方法当中, Engelbrecht 所提出的方差无效性度量方法[16]既对输入节点进行剪枝, 又对隐含节点进行删减. 因此下面将两阶段方法与 Engelbrecht 的工作加以比较.

下面实验所用的数据集全部取自 UCI 数据库, 它们与文献 [16] 中所使用的实际数据集完全相同. 这 5 个数据集分别为 Iris, Wine, Hepatitis, Diabetes 和 Cancer. 对它们的描述不做赘述. 将此 5 个数据集分别分为两个相同规模的数据集, 且分别用作 5 个数据集的训练数据和测试数据. 传统网络的学习率、动量常数和停止阈值分别为 0.0001, 0.09 和 0.01. 但是, 用于这 5 个数据集的传统网络的最大迭代次数分别为 10000, 5000, 5000, 1000 和 1000. 隐含节点个数与文献 [16] 完全相同.

最终的实验结果如表 4.8 所示. 比较表 4.8 中的结果可以发现, 对于 Diabetes 数据集, 两种方法所得到最终网络的网络结构完全相同, 但是用两阶段方法得到的网络具有更强的泛化能力. 对于 Iris 数据集而言, 虽然用两阶段法得到的输入节点个数比 Engelbrecht 的方法得到的输入节点个数多一个, 但是两阶段法无论是在训练集还是测试集上均具有更高的准确率. 同样, 对于 Wine 和 Hepatitis 数据集, 尽管两阶段法比 Engelbrecht 的方法要多 4 个和 3 个节点 (输入节点个数和隐含节点个数的和), 但是两阶段法具有更强的泛化性能. 最后, 对于 Cancer 数据集, 尽管两阶段法要多两个隐含节点且测试准确率少 1%, 但是两阶段法却提高了它相应的初始网络的泛化能力, 而 Engelbrecht 的方法却降低了它相应的初始网络的泛化能力.

表 4.8 两个不同方法在五个实际数据集上的实验结果

数据集	Engelbrecht 的方法 [16]						两阶段方法					
	初始网络			剪枝网络			初始网络			剪枝网络		
	NN	Acc_{train}	Acc_{test}	NN	Acc_{train}	Acc_{test}	NN	Acc_{train}	Acc_{test}	NN	Acc_{train}	Acc_{test}
Iris	4-10-3	97.1%	97.7%	2-2-3	96.2%	97.7%	4-10-3	98.67%	96%	3-2-3	97.33%	98.67%
Wine	13-10-1	100%	98%	6-3-3	96.1%	95.9%	13-10-3	100%	97.78%	7-6-3	100%	98.89%
Hapatitis	19-25-1	94.3%	80%	4-4-2	78.9%	83.3%	19-25-2	100%	79.49%	3-8-2	85.71%	84.62%
Diabetes	8-40-1	72%	68%	6-8-2	70.5%	69.1%	8-40-2	94.27%	70.25%	6-8-2	83.07%	74.22%
Cancer	9-10-1	96.4%	98.1%	3-1-2	96.2%	97.8%	9-10-2	98.53%	96.49%	3-3-2	96.77%	96.78%

4. 讨论

与传统的多层感知器构造方法 (使用所有特征并且无隐含节点剪枝) 相比, 使用两阶段方法构造的多层感知器具有更强的泛化能力. 此优越性可以从两方面加以解释. 首先, 两阶段法能够有效地辨别和删减输入向量中的不相关特征, 自然就

4.4 基于互信息的方法

减小了由这些不相关特征引发较差泛化性能的机会. 另外, 两阶段法能够有效地删减冗余隐含节点, 这就降低了网络结构的复杂度并减小了引发过拟合的机会.

对比结果表明, 在相同的网络结构条件下, 两阶段法构造的多层感知器在泛化能力上明显强于直接训练得到的多层感知器, 这是由于即使在相同的网络结构条件下, 不同权值的初始化能够产生不同的结果. 直接训练的多层感知器随机地初始化它的权重, 而两阶段法则是使用隐含节点删减操作前多层感知器中相应的权重值作为初始值, 因此提高了在搜索空间中找到全局最优解的机会.

与基于敏感度分析的方法相比, 基于互信息的方法的优点可以分两种情况加以阐述.

输入的区间和分布: 由于所逼近目标函数的斜率随样本点的不同而具有不同的值, 则对于相同的目标函数而言, 按式 (4.19) 所求敏感度的值会随样本点所属区间的不同而不同. 另外, 即使样本点都属于同一个区间, 敏感度的值也会随样本点的分布不同而不同. 在这两种情况下, 基于敏感度分析的方法所求取的输入节点的相关性不会准确, 而基于互信息的方法则会为我们提供满意的结果.

下面用一个简单的实验验证上面的描述. 假设构造样本点的函数形式如下

$$y(x) = \frac{1}{1 + \exp\{-2x\}}, \quad x \in [-6, 6]. \tag{4.95}$$

为了设计实验, 将区间 $[-6,6]$ 进行三等分, 则等分后的三个区间分别为 $[-6,-2]$, $[-2,2]$ 和 $[2,6]$. 首先在三个区间中的每个区间上以相同的步长均匀地构造 400 个样本点, 则根据式 (4.84) 分别计算出三个区间上输入 x 和输出 y 之间互信息的值并概括在表 4.9 中. 对于基于敏感度分析的方法, 用于学习三个区间上不同样本所暗含目标函数的三个多层感知器的网络结构均为 1-3-1, 且这些多层感知器的学习率、动量常数、最大迭代次数和停止阈值分别为 0.001, 0.8, 10000 和 0.001. 三个区间上输出 y 关于输入 x 的敏感度的值也概括在表 4.9 之中.

然后为了观察样本点的分布对两种方法的影响, 按照均值为 $-4, 0$ 和 4 且方差均为 0.7 的正态分布分别在三个区间上构造 400 个样本点, 则基于互信息和基于敏感度分析的两种方法对于这些样本点的结果都概括在表 4.9 中. 注意用于计算敏感度数值的三个多层感知器的参数设置与它们对应的均匀分布情况完全相同.

表 4.9 在三个不同区间上和两个不同分布条件下敏感度和互信息对于式 (4.95) 的取值

样本的分布方式	基于敏感度分析的方法			基于互信息的方法		
	$[-6,-2]$	$[-2,2]$	$[2,6]$	$[-6,-2]$	$[-2,2]$	$[2,6]$
均匀分布	0.0969	0.2002	0.0965	4.1174	4.1174	4.1174
正态分布	0.0799	0.1682	0.0809	4.0969	4.1062	4.1018
$N(\mu, \sigma^2)$	$N(-4, 0.7)$	$N(0, 0.7)$	$N(4, 0.7)$	$N(-4, 0.7)$	$N(0, 0.7)$	$N(4, 0.7)$

由表 4.9 中的结果可以看出在相同的条件下 (均匀分布或者正态分布), 区间 $[-2,2]$ 上敏感度的值与区间 $[-6,-2]$ 和 $[2,6]$ 上的值明显不同, 而互信息的值则完全 (或近似) 相同. 由表 4.9 中的结果还可看出对于同一区间上的不同分布, 基于互信息方法的变化百分比明显小于相应的基于敏感度分析的方法. 因此, 对于上述两种情况 (即不同区间上的样本或者同一区间上分布不同的样本), 基于敏感度分析的方法不能产生 (近似) 固定不变的值, 而基于互信息的方法则能够产生 (近似) 固定不变的值.

输入间的相关性: 如文献 [33] 和文献 [34] 所述, 对于神经网络, 当网络输入函数相关的时候, 基于敏感度分析的方法就会失效. 基于互信息的方法却能够成功地克服基于敏感度分析方法的这个缺陷. 为了进行验证, 使用文献 [34] 中的函数产生样本点, 其函数形式如下

$$y(x_1, x_2) = \sin(6x_1) + \sin(6x_2) \quad (x_1, x_2 \in [0,1]). \tag{4.96}$$

对于两个输入不相关的情况, 在定义域 $[0,1] \times [0,1]$ 上用网格 20×20 均匀地产生 400 个样本点. 对于两个输入相关的情况, 先在区间 $[0,1]$ 上均匀地构造第一个输入 x_1 的值, 而第二个输入 x_2 的值由一些关于 x_1 的函数确定, 这些函数的形式概括在表 4.10 中.

输出关于两个输入的互信息的值可以由式 (4.84) 计算得到并概括在表 4.10 中. 为了得到敏感度的值, 对四种情况需要训练四个多层感知器, 四个多层感知器的网络结构均为 2-10-1, 而它们的学习率、动量常数、最大迭代次数和停止阈值分别为 0.001, 0.8, 10000 和 0.01. 基于敏感度分析方法的结果也概括在表 4.10 中.

表 4.10 在输入不相关和相关情况下敏感度和互信息对于式 (4.96) 的取值

输入间的函数相关性	基于敏感度分析的方法		基于互信息的方法	
	第一个输入	第二个输入	第一个输入	第二个输入
输入不相关	1.0223	1.0206	0.2038	0.2017
$x_2 = x_1^3$	0.5111	0.3575	0.3277	0.3505
$x_2 = \sin(2x_1)$	1.2494	2.9172	0.3169	0.3277
$x_2 = \sin(4x_1) + x_1^2(x_1+1)$	1.7287	3.5010	0.4920	0.4096

对于两个输入不相关的情况, 从表 4.10 中的结果即可发现基于敏感度分析的方法和基于互信息的方法均能得到满意的结果. 然而, 当两个输入相关时, 两个输入的敏感度的值就会相差很大, 这恰恰验证了文献 [34] 关于敏感度分析方法的结果. 此外, 从表 4.10 中的结果也可看出基于互信息的方法关于两个输入的值却相差不大, 这无疑为我们提供了一种克服敏感度分析方法在此问题上缺陷的一种方法.

参 考 文 献

[1] Anders U. Neural network pruning and statistical hypotheses tests // Proceedings

of ICONIP'97: Progress in Connectionnist-Based Information Systems (Addendum). Berlin: Springer, 1997: 1-4

[2] White H. Learning in artificial neural networks: a statistical perspective. Neural Computation, 1989, 1: 425-464

[3] White H. Estimation, Inference and Specification Analysis. New York: Cambridge University Press, 1994

[4] White H. An additional hidden unit test for neglected nonlinearity in multilayer feedforward networks. Proceedings of the International Joint Conference on Neural Networks, 1989: 451-455

[5] Andres U, Korn O. Model selection in neural networks. Neural Networks, 1999, 12: 309-323

[6] Davidson R, MacKinnon R G. Estimation and Inference in Econometric. Oxford: Oxford University Press, 1993

[7] Teräsvirta T, Lin C F, Granger C W J. Power of the neural network linearity test. Journal of the American Statistical Association, 1981, 50(1): 1-25

[8] Akaike H. Information theory and an extension of the maximum likelihood principle. Proceedings of the Second International Symposium on Information Theory, 1973: 267-281

[9] Schwartz G. Estimating the dimension of a model. Annals of Statistics, 1978, 6: 497-511

[10] Stone M. An asymptotic equivalence of choice of model by cross-validation and Akaike's criterion cross validation. Journal of the Royal Statistical Society, 1977, B36: 44-47

[11] Rissanen J. Modeling by shortest data description. Automatica, 1978, 14: 465-471

[12] Duda R O, Hart P E, Stork D G. Pattern Classification. 2nd ed. Interscience, New York: John Wiley, 2002

[13] Burnham K P, Anderson D R. Model Selection and Multimodel Inference: A Practical Information-Theoretical Approach. 2nd Edition. New York: Springer-Verlag, 2002

[14] Murata N, Yoshizawa S, Amari S. Network information criterion-Determining the number of hidden units for an artificial neural network model. IEEE Transactions on Neural Networks, 1994, 5(6): 865-872

[15] Hansen M H, Yu B. Model selection and the principle of minimum description length. Journal of the American Statistical Association, 2001, 96: 746-774

[16] Engelbrecht A P. A new pruning heuristics based on variance analysis of sensitivity information. IEEE Transactions on Neural Networks, 2001, 12(6): 1386-1399

[17] Zeng X, Yeung D S. Hidden neuron pruning of multilayer perceptrons using a quantified sensitivity measure. Neurocomputing, 2006, 69: 825-837

[18] Karnin E D. A simple procedure for pruning backpropagation trained neural networks. IEEE Transactions on Neural Networks, 1990, 1: 239-242

[19] Holtzman J M. On using perturbation analysis to do sensitivity analysis: derivatives versus differences. Proceedings of the 28th IEEE Conference on Decision and Control, 1989: 2018-2023

[20] Zurada J M, Malinowski A, Usui S. Perturbation method for deleting redundant inputs of perceptron networks. Neurocomputing, 1997, 14: 177-193

[21] 李纯果. 随机意义下依概率测度收敛的偏导数的定义及在 RBFNN 的敏感性分析中的应用. 保定: 河北大学硕士学位论文, 2006

[22] Haykin S. Adaptive Filter Theory. 3rd ed. Englewood Cliffs, NJ: Prentice Hall, 1996

[23] Shannon C E, Weaver W. The Mathematical Theory of Communication. Urbana, IL: University of ILLinois Press, 1949

[24] Kwak N, Choi C H. Input feature selection by mutual information based on Parzen window. IEEE Transactions on Pattern Analysis and Machine Intelligence, 2002, 24(12): 1667-1671

[25] Silverman B W. Density Estimation for Statistics and Data Analysis. London: Chapman & Hall, 1986

[26] Kraskov A, Stögbauer H, Grassberger P. Estimating mutual information. Physical Review E, 2004, 69(6), 066138

[27] Stögbauer H, Kraskov A, Astakhov S A, et al. Least dependent component analysis based on mutual information. Physical Review E, 2004, 70(6): 1-17

[28] Xing H J, Hu B G. Two phase construction of multilayer perceptrons using information theory. IEEE Transactions on Neural Networks, 2009, 20(4): 715-721

[29] Blake C, Merz C. UCI repository of machine learning datasets. http://www.ics.uci.edu/~mlearn/MLRepository.html, 1998

[30] Ripley B D. Pattern Recognition and Neural Networks. New York: Cambridge University Press, 1996

[31] Friedman J H. Multivariate adaptive regression splines. Annals of Statistics, 1991, 19(1): 1-141

[32] Breiman L, Friedman J. Estimating optimal transformations in multiple regression and correlation. Journal of the American Statistical Association, 1985, 80: 580-619

[33] Szecówka P M, Szczurek A, Mazurowski M A, et al. Neural network sensitivity analysis applied for the reduction of the sensor matrix. Lecture Notes in Computer Science, 2005, 3643: 27-32

[34] Mazurowaki M A, Szecówka P M. Limitations of sensitivity analysis for neural networks in cases with dependent inputs. Proceedings of the 4th IEEE International Conference on Computational Cybernetics, Tallinn, Estonia, 2006: 299-303

第 5 章 单个前馈神经网络

为了提高传统单个前馈神经网络的泛化性能,对部分已有单个前馈神经网络的学习方法和模型进行了改进,构建了三种改进的方法:基于正则化相关熵的径向基函数神经网络学习方法、椭球基函数神经网络的混合学习算法和特征加权支持向量机. 本章将较详细地介绍上述三种方法.

5.1 基于正则化相关熵的径向基函数神经网络学习方法

误差平方和 (sum-squared-error, SSE) 是径向基函数神经网络的常用目标函数[1]. 除了误差平方和, 也可采用其他形式的目标函数, 如交叉熵、指数误差函数、卡尔曼滤波、局部泛化误差、负对数似然[2-6] 等. 与 SSE 相比, 基于交叉熵的训练方法能够取得更优的泛化能力和更快的训练速度[7]. 同样, 文献 [3] 中的实验结果表明指数误差函数也能够提高 SSE 的收敛速度和泛化能力. Simon 在文献 [4] 中指出, 径向基函数神经网络中隐含节点中心向量和网络权重的选取可以被看成系统辨识问题, 因此可以使用拓展的卡尔曼滤波训练径向基函数神经网络. 局部泛化误差界由 Yeung 等[8] 提出, 它被看成训练样本 Q 近邻中未知样本的均方误差 (mean square error, MSE)①的上界, 在多个标准数据集上的实验结果表明, 与使用均方误差和训练的径向基函数神经网络相比, 使用局部泛化误差训练的径向基函数神经网络总能取得更优的泛化能力. Gutiérrez 等[6] 在径向基函数神经网络的决策函数中增加了一个线性项, 设计了负对数似然目标函数, 并通过与相关方法对比验证了所提方法的有效性.

最近, Santamaria 等[9] 提出了相关熵 (correntropy) 的定义和性质. 如文献 [10] 所述, MSE 是全局相似性度量, 而相关熵则是局部相似性度量. 此外, MSE 被看成 $L2$ 范数距离, 在样本间距离较近时相关熵被看成 $L2$ 范数距离, 较远时被看成 $L1$ 范数距离, 非常远时被认为是 $L0$ 范数距离. 相关熵已成功地用于设计不同的损失函数. Jeong[11] 利用相关熵将最小平均相关能量 (minimum average correlation energy, MACE) 拓广到了非线性情形, 与线性 MACE 相比, 相关熵 MACE 对形变更为鲁棒, 具有更强的泛化和拒绝能力. Yuan 和 Hu[12] 提出了基于相关熵的鲁棒特征提取框架, 并首次使用半二次优化技术[13] 对相应的优化问题进行求解. 为取得人脸图像的稀疏描述, He 等[14] 提出了稀疏相关熵框架. Liu 等[10] 为线性回归模

①MSE 等于 SSE 除以样本个数, 这两个准则在训练径向基函数神经网络时是等价的.

型构造了基于相关熵的目标函数, 并验证了相关熵准则在有噪声的回归数据上能够取得优于 MSE 和最小误差熵的性能. 然而, 该线性回归器的系数需要使用基于梯度的优化方法加以更新, 这就使得该方法非常耗时. 为了进一步提高基于相关熵的线性回归器的性能, He 等[15] 为相关熵准则函数增加了一个基于 $L1$ 范数的正则化项, 此外, 他们利用半二次优化技术和特征符号搜索算法对线性模型中的参数进行优化.

为了使径向基函数神经网络具有更强的抗噪声能力, 本节提出了两种正则化相关熵准则, 即基于 $L2$ 范数的正则化相关熵准则和基于 $L1$ 范数的正则化相关熵准则. 此外, 也将介绍这两种准则的优化方法、性质和计算复杂度.

5.1.1 正则化相关熵准则

5.1.1.1 基于 L2 范数的正则化相关熵准则

两个随机变量 A 和 B 之间的相关熵定义为[10]

$$V_\sigma(A, B) = E[k_\sigma(A - B)], \tag{5.1}$$

其中 $k_\sigma(\cdot)$ 为满足 Mercer 定理[16] 的核函数, $E[\cdot]$ 表示数学期望. 在实际应用中, 联合概率密度函数 $p_{AB}(a, b)$ 通常是未知的, 但是往往会有一定数目的观测量 $\{(a_i, b_i)\}_{i=1}^{M}$. 因此式 (5.1) 中的相关熵可以由下式加以估计:

$$\hat{V}_{M,\sigma}(A, B) = \frac{1}{M} \sum_{i=1}^{M} k_\sigma(a_i - b_i). \tag{5.2}$$

当 $k_\sigma(\cdot)$ 取为高斯核函数时, 即 $k_\sigma(a_i - b_i) = G(a_i - b_i) = \exp\left\{-\frac{(a_i - b_i)^2}{2\sigma^2}\right\}$, 式 (5.2) 可以改写为

$$\hat{V}_{M,\sigma}(A, B) = \frac{1}{M} \sum_{i=1}^{M} G(a_i - b_i). \tag{5.3}$$

使用相关熵诱导度量 (correntropy-induced metric, CIM)[10] 代替径向基函数神经网络中基于 SSE 的准则, 可以得到基于 $L2$ 范数的正则化相关熵准则, 如下

$$J_{L2}(\boldsymbol{w}) = \max_{\boldsymbol{w}} \sum_{p=1}^{N_{\text{train}}} G\left(f(\boldsymbol{x}^{(p)}, \boldsymbol{w}) - t^{(p)}\right) - \gamma \|\boldsymbol{w}\|_2^2, \tag{5.4}$$

其中 $\boldsymbol{w} = (w_0, w_1, \cdots, w_{N_H})$ 且 w_0 为偏差项, w_i ($i = 1, 2, \cdots, N_H$) 为连接第 i 个隐含节点和输出节点的权重, N_H 为隐含节点个数, N_{train} 为训练样本个数, 网络在第 p 个训练样本的输入向量 $\boldsymbol{x}^{(p)}$ 上的输出为

$$f(\boldsymbol{x}^{(p)}, \boldsymbol{w}) = \boldsymbol{w}\phi(\boldsymbol{x}^{(p)}) = \sum_{k=0}^{N_H} w_k \phi_k(\boldsymbol{x}^{(p)}), \tag{5.5}$$

5.1 基于正则化相关熵的径向基函数神经网络学习方法

且

$$\phi_k(\boldsymbol{x}^{(p)}) = \exp\left\{-\frac{\|\boldsymbol{x}^{(p)} - \boldsymbol{\mu}_k\|_2^2}{2\sigma_k^2}\right\}, \tag{5.6}$$

其中 $\|\cdot\|_2$ 为向量的 $L2$ 范数, $\boldsymbol{\mu}_k$ 和 σ_k 分别为第 k 个隐含节点的中心向量和宽度参数. 此外, 式 (5.4) 中的 $t^{(p)}$ 为第 p 个训练样本的目标输出, γ 为正则化项的系数.

迄今为止, 存在多种求解优化问题 (5.4) 的方法, 如半二次优化技术[12,13]、期望最大化方法[17] 和基于梯度的方法[10,18]. 下面使用半二次优化技术对式 (5.4) 进行求解.

根据凸共轭函数理论[13], 可知下述定理.

定理 5.1.1 对于 $G(\boldsymbol{z}) = \exp\left\{-\frac{\|\boldsymbol{z}\|_2^2}{2\sigma^2}\right\}$, 存在凸共轭函数 φ, 满足

$$G(\boldsymbol{z}) = \sup_{\alpha \in \Re^-}\left(\alpha\frac{\|\boldsymbol{z}\|_2^2}{2\sigma^2} - \varphi(\alpha)\right). \tag{5.7}$$

此外, 对于固定的 $\boldsymbol{z}$, 极大值在 $\alpha = -G(\boldsymbol{z})$ 处取得[12].

与文献 [15] 相同, 利用变量替代方法, 用 $\frac{\boldsymbol{z}}{\sqrt{2}\sigma}$ 替代 $\boldsymbol{z}$, 根据定理 5.1.1, 目标函数 (5.4) 可以扩充为

$$\hat{J}_{L2}(\boldsymbol{w}, \boldsymbol{\alpha}) = \max_{\boldsymbol{w}, \boldsymbol{\alpha}} \sum_{p=1}^{N_{\text{train}}} \left\{\alpha_p \left[f(\boldsymbol{x}^{(p)}, \boldsymbol{w}) - t^{(p)}\right]^2 - \varphi(\alpha_p)\right\} - \gamma\|\boldsymbol{w}\|_2^2, \tag{5.8}$$

其中 $\boldsymbol{\alpha} = (\alpha_1, \alpha_2, \cdots, \alpha_{N_{\text{train}}})$ 为半二次优化中出现的辅助变量. 此外, 对于固定的 $\boldsymbol{w}$, 下式成立

$$J_{L2}(\boldsymbol{w}) = \hat{J}_{L2}(\boldsymbol{w}, \boldsymbol{\alpha}). \tag{5.9}$$

式 (5.8) 的局部最优解可以通过下面两式反复迭代得到

$$\alpha_p^{\tau+1} = -G(f(\boldsymbol{x}^{(p)}, \boldsymbol{w}^\tau) - t^{(p)}) \tag{5.10}$$

和

$$\boldsymbol{w}^{\tau+1} = \arg\max_{\boldsymbol{w}} (\boldsymbol{\Phi}\boldsymbol{w}^{\mathrm{T}} - \boldsymbol{t})^{\mathrm{T}} \boldsymbol{\Lambda} (\boldsymbol{\Phi}\boldsymbol{w}^{\mathrm{T}} - \boldsymbol{t}) - \gamma\boldsymbol{w}\boldsymbol{w}^{\mathrm{T}}, \tag{5.11}$$

其中 τ 表示第 τ 次迭代, $\boldsymbol{\Phi} = [\phi^{\mathrm{T}}(\boldsymbol{x}^{(1)}), \phi^{\mathrm{T}}(\boldsymbol{x}^{(2)}), \cdots, \phi^{\mathrm{T}}(\boldsymbol{x}^{(N_{\text{train}})})]^{\mathrm{T}}$, $\boldsymbol{t} = [t^{(1)}, t^{(2)}, \cdots, t^{(N_{\text{train}})}]^{\mathrm{T}}$, $\boldsymbol{\Lambda}$ 为对角矩阵且主对角线元素为 $\Lambda_{pp} = -\alpha_p^{\tau+1}$.

为了求解优化问题 (5.11), 需要求 $\hat{J}_{L2}(\boldsymbol{w}, \boldsymbol{\alpha}^{\tau+1})$ 关于 $\boldsymbol{w}$ 的偏导数, 可得

$$\frac{\partial \hat{J}_{L2}(\boldsymbol{w}, \boldsymbol{\alpha}^{\tau+1})}{\partial \boldsymbol{w}^{\mathrm{T}}} = 2(\boldsymbol{\Phi}^{\mathrm{T}}\boldsymbol{\Lambda}\boldsymbol{\Phi} - \gamma \boldsymbol{I}_{N_H+1})\boldsymbol{w}^{\mathrm{T}} - 2\boldsymbol{\Phi}^{\mathrm{T}}\boldsymbol{\Lambda}\boldsymbol{t} = 0, \tag{5.12}$$

则有
$$(\boldsymbol{w}^{\mathrm{T}})^{\tau+1} = (\boldsymbol{\Phi}^{\mathrm{T}}\boldsymbol{\Lambda}\boldsymbol{\Phi} - \gamma \boldsymbol{I}_{N_H+1})^{-1}\boldsymbol{\Phi}^{\mathrm{T}}\boldsymbol{\Lambda}\boldsymbol{t}. \tag{5.13}$$

此处需要指出的是式 (5.8) 中的目标函数 $\hat{J}_{L2}(\boldsymbol{w},\boldsymbol{\alpha})$ 经过一定迭代次数后就会收敛,该性质可以概括为下述定理.

定理 5.1.2 由式 (5.10) 和式 (5.13) 产生的序列 $\left\{\hat{J}_{L2}(\boldsymbol{w}^\tau,\boldsymbol{\alpha}^\tau),\tau=1,2,\cdots\right\}$ 收敛.

证 根据定理 5.1.1 和式 (5.13), 可知 $\hat{J}_{L2}(\boldsymbol{w}^\tau,\boldsymbol{\alpha}^\tau) \leqslant \hat{J}_{L2}(\boldsymbol{w}^{\tau+1},\boldsymbol{\alpha}^\tau) \leqslant \hat{J}_{L2}(\boldsymbol{w}^{\tau+1},\boldsymbol{\alpha}^{\tau+1})$. 因此, 序列 $\left\{\hat{J}_{L2}(\boldsymbol{w}^\tau,\boldsymbol{\alpha}^\tau),\tau=1,2,\cdots\right\}$ 非递减. 此外, 文献 [10] 证明了相关熵有界, 则有 $J_{L2}(\boldsymbol{w})$ 有界, 由式 (5.9) 可知 $\hat{J}_{L2}(\boldsymbol{w}^\tau,\boldsymbol{\alpha}^\tau)$ 也有界. 所以序列 $\{\hat{J}_{L2}(\boldsymbol{w}^\tau,\boldsymbol{\alpha}^\tau),\tau=1,2,\cdots\}$ 收敛.

利用基于 $L2$ 范数的正则化相关熵准则训练径向基函数神经网络的整个过程概括在算法 5.1 中. 需要说明的是, 对于第 τ 次迭代, 算法 5.1 中的 E_τ 为相关熵, 其计算公式如下

$$E_\tau = \frac{1}{N_{\text{train}}} \sum_{p=1}^{N_{\text{train}}} G\left(f(\boldsymbol{x}^{(p)},\boldsymbol{w}^\tau) - t^{(p)}\right). \tag{5.14}$$

算法 5.1 使用基于 $L2$ 范数的正则化相关熵准则训练径向基函数神经网络
输入: 输入矩阵 $\boldsymbol{X}=(x_{p,i})_{N_{\text{train}}\times d}$, 目标向量 $\boldsymbol{t}=[t^{(1)},t^{(2)},\cdots,t^{N_{\text{train}}}]^{\mathrm{T}}$;
输出: 最优权重向量 $\boldsymbol{w}$, 其第一个元素为偏差项;
初始化: 隐含节点个数 N_H, 正则化项系数 γ, 最大迭代次数 I_{HQ}, 停止阈值 ε.
步骤 1: 利用模糊 c 均值聚类确定 N_H 个高斯激活函数的中心向量 $\{\boldsymbol{\mu}_k\}_{k=1}^{N_H}$, 并利用 $\sigma_k = \zeta \min\limits_{\substack{1\leqslant l\leqslant N_H \\ l\neq k}} \|\boldsymbol{\mu}_k - \boldsymbol{\mu}_l\|_2 (k=1,2,\cdots,N_H)$ 计算它们相应的宽度参数, 其中 $\zeta=0.85$;
步骤 2: 随机初始化 N_H 个连接权重 $\{w_k\}_{k=1}^{N_H}$ 和偏差项 w_0;
步骤 3: 更新权重和偏差项.
repeat
for $\tau=1,2,\cdots,I_{HQ}$ do
　　使用公式 (5.10) 更新辅助向量 $\boldsymbol{\alpha}=(\alpha_1,\cdots,\alpha_{N_{\text{train}}})^{\mathrm{T}}$;
　　使用公式 (5.13) 更新权重向量 $\boldsymbol{w}=(w_0,w_1,\cdots,w_{N_H})$.
end for
until $|E_\tau - E_{\tau-1}| < \varepsilon$

5.1.1.2 基于 $L1$ 范数的正则化相关熵准则

受基于相关熵的线性模型[15] 的启发, 本小节为径向基函数神经网络提出了基于 $L1$ 范数的正则化相关熵准则, 并对其优化方法加以描述. 基于 $L1$ 范数的正则

化相关熵准则的目标函数由式 (5.15) 给出：

$$J_{L1}(\boldsymbol{w}) = \max_{\boldsymbol{w}} \sum_{p=1}^{N_{\text{train}}} G\left(f(\boldsymbol{x}^{(p)}, \boldsymbol{w}) - t^{(p)}\right) - \gamma\|\boldsymbol{w}\|_1, \tag{5.15}$$

其中 $\|\cdot\|_1$ 表示向量的 $L1$ 范数. 根据半二次优化技术, 式 (5.15) 可以被扩充为

$$\hat{J}_{L1}(\boldsymbol{w}, \boldsymbol{\alpha}) = \max_{\boldsymbol{w}, \boldsymbol{\alpha}} \sum_{p=1}^{N_{\text{train}}} \{\alpha_p[f(\boldsymbol{x}^{(p)}, \boldsymbol{w}) - t^{(p)}]^2 - \varphi(\alpha_p)\} - \gamma\|\boldsymbol{w}\|_1. \tag{5.16}$$

与 $L2$ 范数的情形相同, 式 (5.16) 的局部最优解可以通过反复迭代下面两式求得

$$\alpha_p^{\tau+1} = -G(f(\boldsymbol{x}^{(p)}, \boldsymbol{w}^\tau) - t^{(p)}) \tag{5.17}$$

和

$$\begin{aligned}\boldsymbol{w}^{\tau+1} &= \arg\max_{\boldsymbol{w}}(\boldsymbol{\Phi}\boldsymbol{w}^{\mathrm{T}} - \boldsymbol{t})^{\mathrm{T}}\boldsymbol{\Lambda}(\boldsymbol{\Phi}\boldsymbol{w}^{\mathrm{T}} - \boldsymbol{t}) - \gamma\|\boldsymbol{w}\|_1 \\ &= \arg\min_{\boldsymbol{w}}(\boldsymbol{\Phi}\boldsymbol{w}^{\mathrm{T}} - \boldsymbol{t})^{\mathrm{T}}\boldsymbol{\Omega}(\boldsymbol{\Phi}\boldsymbol{w}^{\mathrm{T}} - \boldsymbol{t}) + \gamma\|\boldsymbol{w}\|_1 \\ &= \arg\min_{\boldsymbol{w}}\|\hat{\boldsymbol{t}} - \hat{\boldsymbol{\Phi}}\boldsymbol{w}^{\mathrm{T}}\|_2^2 + \gamma\|\boldsymbol{w}\|_1,\end{aligned} \tag{5.18}$$

其中 $\boldsymbol{\Omega} = -\boldsymbol{\Lambda}$, $\hat{\boldsymbol{\Phi}} = \boldsymbol{\Omega}^{1/2}\boldsymbol{\Phi}$, $\hat{\boldsymbol{t}} = \boldsymbol{\Omega}^{1/2}\boldsymbol{t}$.

Lee 等[19] 提出的特征符号搜索算法可被用于求解优化问题 (5.18). 使用基于 $L1$ 范数的正则化相关熵准则训练径向基函数神经网络的整个过程概括在算法 5.2 中.

与定理 5.1.2 相同, 式 (5.16) 中的目标函数 $\hat{J}_{L1}(\boldsymbol{w}, \boldsymbol{\alpha})$ 在经过一定的迭代次数后收敛, 则有定理 5.1.3.

定理 5.1.3 由式 (5.17) 和式 (5.18) 产生的序列 $\{\hat{J}_{L1}(\boldsymbol{w}^\tau, \boldsymbol{\alpha}^\tau), \tau = 1, 2, \cdots\}$ 收敛.

该定理的证明方式与定理 5.1.2 的证明完全相同, 此处不再重复.

5.1.1.3 算法复杂度

由算法 5.1 可以看出使用基于 $L2$ 范数的正则化相关熵准则训练径向基函数神经网络由两部分构成. 第一部分是确定高斯激活函数的中心和宽度参数; 第二部分是连接权重的优化. 在第一部分中, 利用模糊 c 均值聚类确定高斯激活函数中心的计算复杂度为 $O(I_{\text{FCM}}N_{\text{train}}N_H d)$, 其中 I_{FCM} 是迭代次数, N_{train} 是训练样本个数, N_H 为隐含节点个数, d 为特征个数. 此外, 确定高斯激活函数的宽度参数和计算隐含节点输出的计算复杂度分别是 N_H^2 和 $N_{\text{train}}(N_H + 1)$.

在第二部分, 辅助向量 $\boldsymbol{\alpha}$ 在每次迭代中的计算复杂度为 $O(N_{\text{train}})$. 由式 (5.13) 可知, 权重向量 $\boldsymbol{w}$ 在每次迭代中的计算复杂度是 $N_{\text{train}}[1 + (N_H + 1) + (N_H + $

$1)^2] + (N_H+1)^3$. 计算第二部分总的计算复杂度为 $O(I_{\text{HQ}}[N_{\text{train}}(4+3N_H+N_H^2)] + I_{\text{HQ}}(N_H+1)^3)$, 其中 I_{HQ} 为半二次优化的迭代次数. 通常情况下有 $N_{\text{train}} \gg N_H+1$ 成立, 则算法 5.1 的计算复杂度为 $O(I_{\text{FCM}}N_{\text{train}}N_H d + I_{\text{HQ}}N_{\text{train}}N_H^2)$.

使用基于 $L1$ 范数的正则化相关熵准则训练径向基函数神经网络的情况与基于 $L2$ 范数的情形除了最优权重向量的更新方式不同外, 其他的运算完全相同. 特征符号搜索的计算复杂度为 $O(I_{\text{FS}}N_{\text{train}}d)$[15], 其中 I_{FS} 是特征符号搜索算法的迭代次数. 最后, 算法 5.2 的计算复杂度为 $O(I_{\text{FCM}}N_{\text{train}}N_H d + I_{\text{HQ}}I_{\text{FS}}N_{\text{train}}d)$.

算法 5.2 使用基于 $L1$ 范数的正则化相关熵准则训练径向基函数神经网络

输入: 输入矩阵 $\boldsymbol{X} = (x_{p,i})_{N_{\text{train}} \times d}$, 目标向量 $\boldsymbol{t} = [t^{(1)}, t^{(2)}, \cdots, t^{N_{\text{train}}}]^{\text{T}}$;

输出: 最优权重向量 $\boldsymbol{w}$, 其第一个元素为偏差项;

初始化: 隐含节点个数 N_H, 正则化项系数 γ, 最大迭代次数 I_{HQ}, 停止阈值 ε.

步骤 1: 利用模糊 c 均值聚类确定 N_H 个高斯激活函数的中心向量 $\{\boldsymbol{\mu}_k\}_{k=1}^{N_H}$, 并利用 $\sigma_k = \zeta \min\limits_{\substack{1 \leqslant l \leqslant H_N \\ l \neq k}} \|\boldsymbol{\mu}_k - \boldsymbol{\mu}_l\|_2 (k=1,2,\cdots,N_H)$ 计算它们相应的宽度参数, 其中 $\zeta = 0.85$;

步骤 2: 随机初始化 N_H 个连接权重 $\{w_k\}_{k=1}^{N_H}$ 和偏差项 w_0;

步骤 3: 更新权重和偏差项.

repeat

for $\tau = 1, 2, \cdots, H_{\text{HQ}}$ **do**

使用公式 (5.17) 更新辅助向量 $\boldsymbol{\alpha} = (\alpha_1, \cdots, \alpha_{N_{\text{train}}})^{\text{T}}$.

A1: 设置活动集 $F = \phi$ 并更新, 对于所有的 $w_k = 0$, 计算 $k = \arg\max\limits_{j} \left|\dfrac{\partial \|\hat{\boldsymbol{t}} - \hat{\boldsymbol{\Phi}}\boldsymbol{w}^{\text{T}}\|^2}{\partial w_j}\right|$. 如果 $\left|\dfrac{\partial \|\hat{\boldsymbol{t}} - \hat{\boldsymbol{\Phi}}\boldsymbol{w}^{\text{T}}\|^2}{\partial w_j}\right| > \gamma$, 设置 $\theta_k = -\text{sign}\left(\dfrac{\partial \|\hat{\boldsymbol{t}} - \hat{\boldsymbol{\Phi}}\boldsymbol{w}^{\text{T}}\|^2}{\partial w_j}\right)$, $F = F \cup k$.

A2: 特征符号步骤.

计算无约束二次规划的分析解 $\hat{\boldsymbol{w}} = (\hat{\boldsymbol{\Phi}}^{\text{T}}\hat{\boldsymbol{\Phi}})^{-1}(\hat{\boldsymbol{\Phi}}^{\text{T}}\hat{\boldsymbol{t}} - \gamma\theta/2)$. 在 $\boldsymbol{w}$ 到 $\hat{\boldsymbol{w}}$ 的连线上执行离散线搜索. 在 $\hat{\boldsymbol{w}}$ 处和所有发生符号变化的系数上检查目标值, 将 $\hat{\boldsymbol{w}}$ 更新为具有最小目标值的点. 从活动集中剔除 $\hat{\boldsymbol{w}}$ 中为零的系数并更新.

A3: 检查最优条件.

a. 对于非零系数的最优条件: $\dfrac{\partial \|\hat{\boldsymbol{t}} - \hat{\boldsymbol{\Phi}}\boldsymbol{w}^{\text{T}}\|^2}{\partial w_j} + \gamma\text{sign}(w_j) = 0, \forall w_j \neq 0$, 如果条件不满足, 转向步骤 A2; 否则检查条件 b.

b. 对于零系数的最优条件 $\dfrac{\partial \|\hat{\boldsymbol{t}} - \hat{\boldsymbol{\Phi}}\boldsymbol{w}^{\text{T}}\|^2}{\partial w_j} \leqslant \gamma, \forall w_j = 0$, 如果条件 b 不满足, 转向步骤 A1; 否则将 $\boldsymbol{w}$ 作为解.

end for

until$|E_\tau - E_{\tau-1}| < \varepsilon$

与上面两种准则比较, 使用 SSE 训练径向基函数神经网络的计算复杂度为 $O(I_{\text{FCM}}N_{\text{train}}N_H d + N_{\text{train}}N_H^2)$. 此外, 如果赋给宽度参数 σ 及正则化参数 γ 恰当的值, I_{HQ} 的值通常会小于等于 4. 因此, 与 SSE 相比, 基于 L2 范数的正则化相关熵准则和基于 L1 范数的正则化相关熵准则均不会大幅增加运算负担.

5.1.2 数值实验

在所有的实验中, 模糊 c 均值聚类的两个参数: 权重指数和停止阈值分别设置为 1.5 和 10^{-6}. 最大迭代次数 I_{HQ} 和 I_{FS} 均取为 50, 同时算法 5.1 和算法 5.2 中的停止阈值 ε 设置为 10^{-10}. 用于回归问题的误差函数为均方根误差, 即

$$\text{RMSE} = \sqrt{\frac{\sum_{j=1}^{N}[t^{(j)} - f(\boldsymbol{x}^{(j)}, \boldsymbol{w})]^2}{N}},$$

其中 $t^{(j)}$ 和 $f(\boldsymbol{x}^{(j)}, \boldsymbol{w})$ 表示样本 $\boldsymbol{x}^{(j)}$ 对应的目标输出和网络输出. 用于分类问题的误差函数为误差率, 对于训练所得的网络在测试集 $\boldsymbol{D}_{\text{test}}$ 上的误差率计算如下

$$\text{err}(\boldsymbol{D}_{\text{test}}) = \frac{N_{\text{err}}}{N_{\text{test}}} \times 100\%, \tag{5.19}$$

其中 N_{err} 表示错分样本个数, N_{test} 为测试集中的样本总数.

下面在四个数据集上对两种新准则加以验证, 对四个数据集的描述如下.

Sinc: 该回归数据集由函数 $y = \text{sinc}(x) = \frac{\sin(x)}{x} + \rho$ 生成, 其中 ρ 为服从高斯分布的噪声. 对于每个噪声水平, 各生成 100 个数据点 $\{x_i, y_i\}_{i=1}^{100}$, 其中 x_i 在区间 $[-10, 10]$ 上均匀抽取.

Func1: 该回归数据集由函数 $y(x_1, x_2) = x_1 \exp\{-(x_1^2 + x_2^2)\} + \rho$ 生成, 其中 ρ 也是服从高斯分布的噪声. 对于每个噪声水平, 在 $[-2, 2]$ 区间上的 30×30 均匀网格上随机抽取 200 个数据点.

Two-Moon: 该分类数据集包含 200 个二维数据点. 令 $z \sim U(0, \pi)$, 上半月中的 100 个正类样本点由函数 $\begin{cases} x_1 = \cos z \\ x_2 = \sin z \end{cases}$ 生成, 下半月中的 100 个负类样本点由函数 $\begin{cases} x_1 = 1 + \cos z \\ x_2 = \frac{1}{2} - \sin z \end{cases}$ 生成. 为了改变噪声水平, 改变每类中的一部分数据样本的类别标号, 即由 +1 变为 -1, 或 -1 变为 +1.

Ripley：该数据集由多高斯分布生成[20]．在训练集中有 250 个二维样本，测试集中有 1000 个样本．改变噪声水平的方式与 Two-Moon 相同．

三种用于训练径向基函数神经网络的准则在四个数据集上的参数设置概括在表 5.1 中，其中 $L2$-RCC 表示基于 $L2$ 范数的正则化相关熵准则，$L1$-RCC 表示基于 $L1$ 范数的正则化相关熵准则．

表 5.1 三种不同准则在四个不同数据集上的参数设置

数据集	SSE	$L2$-RCC			$L1$-RCC		
	N_H	N_H	σ	γ	N_H	σ	γ
Sinc	20	20	4	0.2	20	4	0.2
Func1	35	35	4	0.2	35	4	0.2
Two-Moon	25	25	3	4	25	3	4
Ripley	20	20	2	8	20	2	8

注：N_H 为隐含节点数；σ 为宽度参数；γ 为正则化参数

图 5.1 展示了三种准则在带有两个噪声水平的 Sinc 数据集上的回归效果．在图 5.1(a) 中，SSE, $L2$-RCC 和 $L1$-RCC 的误差分别为 0.1133, 0.0848 和 0.0780．在图 5.1(b) 中，三者的误差分别为 0.1602, 0.1198 和 0.0998．因此，$L2$-RCC 和 $L1$-RCC 在带有噪声的 Sinc 数据集上均表现了强于 SSE 的抗噪声能力．

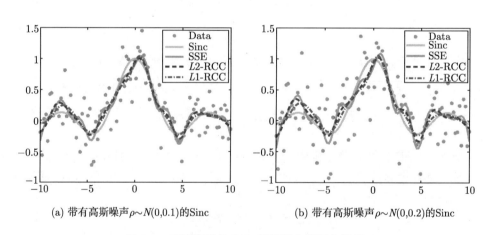

(a) 带有高斯噪声 $\rho \sim N(0, 0.1)$ 的 Sinc

(b) 带有高斯噪声 $\rho \sim N(0, 0.2)$ 的 Sinc

图 5.1 三种准则在 Sinc 数据集上的回归效果

图 5.2 展示了三个准则在带有高斯噪声 $\rho \sim N(0, 0.16)$ 的 Func1 数据集上的结果．SSE, $L2$-RCC 和 $L1$-RCC 的误差分别为 0.5038, 0.4372 和 0.3639．可知，$L2$-RCC 和 $L1$-RCC 在带有噪声的 Func1 数据集上均表现了强于 SSE 的抗噪声能力．

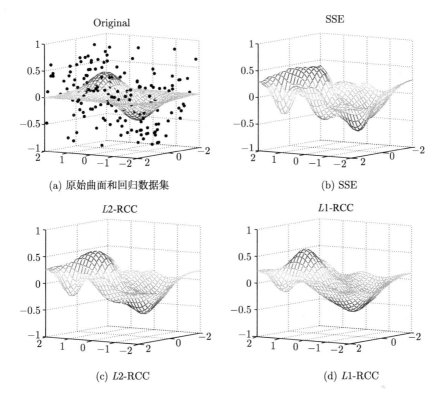

图 5.2 三种准则在带有高斯噪声 $\rho \sim N(0, 0.16)$ 的 Func1 上的回归结果

为了观察 SSE, $L2$-RCC 和 $L1$-RCC 在不同噪声水平上的抗噪能力,将高斯噪声的方差 ρ 逐步从 0 提高到 1. 如图 5.3 所示,当方差 ρ 很小时,$L2$-RCC 和 $L1$-RCC 在 Sinc 和 Func1 上取得了与 SSE 相近的性能. 当噪声逐渐变大后,$L2$-RCC 和 $L1$-RCC 明显优于 SSE.

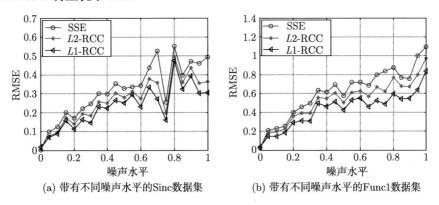

图 5.3 三种不同的准则在两个带有不同噪声水平的回归数据集上产生的 RMSE 误差

对于 Two-Moon 数据集, 从每类中随机选取 20%的样本, 将它们的类别标号取为另一类的标号, 再进行抗噪实验. SSE, $L2$-RCC 和 $L1$-RCC 的分类结果展示在图 5.4(a) 中, 三者的误差率分别为 1%, 0%和 0%. 因此, $L2$-RCC 和 $L1$-RCC 在带有噪声的 Two-Moon 数据集上取得了优于 SSE 的抗噪声能力. 此外, 从图 5.4(a) 还可发现 $L2$-RCC 和 $L1$-RCC 的分类边界均比 SSE 的分类边界平滑.

对于 Ripley 数据集, 同样在每类样本中随机选取 20%的训练样本并将它们的类标变为另一类的标号. 三个准则的分类结果展示在图 5.4(b) 中. $L2$-RCC 和 $L1$-RCC 的分类边界均比 SSE 的分类边界平滑. SSE, $L2$-RCC 和 $L1$-RCC 的训练误差率分别为 11%, 14%和 14%, 它们的测试误差率分别为 13%, 9%和 9%. 需要指出的是该测试集中不含噪声. 因此, $L2$-RCC 和 $L1$-RCC 在 Ripley 数据集上均产生了优于 SSE 的泛化能力.

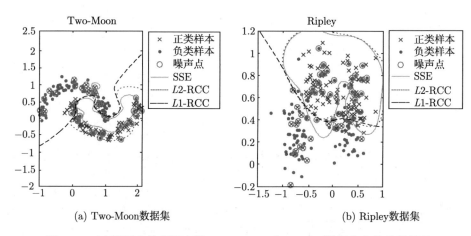

(a) Two-Moon数据集   (b) Ripley数据集

图 5.4 三个准则在带有噪声的 Two-Moon 和 Ripley 数据集上的分类结果

为了观察 SSE, $L2$-RCC 和 $L1$-RCC 在不同噪声水平上的抗噪声能力, 将两个分类数据集中的噪声水平逐步从 0%提高到 35%. 对于 Two-Moon 数据集, $L2$-RCC 的误差率都不高于 SSE 的错误率, 尤其是当噪声水平大于 10%以后, $L2$-RCC 的分类误差明显小于 SSE 的分类误差. 当噪声水平小于 10%时, $L1$-RCC 的分类性能比 SSE 的分类性能稍差一些, 但是当噪声水平高于 10%以后, $L1$-RCC 取得了明显优于 SSE 的分类性能. 对于 Ripley 数据集, 当噪声水平大于 10%以后, $L2$-RCC 的误差率均低于 SSE 的误差率, 此外, $L1$-RCC 的分类性能在所有噪声水平上明显优于 SSE 的分类性能. 综上, 当噪声水平高于 10%以后, $L2$-RCC 和 $L1$-RCC 均取得了优于 SSE 的分类性能 (图 5.5).

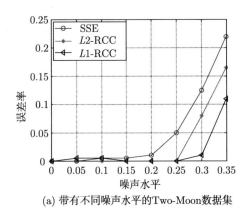
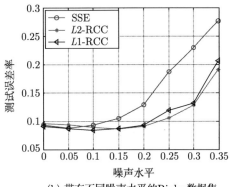

(a) 带有不同噪声水平的Two-Moon数据集　　　(b) 带有不同噪声水平的Ripley数据集

图 5.5　三种不同的准则在两个带有不同噪声水平的分类数据集上产生的分类误差

5.2　椭球基函数神经网络的混合学习方法

径向基函数神经网络已成功地用于解决函数逼近[21]、模式识别[22]和时间序列预测[23]等问题. 径向基函数神经网络被认为属于三层前馈神经网络. 对于一个高斯径向基函数神经网络, 隐含层中的高斯径向基函数 (radial basis function, RBF) 节点可以由它们的中心向量及对角型协方差矩阵确定. 另外, 对于这些对角型协方差矩阵, 对角线上的所有元素完全相等, 这就使得所有的高斯 RBF 节点都成了超球形. 因此当训练样本不相互独立时势必会降低高斯 RBFNN 的效率. 为了使高斯 RBFNN 取得更优的性能, 通常使用两种方法克服高斯 RBFNN 的这个缺点. 一种方法是在隐含层中增加更多的高斯 RBF 节点, 而另一种方法则是使用梯度下降学习算法调整高斯 RBF 节点的中心向量和对角型协方差矩阵[24−26].

在高斯 RBFNN 的基础上, 出现了一种称为椭球基函数神经网络 (elliptical basis function neural network, EBFNN) 的新型神经网络, 此网络被成功地用于处理模式识别[27,28]、故障诊断[29]和遥感图像分类[30]等问题. EBFNN 由一个输入层、一个隐含层和一个输出层构成, 其中隐含层的基函数可以看成是高斯 RBFNN 隐含层基函数的推广. EBFNN 用全协方差矩阵代替了 RBFNN 的对角型协方差矩阵, 此代替可以提高高斯 RBFNN 的分类能力. 然而, 在构造 EBFNN 时, 文献 [27]∼[30] 没有考虑训练样本的输入输出关系对椭球基函数 (elliptical basis function, EBF) 节点中心向量和全协方差矩阵的影响, 因此不能完全利用训练数据所包含的全部信息.

对于在 EBF 节点中带有全协方差矩阵的 EBFNN, 我们提出了一种混合学习算法[31]. 在此混合学习算法中, 用期望最大化 (expectation-maximization, EM) 算法选择 EBF 节点的参数, 并用线性最小二乘方法对连接权重和偏差项进行初始化. 然后, 为了充分利用训练数据中的输入输出关系, 用梯度下降学习算法更新包括中心向量、全协方差矩阵、连接权重和偏差项在内的所有参数. 实验结果表明这种混合学习算法可以明显改善高斯 RBFNN 和文献 [27]~[30] 中 EBFNN 的分类性能. 另外, 在采取相同的学习策略条件下 (均采用混合学习算法), EBFNN 可以取得比高斯 RBFNN 更快的收敛速度.

此外, 作为人工智能领域研究的一个新兴技术, 支持向量机在模式识别、回归分析等很多方面得到了很多成功的应用. 我们没有将所提方法用于训练 SVM. 这是由于 SVM 的设计原理是将输入样本映射到一个高维的特征空间, 并在此高维空间中构造分类间隔最大的线性分类超平面. 其最优参数的求取方式是对原问题的对偶问题, 用二次规划求取最优解, 并用这些最优解的线性组合求取原问题中的参数. 本节所提方法是基于梯度下降的方法, 所以不能用于设计 SVM. 但是在第 5.2.3 小节将所提模型与 SVM 进行了比较, 发现所提模型可以取得与 SVM 接近的泛化性能.

5.2.1 椭球基函数神经网络

椭球基函数神经网络 (EBFNN) 是带有一个隐含层的三层前馈神经网络, 它可以看成高斯径向基函数神经网络的推广[27-30]. EBFNN 的模型结构如图 5.6 所示, 网络的输入层由 d 个节点组成, 这 d 个节点的输入分别对应着其输入向量的 d 个特征. 输入节点与 K 个隐含节点全部连接且连接权重均为 1, 偏差为 0. 这 K 个节点被认为是椭球基函数 (EBF) 节点, 它们将输入样本映射到一个特征空间. EBF 节点也通过全连接的方式和 m 个输出节点相连.

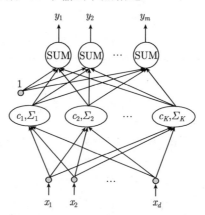

图 5.6 椭球基函数神经网络示意图

给定一个 d 维输入样本 $\boldsymbol{x} = (x_1, x_2, \cdots, x_d)^{\mathrm{T}}$ 且 $\boldsymbol{x} \in \Re^d$, 则它被直接输入到隐含层的各个节点中. 从而隐含层第 k 个 EBF 节点有如下的函数形式:

$$\phi_k(\boldsymbol{x}) = \exp\left\{-\frac{1}{2}(\boldsymbol{x} - \boldsymbol{c}_k)^{\mathrm{T}} \Sigma_k^{-1} (\boldsymbol{x} - \boldsymbol{c}_k)\right\}, \tag{5.20}$$

5.2 椭球基函数神经网络的混合学习方法

其中 $c_k = (c_{k1}, c_{k2}, \cdots, c_{kd})^{\mathrm{T}} \in \Re^d$ 和 $\Sigma_k = (\sigma_{st})_{s,t=1}^d$ 分别是第 k 个 EBF 节点的中心向量和全协方差矩阵. 最后, 输出层的第 j 个节点关于输入向量 x 的函数形式为

$$y_j(\boldsymbol{x}) = \sum_{k=1}^{K} w_{jk}\phi_k(\boldsymbol{x}) + w_{j0}, \tag{5.21}$$

其中 w_{jk} 为连接第 k 个 EBF 节点和第 j 个输出节点的权重, 而 w_{j0} 为偏差项, 指标 $j = 1, 2, \cdots, m$.

最后为了展示 EBFNN 中 EBF 节点和 RBFNN 中 RBF 节点的不同, 我们使用了图 5.7 中三类的二维数据. 所有 EBF 的中心向量和全协方差矩阵均由 EM 算法优化得到, 优化过程将在第 5.2.2.1 小节详细阐述. 所有 RBF 的中心向量和对角协方差矩阵也通过 EM 算法优化后得到. 所有 RBF 和 EBF 的结果分别如图 5.7(a) 和图 5.7(b) 所示. 从适应度的角度来看, EBF 的结果明显优于 RBF.

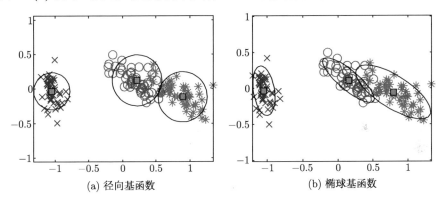

图 5.7 RBFNN 和 EBFNN 中两种不同的基函数类型在一个二维数据上产生的效果

5.2.2 椭球基函数神经网络的混合学习策略

所提出训练 EBFNN 的方法有两个阶段. 在第一个阶段, 首先通过选取输入节点个数、隐含节点个数和输出节点个数确定 EBFNN 的网络结构, 其次用 EM 算法初始化 EBF 隐含节点的中心向量 c_k 及其全协方差矩阵 Σ_k, 其中 $k = 1, 2, \cdots, K$, 而权重和偏差项则用最小二乘方法进行初始化. 第二阶段用梯度下降学习算法对中心向量、全协方差矩阵、连接权重和偏差项进行调整.

5.2.2.1 初始化方法

在此初始化法中, 首先假设所有数据均服从高斯分布, 并且任意一个输入向量 $\boldsymbol{x} \in R^d$ 的高斯概率密度函数形式可以表示成

$$p(\boldsymbol{x}|\theta) = \sum_{k=1}^{K} \pi_k p(\boldsymbol{x}|\theta_k)$$

$$= \sum_{k=1}^{K} \frac{\pi_k \exp\left\{-\frac{1}{2}(\boldsymbol{x}-\boldsymbol{c}_k)^{\mathrm{T}}\boldsymbol{\Sigma}_k^{-1}(\boldsymbol{x}-\boldsymbol{c}_k)\right\}}{\sqrt{(2\pi)^d |\boldsymbol{\Sigma}_k|}}, \tag{5.22}$$

其中 π_k 为混合权重, 且满足 $\sum_k \pi_k = 1$ 及 $\pi_k \geqslant 0$, $\boldsymbol{c}_k$ 和 $\boldsymbol{\Sigma}_k$ 分别为 d 维高斯密度 $p(\boldsymbol{x}|\theta_k)$ 的中心向量和全协方差矩阵. 为了对参数集 $\theta = \{\pi_1, \cdots, \pi_K, \boldsymbol{c}_1, \cdots, \boldsymbol{c}_K, \boldsymbol{\Sigma}_1, \cdots, \boldsymbol{\Sigma}_K\}$ 进行估计, 这里采用 EM 算法, 且此 EM 算法需要用 K 均值聚类算法进行初始化, 最后对参数集进行估计的整个过程可以概括为下面的 4 个步骤.

步骤 1: 用 K 均值算法确定数据集 $\boldsymbol{D} = \{\boldsymbol{x}^{(p)}\}_{p=1}^n$ 的 K 个聚类中心 $\boldsymbol{c}_k (k = 1, 2, \cdots, K)$, 然后通过公式 $\boldsymbol{\Sigma}_k = \frac{1}{N_k}\sum_{\boldsymbol{x}\in D_k}(\boldsymbol{x}-\boldsymbol{c}_k)(\boldsymbol{x}-\boldsymbol{c}_k)^{\mathrm{T}}$ 计算第 k 个聚类 $\boldsymbol{D}_k$ 的协方差矩阵;

步骤 2: 用步骤 1 的结果初始化高斯混合的中心向量 $\boldsymbol{c}_k^0$ 及协方差矩阵 $\boldsymbol{\Sigma}_k^0$, 并将混合系数初始化为 $\pi_k^0 = \dfrac{N_k}{\sum_{l=1}^K N_l}$, 其中 N_k 和 N_l 分别为第 k 个和第 l 个聚类所含样本个数, 进入步骤 3;

步骤 3: 对于第 t 次迭代, 对属于第 k 个高斯混合的第 p 个样本 $\boldsymbol{x}^{(p)}$ 按照下面的公式进行更新

$$p^t(k|\boldsymbol{x}^{(p)}) = \frac{p^t(\boldsymbol{x}^{(p)}|k)\pi_k^t}{\sum_{l=1}^{K} p^t(\boldsymbol{x}^{(p)}|l)\pi_l^t}, \tag{5.23}$$

进入步骤 4;

步骤 4: 按下面的公式对各个参数进行更新:

$$\pi_k^{t+1} = \frac{\sum_{p=1}^{n} p^t(k|\boldsymbol{x}^{(p)})}{n}, \tag{5.24}$$

$$\boldsymbol{c}_k^{t+1} = \frac{\sum_{p=1}^{n} p^t(k|\boldsymbol{x}^{(p)})\boldsymbol{x}^{(p)}}{\sum_{p=1}^{n} p^t(k|\boldsymbol{x}^{(p)})}, \tag{5.25}$$

$$\boldsymbol{\Sigma}_k^{t+1} = \frac{\sum_{p=1}^{n} p^t(k|\boldsymbol{x}^{(p)})(\boldsymbol{x}^{(p)}-\boldsymbol{c}_k^t)(\boldsymbol{x}^{(p)}-\boldsymbol{c}_k^t)^{\mathrm{T}}}{\sum_{p=1}^{n} p^t(k|\boldsymbol{x}^{(p)})}, \tag{5.26}$$

如果 $t+1 < T_{\max}$ ($T_{\max}$ 为最大迭代次数), 则令 $t = t+1$ 并返回步骤 3, 否则, 停止更新.

更新过程完成之后, EBFNN 中 EBF 隐含节点的中心向量和全协方差矩阵可以直接使用上面高斯混合的中心向量 c_k 和全协方差矩阵 $\Sigma_k (k = 1, 2, \cdots, K)$.

EBFNN 中连接隐含层和输出层之间的权重及偏差项可以通过线性最小二乘法进行初始化. 式 (5.21) 可以表示成矩阵形式, 如下所示:

$$Y^{\mathrm{T}} = W\Phi^{\mathrm{T}}, \tag{5.27}$$

其中 $Y = (y_{pj})_{n \times m}$, $W = (w_{jk})_{m \times (K+1)}$, $\Phi = (\phi_{p,k})_{n \times (K+1)}$, 且 $\phi_{1,p} = 1$ 及 $\phi_{p,k} = \phi_k(x^{(p)})$, 指标 $j = 1, 2, \cdots, m$, $k = 0, 1, \cdots, K$ 且 $p = 1, 2, \cdots, n$. 根据线性最小二乘方法可以得到权重矩阵的初始值, 如下所示:

$$W^{\mathrm{T}} = (\Phi^{\mathrm{T}}\Phi)^{-1}\Phi^{\mathrm{T}}T, \tag{5.28}$$

其中 $(\Phi^{\mathrm{T}}\Phi)^{-1}\Phi^{\mathrm{T}}$ 为 Φ 的伪逆且 Φ^{T} 为 Φ 的转置矩阵. $T = (t^{(1)}, t^{(2)}, \cdots, t^{(n)})^{\mathrm{T}} \in \Re^{n \times m}$ 是训练数据集的目标矩阵且第 p 个目标向量为 $t^{(p)} = (t_1^{(p)}, t_2^{(p)}, \cdots, t_m^{(p)})^{\mathrm{T}}$.

5.2.2.2 参数更新过程

为了充分利用训练数据中的输入输出映射关系对 EBFNN 中参数的影响, 这里采用梯度下降训练算法, 且目标函数使用误差平方和准则, 即

$$E = \frac{1}{2}\sum_{p=1}^{n}\sum_{j=1}^{m}[t_j^{(p)} - y_j^{(p)}]^2. \tag{5.29}$$

另外, 第 j 个输出节点关于第 p 个输入样本的误差定义为

$$e_j^{(p)} = y_j^{(p)} - t_j^{(p)}. \tag{5.30}$$

根据链式求导法则, 误差函数 E 关于权重 w_{jk}, 偏差项 w_{j0}, 中心向量 c_k 和全协方差矩阵的逆 Σ_k^{-1} 的偏导数分别为

$$\frac{\partial E}{\partial w_{jk}} = \sum_{p=1}^{n} e_j^{(p)} \phi_k(x^{(p)}), \tag{5.31}$$

$$\frac{\partial E}{\partial w_{j0}} = \sum_{p=1}^{n} e_j^{(p)}, \tag{5.32}$$

$$\frac{\partial E}{\partial c_k} = \sum_{p=1}^{n}\sum_{j=1}^{m} e_j^{(p)} w_{jk} \phi_k(x^{(p)}) \Sigma_k^{-1}(x^{(p)} - c_k), \tag{5.33}$$

$$\frac{\partial E}{\partial \boldsymbol{\Sigma}_k^{-1}} = -\frac{1}{2}\sum_{p=1}^{n}\sum_{j=1}^{m} e_j^{(p)} w_{jk} \phi_k(\boldsymbol{x}^{(p)})(\boldsymbol{x}^{(p)} - \boldsymbol{c}_k)(\boldsymbol{x}^{(p)} - \boldsymbol{c}_k)^{\mathrm{T}}. \tag{5.34}$$

最后基于梯度下降规则，各参数更新公式如下：

$$w_{jk}(\tau+1) = w_{jk}(\tau) - \eta_1 \frac{\partial E}{\partial w_{jk}}, \tag{5.35}$$

$$w_{j0}(\tau+1) = w_{j0}(\tau) - \eta_1 \frac{\partial E}{\partial w_{j0}}, \tag{5.36}$$

$$\boldsymbol{c}_k(\tau+1) = \boldsymbol{c}_k(\tau) - \eta_2 \frac{\partial E}{\partial \boldsymbol{c}_k}, \tag{5.37}$$

$$\boldsymbol{\Sigma}_k^{-1}(\tau+1) = \boldsymbol{\Sigma}_k^{-1}(\tau) - \eta_3 \frac{\partial E}{\partial \boldsymbol{\Sigma}_k^{-1}}, \tag{5.38}$$

其中 η_1, η_2 和 η_3 为学习率且 $\eta_i \in [0,1]$ $(i=1,2,3)$，且指标 $k=1,2,\cdots,K$。

5.2.3 数值实验

本实验研究的目的是评价不同的学习算法对两种不同网络类型的影响。所用到的四种模型如表 5.2 所示。注意最后一个模型，即 GDEBFNN 对应着本小节所提混合学习算法训练的 EBFNN。

表 5.2 两种不同学习算法和两种不同网络结构相结合所产生的四个模型

缩写形式	网络类型	学习算法	
		初始化方法	更新算法
RBFNN	高斯 RBF	EM, 线性最小二乘	N/A
GDRBFNN	高斯 RBF	EM, 线性最小二乘	梯度下降
EBFNN	EBF	EM, 线性最小二乘	N/A
GDEBFNN	EBF	EM, 线性最小二乘	梯度下降

在以下的实验中每个模型均重复 10 次，取 10 次运行结果的平均值作为模型的最终性能指标。对于每个数据集，用 10 个训练误差的平均值作为最终的训练误差，同理用 10 次测试误差的平均值作为最终的测试误差。另外，在对每个模型进行训练之前，实验中所有的训练样本均需进行归一化。如对于训练数据集 $D_{\mathrm{train}} = \{\boldsymbol{x}^{(p)}\}_{p=1}^{N_{\mathrm{train}}}$ 中的第 p 个样本，其经过归一化后的向量为 $\overline{\boldsymbol{x}^{(p)}} = \dfrac{\boldsymbol{x}^{(p)} - \mu}{\sigma}$，其中 μ 和 σ 分别为整个训练样本集 D_{train} 中所有输入向量的均值和标准差。

5.2.3.1 二维 Vowel 数据集

本实验用二维 Vowel 数据集检验所提方法的性能。此数据集是通过计算 67 个说话者各发 10 个元音的前两个主成分（F1 和 F2）得到[32]。全部 671 个样本被分为训练集和测试集，其中训练集包含 338 个样本，而测试集包含 333 个样本。训练集及测试集在 10 次重复实验过程中均保持固定不变。

5.2 椭球基函数神经网络的混合学习方法

四个模型的基函数个数从 10 个增加到 20 个. 另外, 训练 GDRBFNN 和 GDEBFNN 所用梯度下降学习算法中的参数设置概括在表 5.3 中.

表 5.3 两种不同类型神经网络的参数设置

基函数节点个数	GDRBFNN				GDEBFNN			
	N_{epoch}	η_1	η_2	η_3	N_{epoch}	η_1	η_2	η_3
10	40000	1e-4	1e-6	1e-6	400	2e-2	1e-4	1e-4
15	40000	2e-2	8e-8	6e-8	1000	4e-4	6e-6	6e-2
20	40000	2e-2	8e-8	6e-8	1500	4e-4	6e-6	6e-2

注: N_{epoch} 为最大迭代次数

图 5.8 展示了在一次实验过程中 GDRBFNN 和 GDEBFNN 在测试集上的分类效果. 最后, 4 个模型的 10 次实验所产生分类误差率的平均值如表 5.4 所示. 从表 5.4 即可看出 GDEBFNN 确实能够提高 EBFNN 的分类性能, 而且 GDEBFNN 的性能也强于与之对应的 RBFNN 和 GDRBFNN.

(a) GDRBFNN($N_{\text{BF}}=10$)

(b) GDEBFNN($N_{\text{BF}}=10$)

(c) GDRBFNN($N_{\text{BF}}=15$)

(d) GDEBFNN($N_{\text{BF}}=15$)

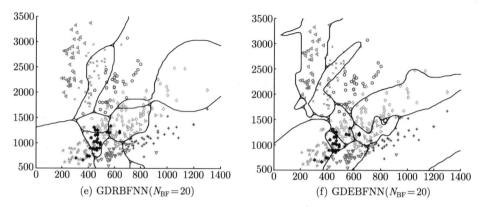

图 5.8 各个 GDRBFNN 和 GDEBFNN 在二维 Vowel 数据集上的测试效果,其中 N_{BF} 表示基函数节点个数

表 5.4 四个不同的模型在二维 Vowel 数据集上的训练误差率和测试误差率 (%)

基函数节点个数	RBFNN		GDRBFNN		EBFNN		GDEBFNN	
	E_{train}	E_{test}	E_{train}	E_{test}	E_{train}	E_{test}	E_{train}	E_{test}
10	63.35	68.17	39.97	39.64	41.15	40.74	39.73	38.74
15	61.19	64.87	36.88	34.93	37.38	34.58	33.38	34.23
20	52.46	54.62	35.15	30.87	35.71	34.39	29.47	30.72

5.2.3.2 UCI 中的数据集

下面实验所用到的 4 个实际数据均取自 UCI 机器学习数据库[33],它们分别是 Iris, Wine, Cancer 和 New-thyroid. 下面对这 4 个数据集进行简要的介绍.

Iris 数据集由 150 个 4 维数据组成, 全部数据被分成数目相等的三类, 即每类包含 50 个样本, 它的 4 个特征分别是萼片长度、萼片宽度、花瓣长度和花瓣宽度.

Cancer 数据集包含 683 个 9 维样本, 其中第一类和第二类的样本个数分别是 444 个和 239 个, 且两个类别分别是 "benign" 和 "maligant".

New-thyroid 数据集由 215 个 5 维样本构成, 全部数据被分成数目不等的三类, 其中第一类含有 150 个样本、第二类含有 35 个样本且第三类含有 30 个样本.

对于上面 4 个数据集的每个数据集, 均从中随机抽取 75% 作为训练样本, 其余的 25% 作为测试样本.

本实验中四个模型的基函数节点个数和用于 GDRBFNN 和 GDEBFNN 梯度下降算法的参数参见表 5.5. 最后, 对每个数据集, 各模型 10 次实验结果的平均值如表 5.6 所示, 表 5.6 中还列出了 SVM 的训练误差率和测试误差率, 其核函数采用高斯核函数, 则 SVM 有两个参数, 一个是惩罚因子 C, 另一个是核参数 σ. 本实验中 C 取为固定值 1000, 而 σ 的取值范围为 $[2^{-6}, 2^{-5}, \cdots, 2^5, 2^6]$, 并从中选取具有最

5.2 椭球基函数神经网络的混合学习方法

优泛化能力的一个. 此外, 表 5.6 还给出了基于 Adaboost 的决策树 (Adaboost+DT) 的训练误差率和测试误差率.

表 5.5　两种不同神经网络在四个实际数据集上的参数设置

数据集	N_{BF}	GDRBFNN				GDEBFNN			
		N_{epoch}	η_1	η_2	η_3	N_{epoch}	η_1	η_2	η_3
Iris	3	12000	1e-3	1e-5	1e-5	400	4e-2	1e-4	2e-2
Wine	3	200000	4e-3	1e-5	2e-5	200	4e-2	1e-4	2e-3
Cancer	8	140000	1e-2	1e-7	1e-6	1000	4e-3	1e-5	2e-4
New-thyroid	5	40000	1e-2	1e-7	1e-6	600	1e-3	2e-5	2e-4

注: N_{BF} 为基函数节点个数

从表 5.6 即可看出 GDEBFNN 确实能够降低 EBFNN 的训练误差率和测试误差率, 从而改善 EBFNN 的分类性能. 另外, 相对于 GDRBFNN, GDEBFNN 在用梯度下降训练算法更新参数过程中不仅使用了相当少的迭代次数和训练时间, 而且取得了更强的泛化性能. 此外, GDEBFNN 在 Wine 数据集和 Cancer 数据集上的泛化能力要强于 SVM, 但是在 Iris 数据集和 New-thyroid 数据集上的泛化能力弱于 SVM. 除了 New-thyroid 数据集, GDEBFNN 在其他三个数据集上的测试误差明显低于基于 Adaboost 的决策树方法.

表 5.6　六个不同的模型在四个实际数据集上产生的训练误差率和测试误差率 (%)

数据集	RBFNN		GDRBFNN		SVM		Adaboost+DT		EBFNN		GDEBFNN	
	E_{train}	E_{test}	E_{train}	E_{test}	E_{train}	E_{test}	E_{train}	E_{test}	E_{train} 时间/s	E_{test}	E_{train} 时间/s	E_{test}
Iris	3.54	7.04	2.80	5.41	0.01	3.59	0	7.18	4.30 18.0	7.41	3.50 15.0	5.41
Wine	14.29	16.89	3.98	8.67	0	8.44	0	5.33	4.21 308.0	4.44	4.06 6.8	4.22
Cancer	22.81	23.63	5.53	5.26	0	4.68	0	4.97	6.29 1017.2	4.62	5.78 307.6	4.21
New-thyroid	28.69	28.18	7.31	8.73	0.69	2.00	0	3.82	7.88 72.4	8.36	7.44 29.1	8.00

综上, 本小节提出了一种训练椭球基函数神经网络的混合学习算法. 此混合算法由两个阶段构成, 在第一阶段, 椭球基函数节点的参数均通过 EM 算法进行初始化, 而连接权重和偏差项则由线性最小二乘方法进行初始化. 在第二个阶段, 包含中心向量、全协方差矩阵、连接权重和偏差项在内的所有参数都通过梯度下降算法进行优化.

与不含梯度下降训练算法的椭球基函数神经网络相比,使用所提出的混合学习算法的椭球基函数神经网络,即梯度下降椭球基函数神经网络 (GDEBFNN) 确实具有更高的分类性能. 另外,与传统的高斯径向基函数神经网络相比, GDEBFNN 具有更强的分类能力. 最后,与使用同样学习策略的高斯径向基函数神经网络相比,在达到相同 (甚至更好) 的测试准确率要求下, GDEBFNN 需要较少的训练次数和训练时间. 另外, GDEBFNN 可以取得与 SVM 相近的泛化能力,并且可以取得优于基于 Adaboost 的决策树的泛化性能.

对于本小节所提出的混合学习算法,仍可从两个方面进一步研究和探讨. 首先,在混合学习算法第一阶段需要寻找一种自动确定椭球基函数节点个数的自适应聚类算法;其次,在混合学习策略中需要考虑 EM 算法之外的聚类算法,如模糊 c 均值聚类.

5.3 基于互信息的特征加权支持向量机

支持向量机是基于统计学习理论[34-36]的一种机器学习算法. 由于具有很强的泛化性能, 它得到了很多的关注和研究. 在实际应用中, SVM 展示了比其他学习算法更为优秀的性能[36]. 因此, SVM 被广泛地应用于模式识别[37,38]和函数回归[39,40]. SVM 取得优秀性能的主要原因是它能够同时最小化预测误差和模型复杂度[41].

传统的支持向量机及其改进模型[42]在构造最优分类超平面时均假定所给训练集中样本的所有特征均具有相同的贡献. 然而, 对于一些实际数据集, 一些特征含有较多的分类信息, 而其他特征具有较少的分类信息. 因此, 具有较多分类信息的特征在训练最优支持向量机时比含有较少分类信息的特征更为重要. 然而, 现有的针对特征加权的支持向量机均是直接将权重乘到所给样本的相应特征之上. 本节将介绍一种新型的特征加权支持向量机 (feature-weighted support vector machine, FWSVM). 这里值得一提的是, 特征加权支持向量机与加权支持向量机[43-45]截然不同. 一方面, 加权支持向量机是为训练集中每个样本赋予权重, 而不是为样本的每一维特征赋予一个权重; 另一方面, 加权支持向量机的最大贡献是处理不平衡数据分类.

在以往的文献中, 为给定数据集的每个特征确定权重的方法有很多, 下面对几种常用的特征加权 (或特征权学习) 方法加以简要介绍. 给定一个数据集, 特征加权方法为数据集中的每一个特征赋予一个实数值. 数值越大, 说明相应的特征具有更高的重要性. 在特征加权策略中, Relief[46,47]被公认为最为有效的方法[48]. Relief 的主要思想是根据特征值在区分相互靠近的样本的能力上为特征赋予权重. 文献 [47] 给出了 Relief 及其改进版本, 即迭代 RELIEF(iterative RELIEF, I-RELIEF) 的

5.3 基于互信息的特征加权支持向量机

详细描述. 特征权学习[49-51]的目的与特征加权相同, 即为每一个特征赋予一个实数值以展示其重要性. 特征权学习的学习策略主要是梯度下降法. 实验结果表明特征权学习方法可以提高传统的模糊聚类方法的性能[50,51]. 然而特征权学习策略最初是为无监督学习提出的, 在用于有监督学习时不能利用上类别信息, 即这种方法仅仅使用样本的输入向量, 这会损失重要的分类信息.

为了确定数据集中每个特征的权重, 应该考虑这些特征对于给定类别标号的相关性. 互信息 (mutual information, MI) 是衡量两个随机变量之间相关性的常用方法[52,53]. 此外, 基于 MI 的方法在特征选择和特征排序问题上已经取得了很好的效果[54,55]. 因此, 我们使用基于 MI 的方法为每一维特征计算权重值[56].

5.3.1 基于互信息的特征权重估计

根据香农的信息论[57], 一个离散随机变量 Y 的不确定性可以通过定义在概率之上的熵加以度量, 其表达形式如下

$$H(Y) = -\sum_{y} P(y) \log(P(y)), \tag{5.39}$$

其中对数的底数取为 2.

给定一个连续随机变量 X, 在已知 X 的情况下 Y 的剩余不确定性可以表示为条件熵, 形式如下

$$H(Y|X) = -\int_x p(y,x) \left(\sum_y p(y|x) \log(p(y|x)) \right) \mathrm{d}x. \tag{5.40}$$

根据定义, 不确定性的减少量可以通过两个随机变量 Y 和 X 之间的互信息表示如下

$$I(Y;X) = \sum_y \int_x p(y,x) \log \frac{p(y,x)}{P(y)p(x)} \mathrm{d}x. \tag{5.41}$$

式 (5.41) 可以表达成熵和条件熵的函数

$$I(Y;X) = H(Y) - H(Y|X). \tag{5.42}$$

为了估计式 (5.42) 中的互信息, 采用 Kwak 和 Choi[54] 提出的基于 Parzen 窗的估计方法.

给定 N 个输入向量 $\{\boldsymbol{x}^{(p)}\}_{p=1}^{N}$, 其中 $\boldsymbol{x}^{(p)} \in \Re^d$ 且这 N 个输入向量属于 N_Y 个类, 第 $y \in \{1, 2, \cdots, N_Y\}$ 类的条件概率密度函数 $p(\boldsymbol{x}|y)$ 可以通过 Parzen 窗估计表示为

$$\hat{p}(\boldsymbol{x}|y) = \frac{1}{J_y} \sum_{i \in I_y} \kappa(\boldsymbol{x} - \boldsymbol{x}^{(i)}, \boldsymbol{\Sigma}_{\boldsymbol{x}_y}), \tag{5.43}$$

其中 J_y 是 y 的出现次数, I_y 是属于第 y 类的输入向量的集合, $\kappa(\cdot,\cdot)$ 是窗函数, 将之取为高斯窗函数, Σ_{x_y} 是第 y 类中输入向量的协方差矩阵. 此外, 高斯窗函数定义如下

$$\kappa(x - x^{(i)}, \Sigma_{x_y}) = G(x - x^{(i)}, \Sigma_{x_y})$$
$$= \frac{1}{(2\pi)^{\frac{1}{2}} h^d |\Sigma_{x_y}|^{\frac{1}{2}}} \exp\left\{-\frac{(x - x^{(i)})^{\mathrm{T}} \Sigma_{x_y}^{-1}(x - x^{(i)})}{2h^2}\right\}, \quad (5.44)$$

其中 h 为窗函数参数, 取为[58]

$$h = \left(\frac{4}{d+2}\right)^{\frac{1}{d+4}} N^{-\frac{1}{d+4}}. \quad (5.45)$$

Y 取值为 y 的概率可以直接通过下式估计得到

$$\hat{P}(y) = \Pr\{Y = y\} = \frac{J_y}{N}. \quad (5.46)$$

因此, 式 (5.42) 的右边第一项可以通过组合式 (5.39) 和式 (5.46) 得到.

与参考文献 [54] 相同, 假定每一个输入向量均具有相同的概率, 即 $\hat{p}(x^{(j)}) = \frac{1}{N}$, 其中 $j = 1, 2, \cdots, N$, 式 (5.42) 的右边第二项可以通过式 (5.47) 进行估计

$$\hat{H}(Y|X) = -\sum_{j=1}^{N} \frac{1}{N} \sum_{y=1}^{N_Y} \hat{p}(y|x^{(j)}) \log \hat{p}(y|x^{(j)}), \quad (5.47)$$

其中

$$\hat{p}(y|x^{(j)}) = \frac{\sum_{i \in I_y} G(x^{(j)} - x^{(i)}, \Sigma_{x_y})}{\sum_{l=1}^{N_Y} \sum_{k \in I_l} G(x^{(j)} - x^{(k)}, \Sigma_{x_l})}. \quad (5.48)$$

在上述互信息及其估计方法的基础之上, 我们提出了下述确定特征权重的方法.

对于一个给定的数据集 D, 假设其具有 d 个特征变量 $F_1, F_2, \cdots, F_d$, 则特征 F_k 与输出类别变量 Y 之间的互信息可以由式 (5.49) 估计得到

$$I(Y; F_k) = H(Y) - H(Y|F_k), \quad k = 1, \cdots, d. \quad (5.49)$$

等式右边的第一项可以由式 (5.39) 和式 (5.46) 得到, 第二项通过式 (5.47) 估计得到.

最终特征权重向量 β 可以由下式确定:

$$\beta_k = \frac{I(Y; F_k)}{\sum_{s=1}^{d} I(Y; F_s)}, \quad k = 1, \cdots, d. \quad (5.50)$$

5.3.2 特征加权支持向量机

本小节将详细讲述我们所提出的特征加权支持向量机, 先介绍其线性模型, 然后描述其非线性模型.

5.3.2.1 线性特征加权支持向量机

给定 l 个训练样本 $\{\langle \boldsymbol{x}^{(p)}, y^{(p)} \rangle\}_{p=1}^{l}$, 输入向量 $\{\boldsymbol{x}^{(p)}\}_{p=1}^{l}$ 的特征权重向量为 $\boldsymbol{\beta} \in \Re^d$. 需要使用 5.3.1 小节中的基于互信息的方法确定权重向量 $\boldsymbol{\beta}=(\beta_1, \beta_2, \cdots, \beta_d)^{\mathrm{T}}$, 该特征权重向量的元素需要满足下面两个条件:

$$0 \leqslant \beta_k \leqslant 1 \ (k=1, \cdots, d) \tag{5.51}$$

和

$$\sum_{k=1}^{d} \beta_k = 1. \tag{5.52}$$

由式 (5.51) 和式 (5.52) 可知

$$\beta_k \geqslant 0 \ (k=1, \cdots, d). \tag{5.53}$$

对于线性特征加权支持向量机, 需要解决下面的优化问题:

$$\begin{aligned}
\min \quad & \frac{1}{2} \boldsymbol{w}^{\mathrm{T}} \boldsymbol{w} + \sum_{i=1}^{l} \xi_i, \\
\mathrm{s.t.} \quad & y^{(i)}[\boldsymbol{w}^{\mathrm{T}} \mathrm{diag}(\boldsymbol{\beta}) \boldsymbol{x}^{(i)} + b] \geqslant 1 - \xi_i, \ i=1, \cdots, l, \\
& \xi_i \geqslant 0, \ i=1, \cdots, l, \\
& \beta_k \geqslant 0, \ \sum_{k=1}^{d} \beta_k = 1, \ k=1, \cdots, d,
\end{aligned} \tag{5.54}$$

其中 $\mathrm{diag}(\boldsymbol{\beta}) = \begin{pmatrix} \beta_1 & 0 & \cdots & 0 \\ 0 & \beta_2 & \cdots & 0 \\ \vdots & \vdots & & \vdots \\ 0 & 0 & \cdots & \beta_d \end{pmatrix}$. 为了求解问题 (5.54), 构造拉格朗日函数

$$\begin{aligned}
L(\boldsymbol{w}, b, \boldsymbol{\xi}, \boldsymbol{\beta}) = & \frac{1}{2} \boldsymbol{w}^{\mathrm{T}} \boldsymbol{w} + C \sum_{i=1}^{l} \xi_i - \sum_{i=1}^{l} \alpha_i \{y^{(i)}[\boldsymbol{w}^{\mathrm{T}} \mathrm{diag}(\boldsymbol{\beta}) \boldsymbol{x}^{(i)} + b] - 1 + \xi_i\} \\
& - \sum_{i=1}^{l} v_i \xi_i + \gamma \left(\sum_{k=1}^{d} \beta_k - 1 \right) - \sum_{k=1}^{d} \lambda_k \beta_k.
\end{aligned} \tag{5.55}$$

于是问题 (5.54) 可以通过寻找上述拉格朗日函数 (5.55) 的鞍点得到,对 $L(\boldsymbol{w},b,\boldsymbol{\xi},\boldsymbol{\beta})$ 分别关于 $\boldsymbol{w},b,\boldsymbol{\xi},\boldsymbol{\beta}$ 求偏导数,并令偏导数为零,则有

$$\frac{\partial L}{\partial \boldsymbol{w}} = \boldsymbol{w} - \sum_{i=1}^{l} \alpha_i y^{(i)} \mathrm{diag}(\boldsymbol{\beta}) \boldsymbol{x}^{(i)} = 0, \tag{5.56}$$

$$\frac{\partial L}{\partial b} = -\sum_{i=1}^{l} \alpha_i y^{(i)} = 0, \tag{5.57}$$

$$\frac{\partial L}{\partial \xi_i} = C - \alpha_i - v_i = 0, \tag{5.58}$$

$$\frac{\partial L}{\partial \beta_k} = -\sum_{i=1}^{l} \alpha_i y^{(i)} w_k x_k^{(i)} + \gamma - \lambda_k = 0. \tag{5.59}$$

此外,由 Karush-Kuhn-Tuker 条件可知

$$\lambda_k \beta_k = 0. \tag{5.60}$$

对于提出的特征加权支持向量机,通过实验观察到特征权重的值总是非零的,即 $\beta_k \neq 0 \ (k=1,\cdots,d)$. 于是 $\lambda_k = 0 \ (k=1,\cdots,d)$. 则对于方程 (5.59) 可知 $\gamma = \sum_{i=1}^{l} \alpha_i y^{(i)} w_k x_k^{(i)}$ 且 $\sum_{k=1}^{d} \gamma = \sum_{i=1}^{l} \alpha_i y^{(i)} \sum_{k=1}^{d} w_k x_k^{(i)}$,所以有

$$\gamma = \frac{1}{d} \sum_{i=1}^{d} \alpha_i y^{(i)} \boldsymbol{w}^{\mathrm{T}} \boldsymbol{x}^{(i)}. \tag{5.61}$$

将式 (5.56)~式 (5.59) 和式 (5.61) 代入式 (5.55),可以得到下面的对偶优化问题:

$$\begin{aligned} \min \quad & \frac{1}{2} \sum_{i=1}^{l} \sum_{j=1}^{l} \alpha_i \alpha_j y^{(i)} y^{(j)} (\boldsymbol{x}^{(i)})^{\mathrm{T}} \left[\frac{2\mathrm{diag}(\boldsymbol{\beta})}{d} - \mathrm{diag}^2(\boldsymbol{\beta}) \right] \boldsymbol{x}^{(j)} - \sum_{i=1}^{l} \alpha_i, \\ \mathrm{s.t.} \quad & \sum_{i=1}^{l} \alpha_i y^{(i)} = 0, 0 \leqslant \alpha_i \leqslant C. \end{aligned} \tag{5.62}$$

对于测试输入向量 $\boldsymbol{x}$,其类标可以通过下面的决策函数得到

$$f(\boldsymbol{x}) = \mathrm{sgn}\left(\sum_{i=1}^{l} \alpha_i y^{(i)} (\boldsymbol{x}^{(i)})^{\mathrm{T}} \mathrm{diag}^2(\boldsymbol{\beta}) \boldsymbol{x} + b \right). \tag{5.63}$$

5.3.2.2 非线性特征加权支持向量机

对于非线性特征加权支持向量机, 优化问题 (5.62) 转化为求解下面的优化问题:

$$\begin{aligned}
\min \quad & \frac{1}{2}\sum_{i=1}^{l}\sum_{j=1}^{l}\alpha_i\alpha_j y^{(i)}y^{(j)}K(\boldsymbol{B}\boldsymbol{x}^{(i)},\boldsymbol{B}\boldsymbol{x}^{(j)}) - \sum_{i=1}^{l}\alpha_i, \\
\text{s.t.} \quad & \sum_{i=1}^{l}\alpha_i y^{(i)} = 0, \ i = 1, 2, \cdots, l, \\
& 0 \leqslant \alpha_i \leqslant C, \ i = 1, 2, \cdots, l,
\end{aligned} \tag{5.64}$$

其中 $\boldsymbol{B} = \left[\dfrac{2\mathrm{diag}(\boldsymbol{\beta})}{d} - \mathrm{diag}(\boldsymbol{\beta})^2\right]^{\frac{1}{2}}$ 且对角矩阵 $\mathrm{diag}(\boldsymbol{\beta})$ 的定义可参见 5.3.2.1 小节. 式 (5.64) 中的特征加权核函数有以下三种形式.

特征加权多项式核函数

$$K(\boldsymbol{B}\boldsymbol{x}^{(i)},\boldsymbol{B}\boldsymbol{x}^{(j)}) = \left[(\boldsymbol{x}^{(i)})^{\mathrm{T}}\boldsymbol{B}^{\mathrm{T}}\boldsymbol{B}\boldsymbol{x}^{(j)} + 1\right]^{d} \ (d = 1, 2, \cdots);$$

特征加权高斯核函数

$$K(\boldsymbol{B}\boldsymbol{x}^{(i)},\boldsymbol{B}\boldsymbol{x}^{(j)}) = \mathrm{e}^{-\frac{\left\|\boldsymbol{B}\boldsymbol{x}^{(i)} - \boldsymbol{B}\boldsymbol{x}^{(j)}\right\|^2}{2\sigma^2}} = \mathrm{e}^{-\frac{[\boldsymbol{x}^{(i)} - \boldsymbol{x}^{(j)}]^{\mathrm{T}}\boldsymbol{B}^{\mathrm{T}}\boldsymbol{B}[\boldsymbol{x}^{(i)} - \boldsymbol{x}^{(j)}]}{2\sigma^2}};$$

特征加权 Sigmoid 核函数

$$K(\boldsymbol{B}\boldsymbol{x}^{(i)},\boldsymbol{B}\boldsymbol{x}^{(j)}) = \tanh(a \cdot (\boldsymbol{x}^{(i)})^{\mathrm{T}}\boldsymbol{B}^{\mathrm{T}}\boldsymbol{B}\boldsymbol{x}^{(j)} + b).$$

从而, 非线性特征加权支持向量机的决策函数表示为

$$f(\boldsymbol{x}) = \mathrm{sign}\left(\sum_{i=1}^{l}\alpha_i y^{(i)} K(\boldsymbol{B}\boldsymbol{x}^{(i)}, \boldsymbol{B}\boldsymbol{x}) + b\right). \tag{5.65}$$

5.3.3 数值实验

在以下实验中, 传统 SVM 和所提特征加权 SVM 均采用线性核函数, 即 $K(\boldsymbol{x}, \boldsymbol{x}') = \boldsymbol{x}^{\mathrm{T}}\boldsymbol{x}'$. 此处没有选用其他的核函数, 如高斯核函数, 原因是还要对其宽度参数 σ 进行调整. 对于两种 SVM, 折中参数 C 均取为 100. 此外, 对于多类分类, 使用 one-against-one 策略[59] 构造多类分类器. 除了 Ripley 人工数据集, 以下实验均重复 100 次, 对于每个数据集, 用所有 100 个训练准确率的平均值作为最终的训练准确率, 测试准确率也由该方式得到.

5.3.3.1 不同 SVM 的比较

本小节对不同的 SVM, 即传统的 SVM 和特征加权 SVM (FWSVM) 在一个人工数据集和七个标准数据集上进行比较.

Ripley 人工数据集: Ripley 人工数据集[20] 包含 250 个二维训练样本和 1000 个二维测试样本. 整个数据集被分为两类, 且每类样本均由两个高斯分布混合生成.

图 5.9 展示了基于 MI 的权重估计方法在两个特征上所得权重的情况. 图 5.10(a) 展示了传统 SVM 的分类效果, 而所提 FWSVM 的分类效果显示在图 5.10(b) 中. 对于 Ripley 人工数据集的两个特征, 由图 5.9 可以发现它们的权重值分别为 0.264 和 0.736. 从图 5.10 可以注意到第二个特征比第一个特征包含着更多的分类信息, 因此可以认为基于互信息的特征权重估计方法能够为两个特征提供合适的权重.

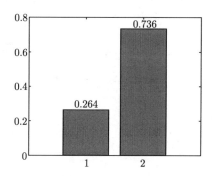

图 5.9 Ripley 人工数据集的特征权重值

此外, 两个模型在 Ripley 人工数据集上得到的训练准确率和测试准确率概括在表 5.7 中. 由表中的数据可以发现 FWSVM 可以提高 SVM 的泛化性能. 另外, 由图 5.10(a) 和 5.10(b) 可以发现 FWSVM 的分类间隔比 SVM 大的多, 因此可以认为 FWSVM 确实能够改善 SVM 的泛化性能.

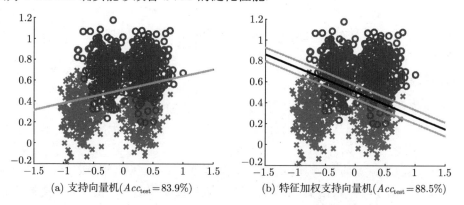

(a) 支持向量机($Acc_{\text{test}} = 83.9\%$) (b) 特征加权支持向量机($Acc_{\text{test}} = 88.5\%$)

图 5.10 支持向量机和特征加权支持向量机在 Ripely 人工数据集的测试集上的分类效果

5.3 基于互信息的特征加权支持向量机

表 5.7 两种不同的支持向量机模型在 Ripley 人工数据集上的训练准确率和测试准确率

模型	Acc_{train}	Acc_{test}
支持向量机	79.2%	83.9%
特征加权支持向量机	86.8%	88.5%

注：Acc_{train} 为训练准确率；Acc_{test} 为测试准确率

标准数据集：下面在 UCI 机器学习标准数据库[33] 的 6 个数据集 (样本数, 类别个数, 特征数) 上比较上述两个模型, 即 Iris(150,3,4), Wine(178, 3,13), Glass(214,6,9), Vowel(990,11,10), New-thyroid(215,3,5) 和 Sonar(208,2,6). 此外, 还使用了一个高维数据集, 即 Prostate 数据集, 该数据集共有 102 个样本, 每个样本含有 12625 个特征. 在每个数据集上, 分别使用 75%和 25%的数据作为训练集和测试集, 且每个实验均重复 100 次.

图 5.11(a) 展示了互信息方法在 Iris 数据集上取得的权重, 在其他 4 个数据集, 即 Wine, Glass, Vowel 和 New-thyroid 数据集上的权重分别如图 5.11(b)~(e) 所示. 在图 5.11 中没有展示在 Prostate 数据集上取得的权重, 原因是该数据集的维数太高, 没有办法清楚地以柱状图的形式展示各个权重.

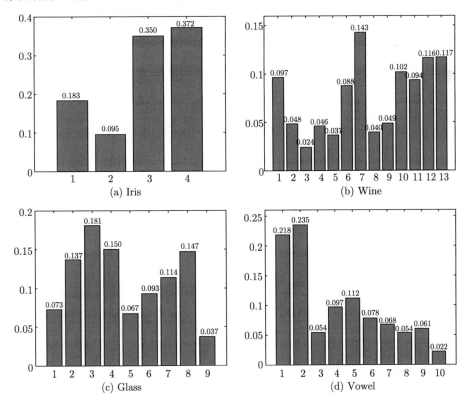

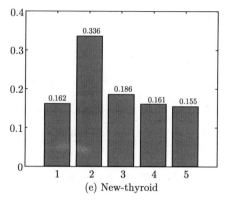

(e) New-thyroid

图 5.11 在 5 个标准数据集上的特征权重的值

表 5.8 展示了两个模型, 即 SVM 和 FWSVM 在 7 个标准数据集上的训练和测试准确率. 从表中的数据可以看出在 SVM 中引入特征权重后的 FWSVM 能够取得更高的泛化性能. 尤其是在 Wine, Glass 和 Sonar 数据集上, FWSVM 的测试准确率比 SVM 分别高 4.69%, 3.65%和 4.32%.

表 5.8 SVM 和 FWSVM 在 7 个数据集上的训练准确率和测试准确率

数据集	SVM		FWSVM	
	Acc_{train}	Acc_{test}	Acc_{train}	Acc_{test}
Iris	98.89%	95.92%	98.30%	97.13%
Wine	81.88%	80.73%	88.38%	85.42%
Glass	72.87%	61.33%	70.50%	64.98%
Vowel	70.92%	67.17%	73.91%	69.49%
New-thyroid	96.01%	93.84%	98.24%	95.07%
Sonar	82.70%	72.74%	78.96%	77.06%
Prostate	100%	91.15%	92.97%	92.39%

5.3.3.2 比较不同的权重确定策略

下面对三种确定权重的策略, 即 I-RELIEF[47]、特征权学习[50](feature weight learning, FWL) 和所提基于互信息的方法进行比较. 对于前两种方法, 它们的特征权向量中的元素和不一定为 1. 然而, 如 5.3.2 小节所述, FWSVM 要求特征权向量中的元素和为 1. 为了方便比较, 将 I-RELIEF 和 FWL 在各个数据集上得到的特征权向量归一化, 即让其各个元素除以所有元素的和. 除了 Prostate 数据集, 三种方法在所有数据集上得到的特征权重展示在图 5.12 中. Prostate 数据集的特征权重没有展示在图 5.12 中, 原因是该数据集的维数太高, I-RELIEF 和基于 MI 的方法之间的差别没有办法显示清楚. 此外, 由于 FWL 方法的计算消耗非常大, 因此它在 Prostate 数据集上根本无法得到结果.

5.3 基于互信息的特征加权支持向量机

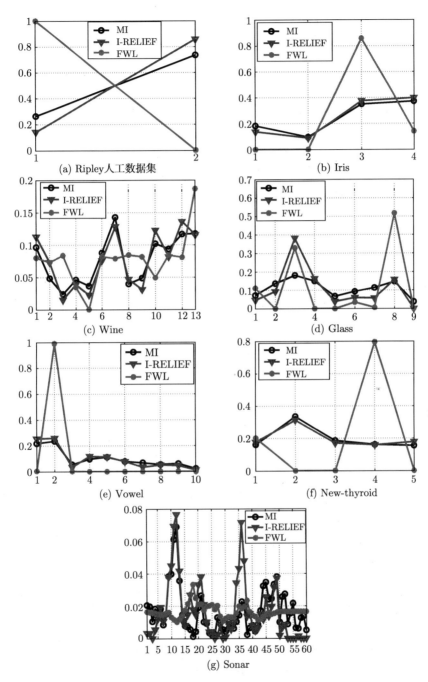

图 5.12 三种不同的方法在 7 个数据集上的特征权重值

由图 5.12 可知, I-RELIEF 和基于 MI 的方法在大多数数据集上的结果很相似,尤其是在 Iris, Vowel 和 New-thyroid 数据集上. 然而, 由 FWL 方法得到的特征权重与其他两种方法得到的特征权重差别却很大.

由三种方法确定了特征权重之后, 将 FWSVM 在上述 8 个数据集上的实验结果概括在表 5.9 中. 基于 MI 方法的结果直接取自表 5.7 和表 5.8. 尽管基于 MI 方法的 FWSVM 在 Ripley 人工数据集和 New-thyroid 数据集上的测试准确率分别比基于 I-RELIEF 的 FWSVM 少 0.8%和 0.13%, 但是前者在其余 6 个数据集上均取得了较高的测试准确率, 尤其是在 Wine, Sonar, Glass 和 Prostate 数据集上, 基于 MI 的方法分别比基于 I-RELIEF 的方法高 8.98%, 3.15%, 2.91%和 2.43%. 从表 5.9 中, 也可发现除了 Wine, 基于 MI 的方法在所有数据集上的测试准确率均比基于 FWL 的方法要高. 需要说明的是基于 FWL 的方法在 Prostate 数据集上的训练和测试准确率没有展示在表 5.9 中, 原因是基于 FWL 的方法在该数据集上计算量巨大.

表 5.9 建立在不同特征权重确定方法基础上的 FWSVM 所得的训练准确率和测试准确率

数据集	I-RELIEF[47]		FWL[50]		MI	
	Acc_{train}	Acc_{test}	Acc_{train}	Acc_{test}	Acc_{train}	Acc_{test}
Ripley	86.00%	89.30%	47.60%	47.50%	86.80%	88.50%
Iris	98.23%	97.08%	97.00%	96.23%	98.30%	97.13%
Wine	77.68%	76.44%	91.89%	90.11%	88.38%	85.42%
Glass	67.09%	62.07%	55.48%	52.44%	70.50%	64.98%
Vowel	71.95%	67.47%	38.23%	37.78%	73.91%	69.49%
New-thyroid	98.09%	95.20%	83.05%	80.71%	98.24%	95.07%
Sonar	76.78%	73.91%	81.97%	73.66%	78.96%	77.06%
Prostate	91.37%	89.96%	—	—	92.97%	92.39%

表 5.9 中基于 FWL 的方法在 Ripley 人工数据集和 Vowel 数据集上的训练准确率和测试准确率均低于 50%. 对于 Ripley 人工数据集, 从图 5.12(a) 可以发现, 第一个特征的权重为 1 且第二个特征的权重为 0, 这两个特征权重的值明显不合理, 原因是第二个特征比第一个特征包含的分类信息更多, 这一情况已在前面的内容中进行了讨论. 图 5.13 展示了基于 FWL 特征权重确定方法的 FWSVM 在 Ripley 人工数据集上的分类效果.

对于 Vowel 数据集, 在图 5.12(e) 中可以看出 10 个特征中的第二个特征在构造 FWSVM 的最优分类超平面时贡献最大, 然而, 基于 I-RELIEF 的方法和基于 MI 的方法在所有特征上均产生了大致相同的权重值, 因此, 对于 Vowel 数据集的第二个特征, 基于 FWL 的方法不能产生合理的权重值, 于是在其基础上构造的 FWSVM 取得了较差的分类性能.

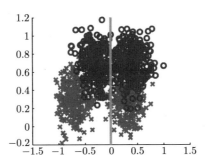

图 5.13 使用 FWL 方法确定特征权重的 FWSVM 在 Ripley 人工数据集的测试集上的分类效果 (Acc_{test}=47.5%)

综上，为了使传统的 SVM 能够处理带有不同特征权重的样本，本小节给出了一种新方法，即特征加权支持向量机 (FWSVM). 构造所提方法需要两个阶段，在第一个阶段，使用基于 MI 的方法为给定数据集的各个特征确定权重值，所得到的特征权重能够显示相应特征在构造所提模型的最优分离超平面时贡献的大小，也就是说，特征所含的分类信息越多，相应的权重值就会越大. 在第二个阶段，通过详细的理论推导，将所取得的特征权重向量嵌入到求取最优分离超平面的原问题和对偶问题的公式中. 在实验中，将所提方法与传统的 SVM 进行了比较. 实验结果表明 FWSVM 在所有给定的数据集上均产生了优于 SVM 的分类性能. 此外，与两种常用的确定特征权重的方法 (I-RELIEF 和 FWL) 对比表明，所提的基于 MI 的特征权重学习方法能够产生更优的性能.

为了使所提方法更加有效，需要对以下两个方面进一步加以考虑. 首先，在实验中使用非线性核函数，进一步考察非线性核函数情形下 FWSVM 是否优于传统的 SVM. 其次，在所提方法中，特征权向量的确定独立于 FWSVM 的原优化问题和对偶优化问题之外，在以后的研究中可以设计一种方法，使得确定特征权向量的过程可以嵌入到上述两个优化问题中，使得特征权重能够在优化过程中动态地进行调整，从而得到更加合理的特征权向量.

参 考 文 献

[1] Bishop C M. Neural Networks for Pattern Recognition. Oxford: Oxford University Press, 1995

[2] Solla S A, Levin E, Felisher M. Accelerated learning in layered neural networks. Complex Systems, 1988, 2(6): 625-640

[3] Møller M F. Efficient Training of Feed-Forward Neural Networks. Ph D Dissertation, Computer Science Department, Aarhus University, 1997

[4] Simon D. Training radial basis neural networks with the extended Kalman filter. Neurocomputing, 2002, 48(1-4): 455-475

[5] Yeung D S, Chan P P K, Ng W W Y. Radial basis function network learning using localized generalization error bound. Information Sciences, 2009, 179(19): 3199-3217

[6] Gutiérrez P A, Hervás-Martínez C, Martínez-Estudillo F J. Logistic regression by means of evolutionary radial basis function neural networks. IEEE Transactions on Neural Networks, 2011, 22(2): 246-263

[7] Zhou P, Austin J. Learning criteria for training neural network classifiers. Neural Computing & Applications, 1998, 7(4): 334-342

[8] Yeung D S, Ng W W Y, Tsang E C C, et al. Localized generalization error model and its application to architecture selection for radial basis function neural network. IEEE Transaction on Neural Networks, 2007, 18(5): 1294-1305

[9] Santamaria I, Pokharel P P, Principe J C. Generalized correlation function: Definition, properties, and application to blind equalization. IEEE Transactions on Signal Processing, 2006, 54(6): 2187-2197

[10] Liu W, Pokharel P P, Principe J C. Correntropy: properties and applications in non-Gaussian signal processing. IEEE Transactions on Signal Processing, 2007, 55(11): 5286-5297

[11] Jeong K H, Liu W, Han S, et al. The correntropy MACE filter. Pattern Recognition, 2009, 42(5): 871-885

[12] Yuan X T, Hu B G. Robust feature extraction via information theoretic learning. Proceedings of the 26th International Conference on Machine Learning, 2009: 1-8.

[13] Rockfellar R. Convex Analysis. Princeton, NJ: Princeton University, 1970

[14] He R, Zheng W S, Hu B G. Maximum correntropy criterion for robust face recognition. IEEE Transactions on Pattern Analysis and Machine Intelligence, 2011, 33(8): 1561-1576

[15] He R, Zheng W S, Hu B G, et al. A regularized correntropy framework for robust pattern recognition. Neural Computation, 2011, 23(8): 2074-2100

[16] Vapnik V. The Nature of Statistical Learning Theory. New York: Springer-Verlag, 1995

[17] Yang S, Zha H, Zhou S, et al. Variational graph embedding for globally and locally consistent feature extraction. Proceedings of the Europe Conference on Machine Learning, 2009: 538-553

[18] Grandvalet Y, Bengio Y. Entropy Regularization. http://www.iro.umontreal. ca/~lisa/pointeurs/entropy_regularization2006.pdf, 2006

[19] Lee H, Battle A, Raina R, et al. Efficient sparse coding algorithms. Proceedings of the International Conference on Advance Neural Information Processing Systems, 2006: 801-808

[20] Ripley B D. Pattern Recognition and Neural Networks. Cambridge: Cambridge University Press, 1996

参考文献

[21] Haykin S. Neural Networks: A Compresensive Foundation. 2nd ed. New York: Prentics-Hall, 1999

[22] Lampriello F, Sciandrone M. Efficient training of RBF neural networks for pattern recognition. IEEE Transactions on Neural Networks, 2001, 15(15): 1235-1242

[23] Wedding D K, Cios K J. Time series forecasting by combining RBF networks, certainty factors, and the Box-Jenkins model. Neurocomputing, 1996, 10(2): 149-168

[24] Vakil-Baghmisheh M T, Pavesic N. Training RBF networks with selective backpropagation. Neurocomputing, 2004, 62: 39-64

[25] Karayiannis N B. Growing radial basis neural networks: merging supervised and unsupervised learning with network growth techniques. IEEE Transactions on Neural Networks, 1997, 8(6): 1492-1506

[26] Karayiannis N B. Reformulated radial basis neural networks trained by gradient descent. IEEE Transactions on Neural Networks, 1999, 10(3): 657-671

[27] 肖迪, 胡寿松. 一种基于粗糙 K 均值的椭球基函数神经网络. 南京航空航天大学学报, 2006, 38(3): 321-325

[28] Mak M W, Kung S Y. Estimation of elliptical basis function parameters by the EM algorithm with application to speaker verification. IEEE Transactions on Neural Networks, 2000, 11(4): 961-969

[29] 赵翔, 周绍琦, 萧德云. 改进的椭球单元网络及其在故障诊断中的应用. 重庆大学学报(自然科学版), 2001, 25(5): 58-63

[30] Luo J C, Leung Y, Zheng J, et al. An elliptical basis function network for classification of remote-sensing images. Journal of Geographical Systems, 2004, 6(3): 219-236

[31] 邢红杰, 王泳, 胡包钢. 椭球基函数神经网络的混合学习算法. 模式识别与人工智能, 2006, 21(2): 148-154

[32] Yiu K K, Mak M W, Li C K. Gaussian mixture models and probabilistic decision-based neural networks for pattern classification: a comparative study. Neural Computing & Applications, 1999, 8(3): 235-246

[33] Blake C, Merz C. UCI repository of machine learning datasets. http://www.ics.uci.edu/~mlearn/ MLRepository.html, 1998

[34] Burges C. A tutorial on support vector machines for pattern recognition. Data mining and knowledge Discovery, 1998, 2(2): 121-167

[35] Vapnik V N. The Nature of Statistical Learning Theory. Berlin: Springer-Verlag, 1995

[36] Vapnik V. Statistical Learning Theory. New York: Wiley, 1998

[37] Tsai C F. Training support vector machines based on stacked generalization for image classification. Neurocomputing, 2005, 64: 497-503

[38] Zhan Y, Shen D. Design efficient support vector machine for fast classification. Pattern Recognition, 2005, 38(1): 157-161

[39] Vapnik V N, Golowich S, Smola A. Support vector method for function approximation, regression estimation and signal processing. Advances in Neural Information Processing Systems, 1996, 9: 281-287

[40] Jeng J T. Hybrid approach of selecting hyper-parameters of support vector machine for regression. IEEE Transactions on Systems, Man, and Cybernetics, Part B: Cybernetics, 2006, 36(3): 699-709

[41] Celikyilmaz A, Türksen I B. Fuzzy functions with support vector machines. Information Sciences, 2007, 177: 5163-5177

[42] Schölkopf B, Smola A J. Learning with Kernels. Cambridge, MA: Massachusetls Institute of Technology Press, 2002

[43] Chew H G, Bogner R E, Lim C C. Dual v-support vector machine model for intrusion detection. Proceedings of the 2001 IEEE International Conference on Acoustics, Speech, and Signal Processing, 2001, 1: 1269-1272

[44] Lin C F, Wang S D. Fuzzy support vector machines. IEEE Transactions on Neural Networks, 2002, 13(2): 464-471

[45] Wang M, Yang J, Liu G P, et al. Weighted-support vector machines for predicting membrane protein types based on pseudo-amino acid composition. Protein Engineering, Design & Selection, 2004, 17(6): 509-516

[46] Kira K, Rendell L A. A practical approach to feature selection. Proceedings of the 9th International Conference on Machine Learning, 1992: 249-256

[47] Sun Y. Iterative RELIEF for feature weighting: algorithms, theories, and applications. IEEE Transactions on Pattern Analysis and Machine Intelligence, 2007, 29(6): 1035-1051

[48] Dietterich T G. Machine learning research: four current directions. AI Magazine, 1997, 18(4): 97-136

[49] Wang X, He Q. Enhancing generalization capability of SVM classifiers with feature weight adjustment. Lecture Notes in Computer Science, 2004, 3213: 1037-1043

[50] Wang X Z, Wang Y D, Wang L J. Improving fuzzy c-means clustering based on feature-weight learning. Pattern Recognition Letters, 2004, 25: 1123-1132

[51] Yeung D S, Wang X Z. Improving performance of similarity-based clustering by feature weight learning. IEEE Transactions on Pattern Analysis and Machine Intelligence, 2002, 24(4): 556-561

[52] Principe J, Xu D, Fisher J W. Information Theoretic Learning//Haykin ed. Unsupervised Adaptive Filtering. New York: John Wiley & Sons, 2000

[53] Torkkola K. Feature extraction by non-parameteric mutual information maximization. Journal of Machine Learning Research, 2003, 3: 1415-1438

[54] Kwak N, Choi C H. Input feature selection by mutual information based on Parzen window. IEEE Transactions on Pattern Analysis and Machine Intelligence, 2002, 24(12):

1667-1671

[55] Cang S, Partridge D. Feature ranking and best feature subset using mutual information. Neural Computing & Applications, 2004, 13(13): 175-184

[56] Xing H J, Ha M H, Hu B G, et al. Linear feature-weighted support vector machine. Fuzzy Information and Engineering, 2009, 3: 289-305

[57] Shannon C E. The Mathematical Theory of Communication. Urbana, IL: University of Illinois Press, 1949

[58] Silverman B W. Density Estimation for Statistics and Data Analysis. London: Chapman & Hall, 1996

[59] Knerr S, Personnaz L, Dreyfus G. Single layer learning revisited: a stepwise procedure for building and training a neural network//Fogelman S F., et al, ed. Neurocomputing: Algorithms Architectures and Applications. New York: Springer. 1990

第6章 混合前馈神经网络

为了解决单个前馈神经网络不能处理的问题，提高分类准确率（或逼近精度），产生了混合前馈神经网络. 本章主要介绍我们提出的两种混合前馈神经网络: 高斯–切比雪夫神经网络和基于自适应模糊 c 均值的混合专家模型.

6.1 高斯、Sigmoid、切比雪夫混合前馈神经网络

因为具有结构简单、收敛速度快、能逼近任意非线性函数的优点，高斯神经网络 (Gaussian neural network, GNN) 被广泛地应用到许多的领域当中，如时间序列预测、模式识别、非线性控制和图像处理等. 然而，GNN 在一些情况下的泛化能力和抗噪声能力则不能尽如人意[1,2]. 另外，当逼近一个既包含线性部分又包含非线性部分的函数时，GNN 就很难产生令人满意的逼近效果[2].

为了改善 GNN 的泛化能力，Shibata 和 Ito[3] 构造了 Gauss-Sigmoid 神经网络模型并且取得了较好的实验结果. 然而，由于加入了 Sigmoid 隐含层，Gauss-Sigmoid 神经网络的收敛速度非常慢.

切比雪夫神经网络 (Cheybshev neural network, CNN) 首先由 Namatame 和 Ueda[4] 在 1992 年提出并应用到了模式分类问题中. 与多层感知器相比，CNN 具有学习速度快且逼近精度高的优点[5]. 另外，与 Sigmoid 神经网络和高斯神经网络相比，CNN 能够提供更多的非线性种类[6].

为了具有 CNN 的优点同时又能克服 GNN 和 Gauss-Sigmoid 神经网络的缺点，本节将引入高斯–切比雪夫神经网络 (Gauss-Chebyshev neural network) 模型.

6.1.1 Gauss-Sigmoid 神经网络

Gauss-Sigmoid 神经网络[3] 是一个含有两个隐含层的四层前馈神经网络，其网络结构如图 6.1 所示，参数模型可以表示为

$$y(\boldsymbol{x}) = f_2\left(\sum_{n=1}^{N} \nu_n f_1\left(\sum_{k=1}^{K} \omega_{nk} g_k(\boldsymbol{x}) - \theta_n\right)\right), \tag{6.1}$$

其中 f_1 和 f_2 均为 Sigmoid 函数，它们的函数值分别表示第二隐含层和输出层的输出，ν_n 为连接第二隐含层中第 n 个节点与输出节点之间的权重，ω_{nk} 为连接第二隐含层中第 n 个节点与第一隐含层中第 k 个节点之间的权重，θ_n 为第二隐含层中第

6.1 高斯、Sigmoid、切比雪夫混合前馈神经网络

n 个节点的偏差项, g_k $(k=1,2,\cdots,K)$ 为高斯函数, 其表达形式如下

$$g_k(\boldsymbol{x}) = \exp\left\{-\frac{\|\boldsymbol{x}-\boldsymbol{c}_k\|^2}{2\sigma_k^2}\right\} = \exp\left\{-\sum_{m=1}^{M}\frac{1}{2}\left(\frac{x_m-c_{km}}{\sigma_k}\right)^2\right\}, \quad (6.2)$$

其中 $\boldsymbol{x}=(x_1,x_2,\cdots,x_M)^{\mathrm{T}} \in \Re^M$ 为输入向量, $\boldsymbol{c}_k=(c_{k1},c_{k2},\cdots,c_{kM})^{\mathrm{T}}$ 为隐含层中第 k 个节点的中心, σ_k 为第 k 个隐含节点的宽度参数. Gauss-Sigmoid 神经网络利用误差反传算法对网络参数进行学习.

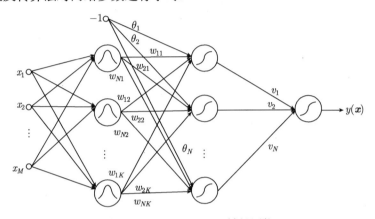

图 6.1 Gauss-Sigmoid 神经网络

6.1.2 高斯–切比雪夫神经网络

为了提高 GNN 的泛化性能及抗噪声能力, 改善它对同时包含线性部分和非线性部分的函数的逼近能力, 我们构造了高斯–切比雪夫神经网络模型. 同时, 构造此模型的目的也是为了提高 Gauss-Sigmoid 神经网络的收敛速度和逼近精度.

6.1.2.1 高斯神经网络和切比雪夫神经网络

高斯神经网络 (GNN) 是带有一个隐含层的三层前馈神经网络, 它的参数模型可以表示如下

$$y(\boldsymbol{x}) = \sum_{k=1}^{K}\omega_k g_k(\boldsymbol{x}) + \omega_0 = \sum_{k=1}^{K}\omega_k \exp\left\{-\sum_{m=1}^{M}\frac{1}{2}\left(\frac{x_m-c_{km}}{\sigma_k}\right)^2\right\} + \omega_0, \quad (6.3)$$

其中 ω_k 为连接第 k 个隐含节点与输出节点之间的权重, $\boldsymbol{c}_k=(c_{k1},c_{k2},\cdots,c_{kM})^{\mathrm{T}}$ 与 σ_k 分别为第 k 个隐含节点的中心向量和宽度参数, 它们的表达形式可参见式 (6.2), ω_0 为偏差项. 训练 GNN 的方法通常有三种, 即误差反传[7]、两步骤学习法[8] 和进化学习法[9].

与 GNN 相似, 切比雪夫神经网络 (CNN) 也是含有一个隐含层的三层前馈神经网络. 它的参数模型如下

$$y(z) = \sum_{k=0}^{K} \omega_k T_k(z), \tag{6.4}$$

其中 $T_k(z)(k=0,1,\cdots,K)$ 满足

$$\begin{cases} T_0(z) = 1, \\ T_1(z) = z, \\ T_{n+1}(z) = 2zT_n(z) - T_{n-1}(z), \end{cases} \tag{6.5}$$

并且 $z \in \Re, n = 1, 2, \cdots, K-1$. CNN 通常采用误差反传算法训练它的权重参数.

6.1.2.2 高斯–切比雪夫神经网络的拓扑结构

与 Gauss-Sigmoid 神经网络的模型结构相似, 高斯–切比雪夫神经网络也是由一个输入层、两个隐含层和一个输出层组成. 图 6.2 展示了一个单输出高斯–切比雪夫神经网络模型. 设网络的一个输入向量为 $\boldsymbol{x} = (x_1, x_2, \cdots, x_M)^{\mathrm{T}} \in \Re^M$, 然后将 $\boldsymbol{x}$ 直接输入到网络的第一隐含层. 第一隐含层的节点由高斯函数 g_k $(k=1,2,\cdots,K)$ 构成, $g_k(\boldsymbol{x})$ 的表达形式与式 (6.2) 相同.

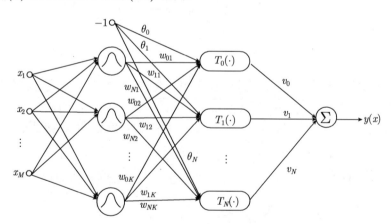

图 6.2 高斯–切比雪夫神经网络

高斯–切比雪夫神经网络的第二个隐含层由切比雪夫多项式 $T_n(\cdot)$ $(n=0,1,\cdots,N)$ 组成, 且第二个隐含层的第 n 个节点可以表示为 $T_n\left(\sum_{k=1}^{K}\omega_{nk}g_k(\boldsymbol{x}) - \theta_n\right)$, 此函数的取值方式与式 (6.5) 相同且 ω_{nk} 是连接第二隐含层第 n 个节点和第一隐含层第 k 个节点的权重, 常量 θ_n 为偏差项.

6.1 高斯、Sigmoid、切比雪夫混合前馈神经网络

最后, 高斯–切比雪夫神经网络关于输入向量 $\boldsymbol{x}$ 的输出可以表示为

$$\begin{aligned}y(\boldsymbol{x})&=\sum_{n=0}^{N}\nu_n T_n\left(\sum_{k=1}^{K}\omega_{nk}g_k(\boldsymbol{x})-\theta_n\right)\\&=\sum_{n=0}^{N}\nu_n T_n\left(\sum_{k=1}^{K}\omega_{nk}\exp\left\{-\sum_{m=1}^{M}\frac{1}{2}\left(\frac{x_m-c_{km}}{\sigma_k}\right)^2\right\}-\theta_n\right),\end{aligned} \quad (6.6)$$

其中 ν_n 为连接第二隐含层第 n 个节点和输出节点的权重.

6.1.2.3 高斯–切比雪夫神经网络的学习算法

训练高斯–切比雪夫神经网络的方法可以采用带动量项的误差反传算法[7]. 此学习算法的误差函数形式为

$$E=\frac{1}{2}\sum_{p}[y(\boldsymbol{x}_p)-t(\boldsymbol{x}_p)]^2, \quad (6.7)$$

其中 $p=1,2,\cdots,P$ 且 P 为训练样本数, 而 $y(\boldsymbol{x}_p)$ 和 $t(\boldsymbol{x}_p)$ 分别表示第 p 个样本 $\boldsymbol{x}_p$ 相应的网络输出和目标输出.

则误差函数关于连接切比雪夫节点和输出节点权重的偏导数为

$$\frac{\partial E}{\partial \nu_n}=\sum_{p}e_p T_n\left(\sum_{k=1}^{K}\omega_{nk}g_k(\boldsymbol{x}_p)-\theta_n\right), \quad (6.8)$$

其中 $e_p=y(\boldsymbol{x}_p)-t(\boldsymbol{x}_p)$. 误差函数关于连接两个隐含层节点间权重的偏导数为

$$\frac{\partial E}{\partial \omega_{nk}}=\sum_{p}e_p\nu_n T_n'\left(\sum_{k=1}^{K}\omega_{nk}g_k(\boldsymbol{x}_p)-\theta_n\right)g_k(\boldsymbol{x}_p). \quad (6.9)$$

同理, 可以得到

$$\frac{\partial E}{\partial \theta_n}=-\sum_{p}e_p\nu_n T_n'\left(\sum_{k=1}^{K}\omega_{nk}g_k(\boldsymbol{x}_p)-\theta_n\right), \quad (6.10)$$

$$\frac{\partial E}{\partial c_{km}}=\sum_{p}e_p\sum_{n=0}^{N}\nu_n T_n'\left(\sum_{k=1}^{K}\omega_{nk}g_k(\boldsymbol{x}_p)-\theta_n\right)\omega_{nk}g_k(\boldsymbol{x}_p)\frac{x_{pm}-c_{km}}{\sigma_k^2} \quad (6.11)$$

和

$$\frac{\partial E}{\partial \sigma_k}=\sum_{p}e_p\sum_{n=0}^{N}\nu_n T_n'\left(\sum_{k=1}^{K}\omega_{nk}g_k(\boldsymbol{x}_p)-\theta_n\right)\omega_{nk}g_k(\boldsymbol{x}_p)\frac{\sum_{m=1}^{M}(x_{pm}-c_{km})^2}{\sigma_k^3}. \quad (6.12)$$

于是, 在每次迭代中, 权重和其他参数的改变量分别为 $\Delta \nu_n = -\eta \frac{\partial E}{\partial \nu_n}$, $\Delta \omega_{nk} = -\eta \frac{\partial E}{\partial \omega_{nk}}$, $\Delta \theta_n = -\eta \frac{\partial E}{\partial \theta_n}$ 且 $\Delta \sigma_k = -\eta \frac{\partial E}{\partial \sigma_k}$, 其中 η 为学习率. 根据带动量项的误差反传算法, 则有

$$\Delta \nu_n = -\eta \frac{\partial E}{\partial \nu_n} + \alpha \Delta \nu_n^{\text{old}}, \tag{6.13}$$

$$\Delta \omega_{nk} = -\eta \frac{\partial E}{\partial \omega_{nk}} + \alpha \Delta \omega_{nk}^{\text{old}}, \tag{6.14}$$

$$\Delta \theta_n = -\eta \frac{\partial E}{\partial \theta_n} + \alpha \Delta \theta_n^{\text{old}}, \tag{6.15}$$

$$\Delta c_{km} = -\eta \frac{\partial E}{\partial c_{km}} + \alpha \Delta c_{km}^{\text{old}}, \tag{6.16}$$

$$\Delta \sigma_k = -\eta \frac{\partial E}{\partial \sigma_k} + \alpha \Delta \sigma_k^{\text{old}}, \tag{6.17}$$

其中 α 为动量常数.

最后高斯-切比雪夫神经网络的学习算法可以概括成以下 4 个步骤.

步骤 1: 初始化中心 $c_k = (c_{k1}, c_{k2}, \cdots, c_{kM})^{\text{T}}$ 和宽度参数 σ_k, 然后初始化权重 ω_{nk}, ν_n 和偏差项 θ_n, 其中指标 $k = 1, 2, \cdots, K$ 且 $n = 0, 1, \cdots, N$, 最后, 设置学习率 η 和动量常数 α 使得 $\eta, \alpha \in [0, 1]$;

步骤 2: 对于输入样本 $x_p (p = 1, 2, \cdots, p)$, 按照式 (6.6) 计算网络输出 $y(x_p)$, 然后利用网络输出 $y(x_p)$ 和目标输出 $t(x_p)$ 计算误差 $E = \frac{1}{2} \sum_p [y(x_p) - t(x_p)]^2$, 如果误差大于预先给定的阈值, 则进入步骤 3, 否则转入步骤 4;

步骤 3: 如果迭代次数大于预先设定的最大迭代次数, 则进入步骤 4, 否则按以下公式更新权重和其他参数 $\nu_n^{\text{new}} = \nu_n^{\text{old}} + \Delta \nu_n$, $\omega_{nk}^{\text{new}} = \omega_{nk}^{\text{old}} + \Delta \omega_{nk}$, $\theta_n^{\text{new}} = \theta_n^{\text{old}} + \Delta \theta_n$, $c_{km}^{\text{new}} = c_{km}^{\text{old}} + \Delta c_{km}$ 和 $\sigma_k^{\text{new}} = \sigma_k^{\text{old}} + \Delta \sigma_k$, 并且返回步骤 2;

步骤 4: 停止训练, 输出网络所有的最优参数.

6.1.3 数值实验

为了检验高斯-切比雪夫神经网络的性能, 本节引入了一些数值实验. 其中三个用于比较高斯神经网络和高斯-切比雪夫神经网络, 而其余一个用于比较 Gauss-Sigmoid 神经网络和高斯-切比雪夫神经网络.

6.1.3.1 比较高斯神经网络和高斯-切比雪夫神经网络

本节第一个数值实验的训练数据由文献 [2] 中的函数产生, 我们称为 Func 1:

$$f(x) = \begin{cases} 1.8, & x \in [-6, -3], \\ -x - 1.2, & x \in [-3, 0], \\ 3\mathrm{e}^{-0.1x}\sin(0.2x^2) - 1.2, & x \in [0, 2], \\ 0.6, & x \in [2, 6]. \end{cases} \quad (6.18)$$

按步长 0.1 均匀地从定义域 $[-6, 6]$ 中取 121 个样本点作为训练数据. 高斯神经网络的网络结构为 1-27-1, 高斯-切比雪夫神经网络的网络结构为 1-10-5-1. 两个网络的学习率 η 均为 0.001, 且动量常数也为 0.001. 两个网络的最大迭代次数均设成 3000. 高斯网络和高斯-切比雪夫网络对此函数的逼近效果分别如图 6.3(a) 和图 6.3(b) 所示.

高斯神经网络的自由参数包含 v_n, c_{km} 和 σ_k, 而高斯-切比雪夫神经网络的自由参数包括 v_n, ω_{nk}, θ_n, c_{km} 和 σ_k. 两个网络关于 Func 1 的自由参数的总数 N_P 如图 6.3 的说明部分所示.

从图 6.3 即可看出在区间 $[-6, 0]$ 和区间 $[2, 6]$ 上高斯-切比雪夫神经网络的逼近效果明显强于高斯神经网络. 原因是在高斯网络中加入由切比雪夫节点构成的隐含层可以改善高斯神经网络对同时包含线性和非线性部分的函数的逼近能力.

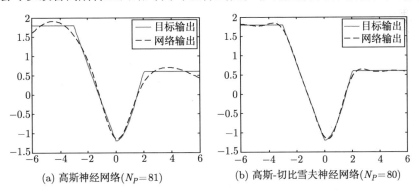

(a) 高斯神经网络(N_P=81) (b) 高斯-切比雪夫神经网络(N_P=80)

图 6.3 两种不同结构的前馈神经网络对 Func 1 的逼近效果, 其中 N_P 为网络参数总和

第二个实验用于比较两种神经网络的抗噪声能力. 本实验所要逼近的函数形式为 $f(x) = \sin(2\pi x)$, $\in [0, 1]$, 我们称为 Func 2. 21 个训练样本由函数 $f(x) + \rho$ 在区间 $[0, 1]$ 上以步长 0.05 均匀生成, 其中 $\rho \sim N(0, 0.1^2)$ 是一个高斯噪声. 用于处理此问题的高斯神经网络的网络结构为 1-15-1, 而高斯-切比雪夫神经网络的结构为 1-6-4-1. 两个网络的参数设置除了最大迭代次数与第一个实验不同外, 其他所有的参数设置均与第一个实验的参数设置完全相同. 按照不同的迭代次数, 网络输出和

目标输出之间的逼近误差如表 6.1 所示, 表中的标记 N_P 表示模型的参数总数.

从表 6.1 可以发现, 高斯–切比雪夫神经网络的逼近误差在 3000 次迭代以后开始下降, 而高斯神经网络的逼近误差则继续上升, 这表明高斯–切比雪夫神经网络的收敛速度比高斯神经网络快. 在分别经过 3000 次和 12000 次迭代后, 噪声开始对高斯神经网络和高斯–切比雪夫神经网络产生作用. 表 6.1 中的数据表明高斯神经网络的抗噪声能力不如高斯–切比雪夫神经网络强, 这是因为高斯–切比雪夫神经网络逼近误差的增加速度在 6000 次迭代之后明显比高斯神经网络逼近误差在 3000 次迭代之后的增加速度要慢.

表 6.1 高斯神经网络和高斯–切比雪夫神经网络在不同训练迭代次数下的逼近误差

迭代次数	高斯神经网络 $N_P = 45$	高斯–切比雪夫神经网络 $N_P = 44$
3000	0.0378	0.0299
6000	0.0393	0.0245
12000	0.0502	0.0245
24000	0.0735	0.0271

最后, 为了比较高斯神经网络和高斯–切比雪夫神经网络的泛化能力, 用表 6.2 中的两个函数构造两组训练数据和测试数据. 训练数据和测试数据都是在两个函数的定义域上均匀地选取, 且不含噪声. 表 6.2 也给出了训练数据和测试数据各自所含的样本个数.

表 6.2 用于产生各自的训练和测试数据的两个函数及训练和测试数据的数据信息

名称	函数形式	定义域	训练数据	测试数据
Func 3	$f(x) = \sin(\pi x)$	$[-1, 1]$	21	201
Func 4	$f(x) = e^{-(x-1)^2} + e^{-(x+1)^2}$	$[-2.5, 2.5]$	51	101

高斯神经网络的网络结构为 1-15-1, 而高斯–切比雪夫神经网络的网络结构为 1-6-4-1, 则两个网络的参数总数分别为 45 和 44, 它们的学习率 η 和动量常数 α 都是 0.001. 两个网络逼近 Func 3 时的最大迭代次数均设为 3000. 逼近 Func 4 时, 高斯–切比雪夫神经网络的最大迭代次数设为 1000 而高斯神经网络则设为 3000.

重复实验 100 次后, 两个网络训练误差和测试误差的盒形图如图 6.4 所示. 图 6.4 的上半部分是两个网络对于 Func 3 产生的训练和测试误差, 下半部分则展示了两个网络在 Func 4 的数据上产生的训练和测试误差. 从图 6.4 可以看出, 对于这两个函数, 高斯–切比雪夫神经网络的训练和测试误差均小于相应的高斯神经网络. 另外, 从图 6.4 中也可发现, 高斯–切比雪夫神经网络训练误差和测试误差之间的落差明显小于高斯神经网络训练误差和测试误差之间的落差, 从而说明高斯–切比雪夫神经网络的泛化能力确实强于高斯神经网络.

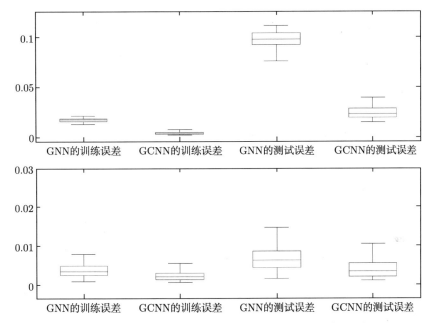

图 6.4 在 Func 3(上半部分) 和 Func4(下半部分) 的数据集上高斯神经网络 ($N_P = 45$) 和高斯–切比雪夫神经网络 ($N_P = 44$) 产生的训练误差和测试误差

6.1.3.2 比较 Gauss-Sigmoid 神经网络和高斯–切比雪夫神经网络

本实验用于产生实验数据的 4 个函数的函数形式和产生数据的个数参见表 6.3. 实验数据由这 4 个函数在各自的定义域上均匀地生成. Gauss-Sigmoid 神经网络和高斯–切比雪夫神经网络的网络结构均为 1-10-5-1. 因此, 两个网络的自由参数个数均为 80 个. 高斯–切比雪夫神经网络的学习率 η 和动量常数 α 均为 0.001, 而为了使 Gauss-Sigmoid 神经网络能取得更好的逼近效果, 两个参数则均设为 0.01. 对于表 6.3 中的 Func 7 和 Func 8, 两个网络的最大迭代次数取为 1000, 而对于其他 3 个函数则取为 3000.

表 6.3 用于产生实验数据的 4 个函数及产生的数据信息

名称	函数形式	定义域	数据个数
Func 5	$f(x) = \sin(x)e^{-0.4x}$	[0,10]	201
Func 6	$f(x) = 1/[1+(x-2)^2]$	[0,4]	401
Func 7	$f(x) = e^{x\sin(\pi x)}$	[-1,1]	201
Func 8	$f(x) = \sin(x)/x$	[-10,10]	100

训练停止后, Gauss-Sigmoid 神经网络和高斯–切比雪夫神经网络的目标输出和网络输出之间的误差如表 6.4 所示.

表 6.4　Gauss-Sigmoid 神经网络和高斯–切比雪夫神经网络的逼近误差

模型	参数个数	Func 5	Func 6	Func 7	Func 8
Gauss-Sigmoid	$N_P = 80$	0.9115	0.1294	3.9704	0.4320
高斯–切比雪夫网络	$N_P = 80$	0.0759	0.0015	0.0129	0.0093

从表 6.4 可以发现, 对于实验中的 4 个函数, 高斯–切比雪夫神经网络在经过相同的迭代次数之后产生的逼近误差明显低于相应的 Gauss-Sigmoid 神经网络.

为了比较 Gauss-Sigmoid 神经网络和高斯–切比雪夫神经网络的收敛速度, 我们再一次使用 6.1.3.1 小节中的 Func 2 构造数据并进行实验比较. 在定义域上以步长 0.01 从函数值中均匀地选取 101 个实验数据. 两个网络的参数设置除了 Gauss-Sigmoid 神经网络的最大迭代次数为 6000 次之外, 其他的参数设置与本节其他实验完全相同. 则 Gauss-Sigmoid 神经网络和高斯–切比雪夫神经网络的逼近效果分别如图 6.5 和图 6.6 所示.

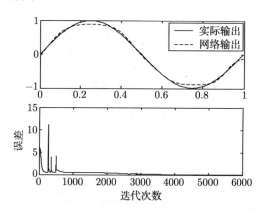

图 6.5　Gauss-Sigmoid 神经网络的逼近效果 ($N_P = 80$).

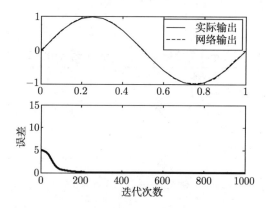

图 6.6　高斯–切比雪夫神经网络的逼近效果 ($N_P = 80$).

从图 6.5 和图 6.6 的上半部分可以很明显地发现,尽管迭代了 6000 次, Gauss-Sigmoid 神经网络的逼近误差仍然比仅迭代 1000 次的高斯–切比雪夫神经网络大很多. 另外, 两图的下半部分可以充分说明高斯–切比雪夫神经网络的收敛速度比 Gauss-Sigmoid 神经网络快很多.

综上, 本节详细介绍了高斯–切比雪夫神经网络模型, 并详细阐述了训练该模型的误差反传算法. 实验结果表明高斯–切比雪夫神经网络能够改善高斯神经网络的泛化能力、逼近能力和抗噪能力, 且在相同的拓扑结构和参数设置条件下, 高斯–切比雪夫神经网络能比 Gauss-Sigmoid 神经网络更快更准确地逼近相同的函数.

但高斯–切比雪夫神经网络还有三方面的问题需要进一步探讨和深入研究. 第一, 从非线性分析的角度对高斯–切比雪夫神经网络的泛化能力进行探讨; 第二, 寻找一种生成网络结构的方法, 如加入模型选取准则; 第三, 用更为有效的学习算法进一步提高高斯–切比雪夫神经网络的学习速度.

6.2 基于自适应模糊 c 均值的混合专家模型

受 "分而治之" 思想的启发, Jacobs 等[10] 提出了混合专家 (mixture of experts, ME) 模型, 此模型由几个并联的专家网络和一个门网组成. 这些专家网络的职责是在输入空间中各个相应的区域内进行计算, 而门网则是负责学习如何将整个输入空间分成多个互不相交的区域. 对于模型的最后输出而言, 门网能够控制各个专家网络贡献量的大小. 一般使用期望最大化算法训练混合专家模型. 文献 [11] 提出了分层混合专家模型 (HME), 它是混合专家模型的拓展模型. HME 和 ME 的不同之处在于 HME 的输入空间被分成一个嵌套的子空间集, 在多个以分层方式存在的门网控制下, 信息在专家之间被整合或者重新分配. HME 也采用期望最大化算法进行训练. 迄今为止, ME 和 HME 已在模式分类[12-14] 和时间序列预测[15,16] 等问题上得到了成功的应用. 然而, HME 中的门网个数需要预先指定而非自动选取.

最近, 一些学者提出了另外一种形式的混合专家模型. 构造这些模型一般包含两个阶段. 第一阶段利用聚类方法将整个输入空间划分成几个互不相交的区域, 第二阶段在每个区域上构造一个专家模型. 基于此构造过程, Milidiú等[17] 提出了基于 Isodata 聚类算法的混合专家模型, 并用它成功解决了两个时间序列预测问题. 此混合专家模型的三个专家模型分别是偏最小二乘、k 近邻和 Carbon copy. 利用相同的思想, Wang[18] 构造了基于支持向量机的混合专家网络, 并将它用到了时间序列预测问题上. 与 Chen 等[19] 提出的模型相似, Wang 的方法也是将自组织映射用作聚类工具. 上面所描述的方法实际上均为 HME, 并且它们的聚类算法实质上与 ME 模型中的门网所起的作用完全相同. 上述三种方法最大的缺点是聚类个数需要提前指定. 而且, 在每个混合专家模型中仅能选择其中一个专家作为输出,而不是通过门网对所有专家进行组合作为输出，这必然会降低上述三种模型的泛化能力.

本部分的研究对象仅针对分类问题，但是对于有监督的分类问题，将聚类和分类器融合的两阶段法已经得到了成功的解决，参见文献 [20] 和 [21]. 因此，本节仅以无类标数据分类作为研究对象，却具有很重要的意义. 这是因为在实际应用中，无类标数据比有类标数据更容易获取[22]，如网页分类[23] 和文本分类[24]. 而且，无类标数据的分类问题得到了越来越多的关注. 对于已知类别个数的无类标数据分类，传统的方法通常也分为两个阶段[25,26]. 第一阶段用聚类算法 (如 k-median 或者 K 均值) 对无类标数据进行聚类，而且聚类个数预先给定. 第二阶段用有监督的分类方法，如 SVM 或者神经网络，对聚类后的数据进行分类，且训练数据的类标由专家指定或者直接使用聚类的类标. 基于这种思想，Fung 和 Mangasarian[25] 提出了一种有效的模型，即 CVS^3VM(clustering concave semi-supervised support vector machine)，并用它成功地解决了两类无类标数据分类问题. 但是该模型却无法处理多类分类问题. 因此，Li 等[26] 提出了将 K 均值和 SVM 组合使用的方法，然而遗憾的是，文献 [26] 中没有充分的实验验证其可行性. 此外，上述两种方法的另一缺陷是必须事先知道无类标数据的类别个数.

因此，对于无类标数据分类，可以从两方面出发开展研究. 一是无类标数据的类别数预先未知，这种情况对应着传统的无监督分类，另一类是无类标数据的类别个数事先已经给定，而且在训练数据选定以后这些数据的类别由专家指定，这种情况对应着半监督分类问题，其研究对象与文献 [25] 相同.

对于无监督分类问题，需要采用聚类方法对无类标数据进行聚类，且自动获取聚类个数. 在此研究领域中有很多方法可以完成这项任务，其中的两类方法最为常用. 一类是将模型选取方法用于聚类[27-29]，另一类是使用聚类有效性函数对聚类结果进行评判[30-33]，然后从中选取最优的结果. 在本节中，我们使用近期提出的一个用于模糊聚类的聚类有效性函数，即 PFMF-index[34]，并用模糊 c 均值 (fuzzy c-means, FCM) 作为聚类方法. 因此，本节采用的聚类方法是基于 PBMF-index 的模糊 c 均值方法，它能够将无类标数据聚成具有最优聚类个数的聚类. 聚类完成以后，整个输入空间被自动划分成几个不同的聚类. 因此，通过辨别无类别数据所属的聚类即可对其完成分类. 但是，模糊 c 均值的聚类结果往往不够理想，因此需要用有监督分类方法对聚类结果进行操作，从而提高分类效果. 据此，我们选用距离各个聚类中心较近的样本作为训练数据，而且这些数据的类别标号由它们所在的聚类标号给出，然后，利用混合专家模型作为对聚类结果进一步分类的分类器.

在我们所提的混合专家模型当中，用高斯神经网络和 Sigmoid 神经网络作为模型的两个专家，选用它们的原因是 GNN 具有很好的局部逼近能力而 SNN 具有很强的全局逼近能力. 对于每个混合专家模型，用 softmax 函数定义门网. 实验结果

6.2 基于自适应模糊 c 均值的混合专家模型

表明所提方法能够有效地处理无监督分类问题. 另外, 我们成功地将所提方法拓展到半监督分类问题当中, 实验表明, 所提方法能够取得和 CVS³VM 相当的分类准确率.

下面简要介绍三种神经网络模型, 它们分别是高斯神经网络 (GNN)、Sigmoid 神经网络 (SNN) 和混合专家模型 (ME).

GNN 是带有一个隐含层的三层前馈神经网络[35], 其参数模型已在 6.1.1 小节中作了介绍, 但是本节中 GNN 的参数模型在数学符号上与 6.1.1 小节中的参数模型稍有不同, 其多输入单输出模型可以表示为

$$\hat{y}_1(\boldsymbol{x}) = \sum_{k=1}^{K} \pi_k \phi(\boldsymbol{x}) + \pi_0 = \sum_{k=1}^{K} \pi_k \exp\left\{-\sum_{i=1}^{d} \frac{1}{2}\left(\frac{x_i - c_{ki}}{\sigma_k}\right)^2\right\} + \pi_0, \quad (6.19)$$

其中 $\boldsymbol{x} = (x_1, x_2, \cdots, x_d)^{\mathrm{T}} \in \Re^d$ 为输入向量, $\boldsymbol{c}_k = (c_{k1}, c_{k2}, \cdots, c_{kd})^{\mathrm{T}}$ 为隐含层第 k 个高斯节点的中心向量且 σ_k 为此节点的宽度参数. 另外, π_k 是连接隐含层第 k 个节点和输出节点的权重, 而 π_0 为偏差项.

训练 GNN 的方法有很多种. 其中三种最为常用, 它们分别是误差反传[7]、两步骤学习法[8] 和进化学习法[9]. 本节采用的训练算法与 Haddadnia 等[36] 提出的训练算法类似, 均为两阶段训练方法. 第一阶段将模糊 c 均值聚类得到的 K 个聚类中心 $\boldsymbol{c}_k$ $(k = 1, 2, \cdots, K)$ 直接用于隐含层中 K 个高斯节点的中心向量, 而 σ_k $(k = 1, 2, \cdots, K)$ 由下面的公式计算得到:

$$\sigma_k = \gamma \min(\|\boldsymbol{c}_k - \boldsymbol{c}_l\|), \quad l = 1, 2, \cdots, K \text{ 且 } l \neq k, \quad (6.20)$$

其中 $\|\cdot\|$ 为欧氏范数, 且参数 γ 决定聚类之间的重叠程度, 本节取值为 0.1. 连接隐含层和输出层的权重以及偏差项可以由线性最小二乘方法进行初始化. 第二阶段用基于梯度下降的优化方法优化所有的参数, 这些参数包括中心向量、宽度参数、连接权重以及偏差项.

SNN 属于多层感知器[35], 它也是带有一个隐含层的三层前馈神经网络. 它的多输入单输出参数模型如下所示:

$$\hat{y}_2(\boldsymbol{x}) = \sum_{k=1}^{K} \omega_k \varphi_k(\boldsymbol{x}) + \omega_0 = \sum_{k=1}^{K} \omega_k \frac{1}{1 + \exp\left\{-\sum_{i=1}^{d} u_{ki} x_i - u_{k0}\right\}} + \omega_0, \quad (6.21)$$

其中 u_{ki} 是连接隐含层第 k 个节点和输入向量的第 i 个特征的权重, 且指标 $k = 1, 2, \cdots, K$ 及 $i = 1, 2, \cdots, d$. ω_k 是连接第 k 个隐含节点和输出节点的权重. 常数 u_{k0} 和 ω_0 分别为隐含层和输出层的偏差项. 训练 SNN 有非常多的方法, de Castro 和 von Zuben[37] 作了详尽的回顾. 本章使用的方法是传统的梯度下降法.

ME 由并联的专家网络和一个门网构成. 我们假设一个 ME 由两个专家网络和一个门网构成, 并且 $\hat{y}_1(\boldsymbol{x})$ 和 $\hat{y}_2(\boldsymbol{x})$ 为两个专家网络 (即 GNN 和 SNN) 的输出, 那么 ME 的输出 $\hat{y}(\boldsymbol{x})$ 可以表示为

$$\hat{y}(\boldsymbol{x}) = \sum_{i=1}^{2} g_i(\boldsymbol{x})\hat{y}_i(\boldsymbol{x}), \tag{6.22}$$

其中 $g_i(\boldsymbol{x})$ ($i = 1, 2$) 是门网的输出, 它们由一个 softmax 函数对于中间变量 ξ_i ($i = 1, 2$) 的函数值确定[38,39], 函数形式如下

$$g_i(\boldsymbol{x}) = \frac{\exp(\xi_i)}{\sum\limits_{k=1}^{2} \exp(\xi_k)}, \tag{6.23}$$

其中 $\xi_i = \boldsymbol{v}_i^{\mathrm{T}}\boldsymbol{x}$ 且 $\boldsymbol{v}_i$ ($i = 1, 2$) 为权重向量. 门网的权重参数通常由期望最大化算法 (EM) 训练得到. 然而, 我们使用基于梯度下降的优化方法对它们进行训练, 训练过程如下所述.

设 $\hat{y}_1(\boldsymbol{x}_p)$ 和 $\hat{y}_2(\boldsymbol{x}_p)$ 分别是两个专家 (即 GNN 和 SNN) 关于输入向量 $\boldsymbol{x}_p \in \Re^d$ ($p = 1, 2, \cdots, N_{\text{train}}$) 的网络输出, 其中 N_{train} 为训练样本个数. 于是 ME 关于 $\boldsymbol{x}_p$ 的输出为

$$\hat{y}(\boldsymbol{x}_p) = g_1(\boldsymbol{x}_p)\hat{y}_1(\boldsymbol{x}_p) + g_2(\boldsymbol{x}_p)\hat{y}_2(\boldsymbol{x}_p). \tag{6.24}$$

设网络训练的目标函数为误差平方和 (SSE), 即

$$E = \sum_{p=1}^{N_{\text{train}}} E_p = \sum_{p=1}^{N_{\text{train}}} [y^{(p)} - \hat{y}(\boldsymbol{x}_p)]^2, \tag{6.25}$$

其中 $y^{(p)}$ ($p = 1, 2, \cdots, N_{\text{train}}$) 为 ME 模型关于输入变量 $\boldsymbol{x}_p$ 的目标输出, 于是 E 关于权重参数 v_{1j} 和 v_{2j} 的偏导数如下所示:

$$\frac{\partial E}{\partial v_{1j}} = 2\sum_{p=1}^{N_{\text{train}}} x_{pj}[\hat{y}(\boldsymbol{x}_p) - y^{(p)}][\hat{y}_1(\boldsymbol{x}_p) - \hat{y}_2(\boldsymbol{x}_p)]g_1(\boldsymbol{x}_p)g_2(\boldsymbol{x}_p), \tag{6.26}$$

$$\frac{\partial E}{\partial v_{2j}} = 2\sum_{p=1}^{N_{\text{train}}} x_{pj}[\hat{y}(\boldsymbol{x}_p) - y^{(p)}][\hat{y}_2(\boldsymbol{x}_p) - \hat{y}_1(\boldsymbol{x}_p)]g_1(\boldsymbol{x}_p)g_2(\boldsymbol{x}_p), \tag{6.27}$$

其中 v_{ij} 是权重向量 $\boldsymbol{v}_i$ 的第 j 个元素, 且 $i = 1, 2$, $j = 1, 2, \cdots, d$, 同时 x_{pj} 是输入向量 $\boldsymbol{x}_p$ 的第 j 个元素, 指标 $p = 1, 2, \cdots, N_{\text{train}}$.

最后, 可以通过迭代计算上面的偏导数来执行下面的更新:

$$v_{1j}(\tau + 1) = v_{1j}(\tau) - \eta\frac{\partial E}{\partial v_{1j}} + \alpha v_{1j}(\tau), \tag{6.28}$$

$$v_{2j}(\tau+1) = v_{2j}(\tau) - \eta \frac{\partial E}{\partial v_{2j}} + \alpha v_{2j}(\tau), \tag{6.29}$$

其中 η 和 α 分别为学习率和动量常数, 并且 $\eta, \alpha \in [0,1]$, 而 τ 为迭代次数.

6.2.1 基于 PBMF-index 的模糊 c 均值聚类算法

模糊 c 均值 (FCM) 聚类算法是由 Bezdek[40] 在 1973 年提出的. 对于一个给定的数据集 $D = \{x_j\}_{j=1}^N$ 且 $x_j \in \Re^d$, FCM 聚类算法最小化下面的目标函数[41]

$$J(D; U, C) = \sum_{i=1}^{n_c} \sum_{j=1}^{N} (\mu_{ij})^m \|x_j - c_i\|_A^2, \tag{6.30}$$

其中 $U = (\mu_{ij})_{\substack{1 \leqslant i \leqslant n_c \\ 1 \leqslant j \leqslant N}}$ 为模糊分割矩阵, 其元素 μ_{ij} 表示样本 x_j 属于第 i 个聚类的隶属度, $C = (c_1, c_2, \cdots, c_{n_c})^T$ 为聚类中心构成的矩阵, 其元素 $c_i \in \Re^d$ ($i = 1, 2, \cdots, n_c$) 为 n_c 个聚类的中心. $m > 1$ 为加权指数. 距离度量 $\|x_j - c_i\|_A^2$ 定义为

$$D_{ijA}^2 = \|x_j - c_i\|_A^2 = (x_j - c_i)^T A (x_j - c_i), \tag{6.31}$$

令 $A = I$ 且 I 为单位矩阵.

FCM 聚类的聚类过程如算法 6.1 所示. FCM 聚类完成之后, 数据集 D 的样本 x_j 的聚类标号 $\hat{k}$ 可以由下面的公式给出:

$$\hat{k} = \arg\max_{i=1}^{n_c} \mu_{ij}, \tag{6.32}$$

其中指标 $j = 1, 2, \cdots, N$.

算法 6.1 模糊 c 均值聚类算法

输入: 数据集 $D = \{x_j\}_{j=1}^N$;

初始化: 聚类个数 $n_c(1 \leqslant n_c \leqslant N)$, 加权指数 m, 停止阈值 ε, 模糊划分矩阵 $U = (\mu_{ij})_{n_c \times N}(0 \leqslant \mu_{ij} \leqslant 1)$.

Repeat

    for $t = 1, 2, \cdots$ **do**

    步骤 1: 计算聚类中心 $c_i^{(t)} = \dfrac{\sum\limits_{j=1}^N (\mu_{ij}^{(t-1)})^m x_j}{\sum\limits_{j=1}^N (\mu_{ij}^{t-1})^m}$;

    步骤 2: 计算距离 $D_{ijA}^2 = (x_j - c_i)^T A(x_j - c_i), 1 \leqslant i \leqslant n_c, 1 \leqslant j \leqslant N$;

    步骤 3: 更新模糊划分矩阵 $\mu_{ij}^{(t)} = \dfrac{1}{\sum\limits_{k=1}^{n_c} (D_{ijA}/D_{kjA})^{2/(m-1)}}$.

end for
until$\|U^{(t)} - U^{(t-1)}\| < \varepsilon$

对于给定的数据集, 为了确定合适的聚类个数 n_c, 需要选取一个聚类有效性函数. 最近 Parkhira 等[34] 提出了一种名为 PBMF-index 的新型聚类有效性函数, 而且他们通过实验比较表明此聚类有效性函数可以比改进的 Xie-Beni index[32] 取得更令人满意的结果. 于是我们选用 PBMF-index 作为选取最优聚类个数的方法. PBMF-index 的定义如下式所示:

$$\text{PBMF}(n_c) = \left(\frac{1}{n_c} \times \frac{E_1}{J_m} \times D_{n_c} \right)^2, \tag{6.33}$$

其中 n_c 为聚类个数, $E_1 = \sum_{j=1}^{N} \mu_{1j} \|x_j - w_1\|$, w_1 为将整个数据集聚为 1 类时得到的聚类中心, 且 $D_{n_c} = \max_{\substack{k,l=1 \\ k \neq l}}^{n_c} \|c_k - c_l\|$. $J_m = \sum_{j=1}^{N} \sum_{i=1}^{n_c} \mu_{ij}^m \|x_j - c_i\|$. 如文献 [34] 所述, 最大化 PBMF-index 可以在保持最大可分性的情况下形成聚类个数尽可能少的紧密聚类. 因此, 最优聚类个数应该通过最大化 PBMF-index 获得.

6.2.2 结构描述和实现方法

本节所提出的模型本质上也属于层次混合专家模型. 我们称为 "基于自适应模糊 c 均值的混合专家"(adaptive fuzzy c-means based mixtures of experts). 此模型和 HME 最主要的区别在于它使用基于 PBMF-index 的模糊 c 均值聚类代替 HME 第一层中的门网. 基于 PBMF-index 的模糊 c 均值聚类方法可以很好地控制输入空间划分的个数, 然后将无监督分类问题转化成一个多类分类问题, 进而按照 one-against-one 策略[42], 进一步将此多类分类问题分解成一定数目的两类分类问题.

本节所提方法有两个主要部分. 它们是 "数据空间聚类" 和 "在每对聚类上训练混合专家模型". 对于第一部分, 首先执行基于 PBMF-index 的模糊 c 均值聚类. 根据 PBMF-index 的函数值, 可以自动获取对输入空间最为合理的划分. 这里假设数据集为 $D = \{x_j\}_{j=1}^{N}$. 进而, 利用基于 PBMF-index 的聚类方法将它划分成 n_c 个聚类, 即 $D_1, D_2, \cdots, D_{n_c}$. 对于第二部分, 从每个聚类中选取那些距离聚类中心最近的样本点作为训练数据集, 而且这些训练数据的类标直接使用它们的聚类标号. 从而, 对于每对数据空间 D_k 和 D_l $(k, l = 1, 2, \cdots, n_c, k \neq l)$, 按照 one-against-one 策略, 根据训练样本的不同类别, 将这两类中训练样本的类标重新赋值为 $+1$ 和 -1. 最后, 在每一对重新构造的两类分类训练集上训练 GNN, SNN 和门网. 本节所提方法的整个构造过程如图 6.7 所示.

6.2 基于自适应模糊 c 均值的混合专家模型

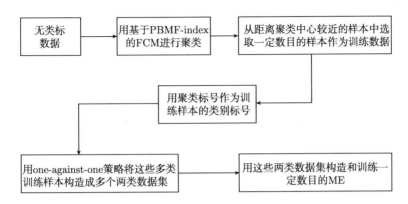

图 6.7 构造 "基于自适应模糊 c 均值的混合专家模型" 的流程图

最终通过下面的 5 个步骤实现所提模型:

步骤 1: 设最大聚类个数为 $n_{c_{\max}}$, 然后按照聚类个数从 2 到 $n_{c_{\max}}$ 的顺序对数据集 $D = \{x_j\}_{j=1}^N$ 进行 FCM 聚类. 同时, 计算它们的 PBMF-index 函数值. 如果有 $n_c = \arg\max\limits_{i=2}^{n_{c_{\max}}} \text{PBMF}(i)$, 则数据集 D 的最优聚类个数为 n_c;

步骤 2: 根据聚类个数为 n_c 的聚类结果将数据空间划分成 n_c 个聚类, 记为 $\{D_i\}_{i=1}^{n_c}$;

步骤 3: 设 c_i 为第 i 个聚类 D_i 的聚类中心且 $i = 1, 2, \cdots, n_c$, 从每个聚类 D_i 中选取距离 c_i 最近的一小部分样本, 记为 X_i, 然后用聚类标号 i 作为数据集 X_i 的分类标号, 进而, 将 $\bigcup\limits_{i=1}^{n_c} X_i$ 的所有样本作为训练数据集 D_{train};

步骤 4: 按照 one-against-one 策略, 对每一对数据集 X_k 和 $X_l(k, l = 1, 2, \cdots, n_c, k \neq l)$, 将 X_k 中所有样本的类标改为 $+1$, 并将 X_l 中所有样本的类标改为 -1, 然后用这 $C_{n_c}^2$ 个重新构造的两类样本集训练 $C_{n_c}^2$ 个 ME;

步骤 5: 给定一个测试样本 x, 可以通过投票策略[43]确定它的类标, 不失一般性, 对于由第 k 类和第 l 类样本训练的 ME, 如果 x 属于第 k 类, 则第 k 类就会增加 1 票, 而如果 x 属于第 l 类, 则第 l 类就会增加 1 票, 最后, x 的类别就是具有最多票数的那一类.

6.2.3 数值实验

在下面所有实验中, 加权指数 m 取值为 1.5, 且 FCM 算法的停止阈值 ε 设为 10^{-6}. 按照 Pal 和 Bezdek 的建议, 对聚类有效性函数而言, 最为保险的最大聚类个数可以取为 $n_{c_{\max}} = \sqrt{N}$[44], 我们也采用此设置.

训练下面所有模型的误差函数均采用均方根误差, 其计算公式如下

$$\text{RMSE} = \sqrt{\frac{\sum_{p=1}^{N_{\text{train}}}[y^{(p)} - \hat{y}(\boldsymbol{x}_p)]^2}{N_{\text{train}}}}, \tag{6.34}$$

其中 N_{train} 为训练数据集中所有样本的个数, $y^{(p)}$ 和 $\hat{y}(\boldsymbol{x}_p)$ 分别为所提模型关于样本 $\boldsymbol{x}_p$ 的目标输出和真实输出.

对于一个训练好的分类器, 其在测试集 $\boldsymbol{D}_{\text{test}}$ 上的测试误差率的计算公式如下

$$\text{err}(\boldsymbol{D}_{\text{test}}) = \frac{N_{\text{err}}}{N_{\text{test}}}, \tag{6.35}$$

其中 N_{err} 为训练好的模型的错分样本个数, 而 N_{test} 为测试数据集的样本个数. 另外, 对于无类标数据分类且类别个数未知的问题, 即无监督分类, 其测试集的定义在 6.2.3.1 小节中给出.

6.2.3.1 与其他四个模型的比较

为了展示所提方法处理无监督分类问题的能力, 首先构造了其他 4 种不同的方法. 然后对所用到的数据集进行描述. 进而给出了 5 个数据集的 PBMF-index 函数值随聚类个数的变化情况. 随后提供了训练不同类型网络的参数设置. 最后给出了实验结果并对其进行了分析.

在开始实验之前, 需要对无监督分类的测试数据集的概念加以说明. 对于有类标数据分类即有监督学习而言, 对一个训练好的模型进行评价往往是看它在测试集上的效果如何, 并且事先已经知道了测试集中样本的目标类别. 但是对于无监督分类而言, 应该不存在检验所得模型的测试集. 但是在本节中对于无监督分类, 为了检验所训练模型的泛化能力, 我们假设测试集是存在的, 而且测试集中所有样本的目标类别已事先给定.

1. 不同的模型

因为在我们所提的方法中训练样本全部选用那些距离它们相应的聚类中心最近的一些样本, 则将所提方法命名为 "用聚类数据构造的基于自适应模糊 c 均值的混合专家"(adaptive fuzzy c-means based mixtures of experts with clustering data), 在不混淆概念的情况下进一步简称为 "使用聚类数据的混合专家"(mixtures of experts with clustering data, MECD).

对于其他 4 个模型的描述如下.

模糊 c 均值 (FCM): 基于 PBMF-index 的 FCM 完成以后, 给定数据集的所有样本按照 6.2.1 小节中的式 (6.32) 均可获得它们的聚类标号, 进而将整个数据集划分成训练集和测试集. 训练集中所有样本均选自距离它们相应的聚类中心最近的一部分样本. 而训练集和测试集中所有样本的类标均为它们对应的聚类标号.

单个高斯神经网络 (SGNN): 注意本实验中所有的 SGNN 均为实际意义的多类神经网络, 而不是 one-against-one 策略构造的两类神经网络的组合. SGNN 的训练数据也选自距离各个聚类中心最近的一部分样本, 且它们的类标也是由它们相应的聚类标号确定. 需要指出的是在对 SGNN 训练之前, 它的训练样本的类标需要转换为向量形式. 例如, 对于训练样本集中任意一个样本 $\boldsymbol{x}_p$, 如果它的类标是 $\hat{k}$ ($\hat{k} \in \{1, 2, \cdots, n_c\}$), 那么其转换后的向量形式为 $(-1, \cdots, -1, +1, -1, \cdots, -1)^\mathrm{T} \in \Re^{n_c}$, 其中除了第 $\hat{k}$ 个元素为 $+1$ 之外所有其他元素均为 -1. 在此模型的测试阶段, 给定一个测试样本 $\boldsymbol{x}$, 设 SGNN 的输出为 $\hat{\boldsymbol{o}}$, 则此二值向量的第 j 个元素可以通过下面的符号函数确定:

$$\mathrm{sgn}(\hat{o}_j) = \begin{cases} +1, & \hat{o}_j \geqslant 0, \\ -1, & \hat{o}_j < 0, \end{cases} \tag{6.36}$$

其中指标 $j = 1, 2, \cdots, n_c$. 最后 SGNN 对于 $\boldsymbol{x}$ 的类标 $\hat{l}$ 可以由下面的公式决定:

$$\hat{l} = \{j | \mathrm{sgn}(\hat{o}_j) = +1, 1 \leqslant j \leqslant n_c\}. \tag{6.37}$$

另外, SGNN 的学习方法也采用 6.2.1.1 小节中描述的两阶段学习法.

单个 Sigmoid 神经网络 (SSNN): 除了训练方法采用传统的梯度下降法之外, SSNN 的训练和测试方式与 SGNN 完全相同.

使用随机选取数据的混合专家 (mixtures of experts with random data, MERD): 此模型的训练样本在各个聚类中随机选取, 它们的类标也由它们相应的聚类标号确定. 由于训练数据是随机选取的, 对于每个问题我们需重复抽取 10 次训练样本且用抽取的样本训练 10 个模型, 并用 10 个测试误差的平均值作为最后的测试误差.

2. 数据集

用于测试所提方法有效性的数据集共有 5 个, 其中 3 个是人工数据集, 其余 2 个是真实数据集. 3 个人工数据集中的样本均由不同的高斯分布产生. 实验采用的真实数据集最初均用于监督学习. 3 个人工数据集分别是 "数据集 1", "数据集 2" 和 "数据集 3", 其中前 2 个数据集中的样本均为 2 维而第 3 个数据集中的样本则为 3 维. 两个实际数据集分别为 Iris 数据集和 Cancer 数据集.

对 5 个数据集的描述如下.

数据集 1: 此数据集由 500 个样本构成, 共有 5 个聚类且每个聚类中包含 100 个数据. 5 个聚类中样本的均值 μ_i ($i = 1, 2, \cdots, 5$) 和协方差矩阵 Σ_i 如表 6.5 所示, 图 6.8(a) 展示了这个数据集.

表 6.5　数据集 1 的均值和协方差矩阵

	聚类 1	聚类 2	聚类 3	聚类 4	聚类 5
μ_i	$(-1, 1)^\mathrm{T}$	$(1, 1)^\mathrm{T}$	$(0, 0)^\mathrm{T}$	$(-1, -1)^\mathrm{T}$	$(1, -1)^\mathrm{T}$
Σ_i	diag(0.81, 0.64)	diag(0.49, 0.81)	diag(0.25, 0.25)	diag(0.49, 0.81)	diag(0.81, 0.64)

数据集 2：这个数据集含有 9 个聚类且每个聚类由 80 个样本构成. 9 个聚类所含样本的均值 μ_i ($i=1,2,\cdots,9$) 和协方差矩阵 Σ_i 如表 6.6 所示. 图 6.8(b) 展示了这些数据.

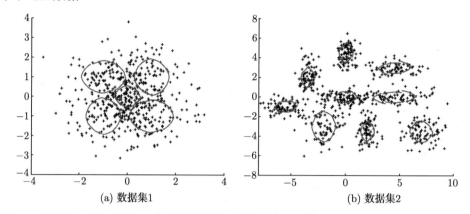

(a) 数据集1　　　　　　　　　　(b) 数据集2

图 6.8　数据集 1 是一个由 5 个聚类构成的 2 维数据集，而数据集 2 则是一个由 9 个聚类构成的 2 维数据集

表 6.6　数据集 2 各个聚类的均值和协方差矩阵

	聚类 1	聚类 2	聚类 3	聚类 4	聚类 5
μ_i	$(0,0)^{\mathrm{T}}$	$(4.5,3)^{\mathrm{T}}$	$(4.5,0)^{\mathrm{T}}$	$(-2,-3)^{\mathrm{T}}$	$(-5.5,-1)^{\mathrm{T}}$
Σ_i	diag(1, 0.25)	diag(2.25, 2.25)	diag(4, 0.25)	diag(1, 2.25)	diag(1, 0.25)
	聚类 6	聚类 7	聚类 8	聚类 9	
μ_i	$(-3.5,2)^{\mathrm{T}}$	$(0,4.5)^{\mathrm{T}}$	$(2,-3.5)^{\mathrm{T}}$	$(7,-3.5)^{\mathrm{T}}$	
Σ_i	diag(0.25, 1)	diag(0.25, 1)	diag(0.25, 1)	diag(1, 1)	

数据集 3：此数据集包含 500 个 3 维样本. 它由 5 个聚类构成且每个聚类含有 100 个样本. 5 个聚类中样本的均值分别为 $(0.5, 0.5, 0.5)^{\mathrm{T}}$, $(0.5, -0.5, 0.5)^{\mathrm{T}}$, $(0, 0, 0)^{\mathrm{T}}$, $(-0.5, -0.5, -0.5)^{\mathrm{T}}$ 和 $(-0.5, 0.5, -0.5)^{\mathrm{T}}$. 数据的所有特征均相互独立且它们的标准差为 0.25，因此对每个聚类而言，其所含样本的协方差矩阵均为对角矩阵且对角线上的元素都是 0.0625. 图 6.9 展示了这些数据.

Iris：此数据集由 150 个 4 维样本组成[45]. 它被分成样本个数均为 50 的三类. 数据集的 4 个特征分别是：萼片长度、萼片宽度、花瓣长度和花瓣宽度.

Cancer：该数据集含有 683 个 9 维样本[45], 这些样本被分成两类. 444 个样本为 "benign"，其余 239 个样本为 "malignant".

综上，对于上面的数据集，有两点需要说明：

• 对于人工数据集，这些样本集合中样本的类标未知. 尽管事先已知此三个数据集的聚类信息，我们仍然假设仅知道测试样本的类标取为它们对应的聚类标号，

6.2 基于自适应模糊 c 均值的混合专家模型

对其他的信息毫无所知.

• 对于两个实际数据集, 尽管事先已知训练样本的类标, 我们仍假设对这些类标毫无所知, 并且也不知道样本的类别个数. 然而测试集的目标类别则使用它们用于监督学习时的类标.

以上两条假设的目的是为了测试我们所提方法的有效性.

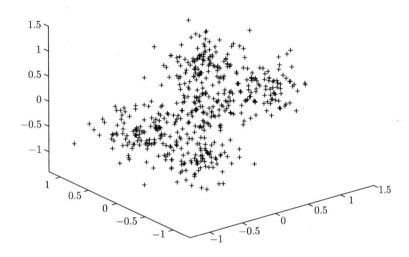

图 6.9 数据集 3 是一个由 5 个聚类构成的 3 维数据集

3. 五个数据集的 PBMF-index 函数值

为了得到 5 个数据集的训练数据集, 首先需要确定每个数据集的聚类个数, 并将聚类类标赋给各个训练集中相应的样本. 按 6.2.2 小节所述, 基于 PBMF-index 的 FCM 可以对每个数据集进行聚类, 并可从聚类结果中选出最优的聚类个数. 另外, 选取那些距离聚类中心最近的一小部分样本组成训练数据集且用它们的聚类标号作为训练样本的类标.

对于上述 5 个数据集, PBMF-index 的函数值随聚类个数的变化情况如图 6.10(a)~(e) 所示. 由图 6.10, 可以得到这些数据集的最优聚类个数, 如表 6.7 所示.

从表 6.7 中的结果可以发现, 由 PBMF-index 有效性度量得到的聚类个数与真实聚类或分类的类别个数完全相同.

表 6.7 由基于 PBMF-index 的 FCM 聚类方法关于 5 个数据集得到的最优聚类个数

	数据集 1	数据集 2	数据集 3	Iris	Cancer
计算得到的聚类个数	5	9	5	3	2
真实的聚类/分类的类别个数	5	9	5	3	2

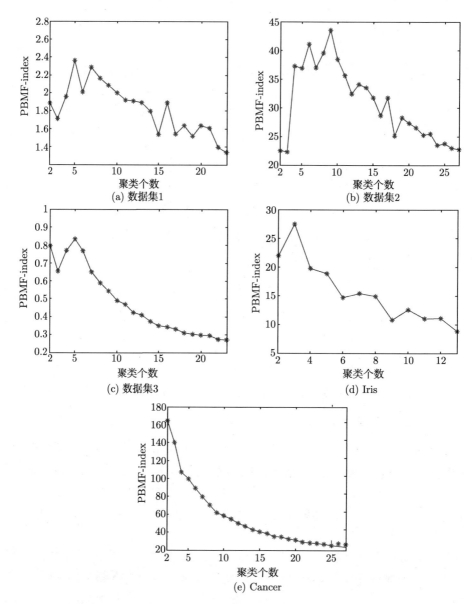

图 6.10 当聚类个数从 2 增加到 $\sqrt{N}$ 时 PBMF-index 函数值的变化情况,其中 N 是数据集的样本总数

基于 PBMF-index 的 FCM 聚类完成之后,即可将整个数据集划分为训练集和测试集. 在训练集中,同一类标的样本在它们相应的聚类中占 20%,并用所有的样本作为测试集. 5 个数据集的训练集和测试集都采用这样的设置,且训练样本的类标取为这些样本对应的聚类标号.

4. 所有网络的参数设置

在下面的所有实验中，每个 ME 当中的高斯神经网络和 Sigmoid 神经网络的隐含节点个数都取为 2. 但是对于单个的神经网络模型，即 SGNN 和 SSNN，隐含节点个数从 2 增加到 10. 对于 5 个数据集，从隐含节点变化范围由 2 到 10 的所有测试结果中选取最好的结果作为单个神经网络的测试结果.

为了训练一个 ME，有三组参数需要设置，其中两组用于设置高斯及 Sigmoid 神经网络，而第三组则用于设置门网. 因此，对于高斯和 Sigmoid 神经网络，需要确定最大迭代次数 (T)、学习率 (η) 和停止阈值 (ε). 对于门网，也需要设置上面三个参数，另外还要设置动量常数 (α). 同样，为了训练单个的神经网络，也需要设置最大迭代次数、学习率和停止阈值.

对于 5 个数据集，上面提到的所有参数的设置概括在表 6.8 中. 从表 6.8 中可以看出，对于高斯神经网络，无论是在 ME 中还是作为单独的神经网络，它的参数设置都和与之对应的 Sigmoid 神经网络完全相同. 另外，SGNN 和 SSNN 在 5 个数据集上取得最优性能的隐含节点数总结在表 6.9 中.

表 6.8　具有不同结构的模型的参数设置

数据集	单个神经网络	混合专家	
	SGNN 和 SSNN	GNN 和 SNN	门网
	$T; \eta; \varepsilon$	$T; \eta; \varepsilon$	$T; \eta; \alpha; \varepsilon$
数据集 1	20000; 0.001; 0.001	10000; 0.01; 0.01	2500; 0.01; 0.9; 0.01
数据集 2	20000; 0.001; 0.001	15000; 0.01; 0.01	2500; 0.1; 0.9; 0.01
数据集 3	20000; 0.001; 0.001	15000; 0.001; 0.001	2500; 0.1; 0.9; 0.01
Iris	20000; 0.001; 0.01	10000; 0.01; 0.01	2500; 0.01; 0.9; 0.01
Cancer	10000; 0.001; 0.01	5000; 0.001; 0.1	2500; 0.01; 0.9; 0.01

表 6.9　单个神经网络在 5 个数据集上的最优隐含节点数

模型	数据集 1	数据集 2	数据集 3	Iris	Cancer
SGNN	5	10	3	4	2
SSNN	7	10	6	3	9

最后，有一点需要说明：4 个模型 (即 SGNN, SSNN, MERD 和 MECD) 的所有参数都是通过调整直至这些网络的训练误差不高于它们相应的 FCM 模型的训练误差为止.

5. 结论和分析

按照上面不同网络的参数设置，将 5 个模型 (即 FCM, SGNN, SSNN, MERD 和 MECD) 应用到 5 个数据集上并在本节展示了实验结果. 最后结果如表 6.10 所示. 图 6.11 展示了 4 个模型 (FCM, SGNN, SSNN 和 MECD) 在数据集 1 的测试集上的分类结果.

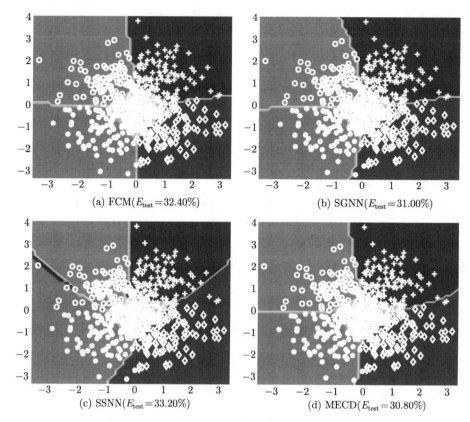

图 6.11 4 个不同的模型在数据集 1 测试集上的分类结果及测试误差率

由表 6.10 可以发现, 在 5 个数据集的测试集上 MECD 优于所有其他 4 个模型. 一方面, 表 6.10 表明在所提出的模型中使用 ME 和 one-against-one 策略确实能够提高 FCM, SGNN 及 SSNN 的泛化能力. 另一方面, 表 6.10 还展示了所提模型训练样本的选取方式能够大大降低与之对应的随机模型 (即 MERD) 的测试误差.

表 6.10 5 个不同的模型在 5 个数据集上的测试误差率

数据集	FCM	SGNN	SSNN	MERD	MECD
数据集 1	32.4%	31%	33.2%	32.12%	30.80%
数据集 2	6.39%	13.47%	6.67%	6.42%	6.25%
数据集 3	6.8%	22.4%	7.4%	8.12%	6.40%
Iris	12%	12.67%	4%	17.4%	4%
Cancer	4.01%	2.78%	9.52%	6.52%	2.64%

6.2 基于自适应模糊 c 均值的混合专家模型

为了衡量训练集规模大小对所提模型分类能力的影响, 我们将 5 个数据集训练样本的所占比重按步长 10% 增加到 90%. 从而, 对于 MECD, 训练误差和测试误差随训练集样本个数的变化情况如图 6.12 所示. 从图 6.12 中可以观察到除了 Cancer 数据集, 所有数据集的训练误差都随训练集的增大而增大. 而且, 除了数据集 1 和 Iris, 其他数据集的测试误差也随着训练数据集的规模增大而增大. 产生这种现象的原因是当我们增大训练集规模时, 必然会在训练样本中增加野点 (outlier) 的数目.

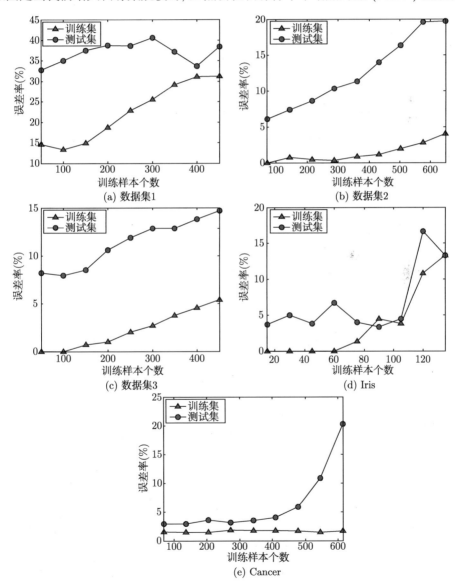

图 6.12 所提方法在 5 个数据集上的分类误差率随训练样本个数的变化情况

最后, 由于所提方法用聚类标号作为训练样本的类标, 因此它的性能会严重依赖于 PBMF-index 的 FCM 聚类方法的聚类结果, 而实验结论表明从每个聚类中选取一小部分样本作为训练数据的策略是比较成功的. 因此, 想要使我们的方法取得优秀的性能, 唯一的前提是基于 PBMF-index 的 FCM 聚类方法能够提供正确的类别个数.

6.2.3.2 与 CVS^{3}VM 的比较

CVS^{3}VM 是由 Fung 和 Mangasarian[25] 提出的用于处理两类无类标数据分类的方法. 为了构造 CVS^{3}VM, 首先需要用 k-median 聚类算法选取 "代表性" 子集, 并让专家为该子集中的样本确定类标. 然后用这些带类标的样本和一大部分无类标样本训练半监督支持向量机. 构造 CVS^{3}VM 需要两个条件, 一是无类标数据的类别数为 2, 另一个是需要一个专家为 "代表性" 子集中的所有样本确定类标.

因此, 为了能够公平地和 CVS^{3}VM 方法进行比较, 我们将 MECD 拓展到半监督学习的情形, 它可以由下面 4 个步骤实现:

步骤 1: 给定一个无类标数据集 D 且已知其暗含的类别个数为 C, 在此数据集上按照聚类个数从 2 到 $n_{c_{\max}}$ 运行 FCM 聚类, 其中 $n_{c_{\max}}$ 是最大聚类个数. 如果有 $n_c = \underset{i=2}{\overset{n_{c_{\max}}}{\arg\max}} \text{PBMF}(i)$, 则数据集 D 的最优聚类个数为 n_c. 然后将 D 划分成 n_c 个聚类, 记为 $\{D_i\}_{i=1}^{n_c}$.

步骤 2: 设 c_i 为第 i 个聚类 D_i 的聚类中心且 $i = 1, 2, \cdots, n_c$. 从每个聚类 D_i 中选取距离 c_i 最近的一小部分样本, 记为 X_i. 然后组合 $\bigcup_{i=1}^{n_c} X_i$ 中所有的样本作为训练数据集 D_{train}, 其中样本的类标由专家确定 (此处直接使用样本在监督学习时的类标).

步骤 3: 设 X_j 为训练集中类标为 j 的所有样本, 其中 $j = 1, 2, \cdots, n_c$. 然后选取任意一对数据集 X_k 和 $X_l (k, l = 1, 2, \cdots, n_c, k \neq l)$, 将 X_k 中样本的类标改为 $+1$, 而将 X_l 中样本的类标改为 -1. 然后用 $C_{n_c}^2$ 个重新构造的数据集训练 $C_{n_c}^2$ 个 ME.

步骤 4: 给定一个测试数据 x, 它的类标也由投票策略确定, 这和 6.2.2 小节中 MECD 实现方法的步骤 5 完全相同.

为了便于比较和分析, 我们将用于半监督分类问题的拓展模型命名为 "使用聚类数据的基于模糊 c 均值的半监督混合专家"(semi-supervised fuzzy c-means based mixtures of experts with clustering data, SSMECD).

在文献 [25] 的实验中一共有 5 个数据集. 第一个是 NDC 数据集, 它是由正态分布聚类发生器[46] 随机产生, 因此我们不能得到文献 [25] 中使用的 NDC 数据. 另外, 与用于分类相比, Bonston Housing 数据集更适合用作回归问题. 因此, 我们使用文献 [25] 中其他 3 个数据集与 CVS^{3}VM 进行比较. 这 3 个数据集分别是 Cleveland

Heart, Ionosphere 和 Sonar.

为了公平地进行比较, SSMECD 的训练数据占整个数据集的份额取为 10%. 在测试阶段, 与 CVS^{3}VM 相同, 其余 90% 样本被分成 10 等份, 然后用所有的 10 个测试误差的平均值作为最后的测试误差.

与训练 MECD 不同, SSMECD 中每个 GNN 及其对应的 SNN 的隐含节点数同时从 2 个增加到 10 个, 最终的隐含节点数从 9 个训练好的 SSMECD 中选取具有最优泛化能力的一个来确定. 另外, 在训练 SSMECD 时需要设置三组参数, 它们的设置如表 6.11 所示.

表 6.11 SSMECD 在 3 个数据集上的参数设置

数据集	混合专家		门网
	GNN	SNN	
	$T; \eta; \varepsilon; n_{\text{hidden}}$	$T; \eta; \varepsilon; n_{\text{hidden}}$	$T; \eta; \alpha; \varepsilon$
Cleveland Heart	15000; 0.015; 0.001; 3	15000; 0.001; 0.001; 3	2500; 0.1; 0.9; 0.001
Ionosphere	5000; 0.01; 0.0001; 9	10000; 0.0001; 0.0001; 9	2500; 0.1; 0.9; 0.0001
Sonar	10000; 0.04; 0.0001; 9	10000; 0.004; 0.0001; 9	2500; 0.1; 0.9; 0.0001

注: n_{hidden} 为隐含节点数

对于 3 个数据集, 使用基于 PBMF-index 的 FCM 方法确定最优的聚类个数. 则对于 Cleveland Heart, Ionosphere 和 Sonar, 具有最大 PBMF-index 函数值对应的聚类个数分别为 2, 3 和 3. 然后用相应的聚类结果构造 SSMECD 模型. CVS^{3}VM 和 SSMECD 在 3 个数据集上的结果如表 6.12 所示. CVS^{3}VM 在 3 个数据集上的测试结果直接取自文献 [25]. 从表 6.12 中的结果可以看出, SSMECD 在前两个数据集上可以取得比 CVS^{3}VM 更小的测试误差率, 但是 CVS^{3}VM 在第三个数据集上却优于 SSMECD.

表 6.12 2 个不同模型在 3 个数据集上的测试误差率

数据集	CVS^{3}VM [25]	SSMECD
Cleveland Heart	24%	21.65%
Ionosphere	15.8%	15.14%
Sonar	22.9%	25.28%

上面两个模型产生不同性能的原因有三个. 第一, 在训练阶段 SSMECD 使用基于 PBMF-index 的 FCM 方法确定聚类个数和聚类中心, 并选取距离各个聚类中心最近的一小部分样本作为训练集, 而 CVS^{3}VM 使用 k-median 从整个数据集中直接选取一定数目的样本作为训练数据. 第二, 除了一小部分有类标的数据, CVS^{3}VM 还需要大量的无类标数据作为训练样本, 而 SSMECD 仅需要这一小部分有类标的数据作为训练集即可. 第三, CVS^{3}VM 使用 VS^{3}VM[25] 作为分类器, 而 SSMECD

使用 ME 作为分类器.

因此, 根据表 6.12 的结果, 可以发现所提拓展模型, 即 SSMECD 在 3 个数据集上可以取得与 CVS³VM 相当的分类效果. 但是 SSMECD 能够处理多类无类标数据分类, 而 CVS³VM 则不能.

综上, 本节的主要内容如下. 对于一个没有类别个数信息的无类标数据分类问题, 我们提出了一个新颖的模型, 称为基于自适应模糊 c 均值的混合专家. 另外, 为了改善泛化能力, 使用 GNN 和 SNN 作为 ME 的专家网络. 构造所提模型需要两个阶段. 在第一阶段使用基于 PBMF-index 的 FCM 方法将输入空间划分成具有最佳聚类个数的几个聚类, 然后选用距离聚类中心最近的一小部分样本作为训练样本, 训练样本的类标直接使用它们对应的聚类标号. 第二阶段用 one-against-one 方法将多类问题转变成多个两类问题, 然后用这些转化后的两类样本构造多个 ME. 所有的实验结果均表明对于无监督分类问题, 我们所提出的方法具有很强的泛化能力. 另外, 我们将模型推广到了半监督分类情况并给出了相应的模型构造方法, 此拓展的方法和其他学者提出的一种半监督方法 (CVS³VM)[25] 相比, 在三个数据中的两个上可以产生更优的性能.

为了使我们的方法更加完善, 有三方面的工作需要继续进行研究. 首先, 寻找其他的自适应聚类方法, 如将基于模型的聚类方法和 BIC 模型选取准则结合[47] 使用, 并将其用于对无类标数据的划分; 第二, 当无类标数据的暗含类别数非常多时, one-against-one 策略的时间复杂度就会非常大, 因此在未来的工作中希望减少所提出模型的时间复杂度并将它用于处理有大量训练数据且模式类别个数非常多的问题, 如文本分类; 第三, 将本节所提的方法拓展到任何将能自动选取类别数的聚类方法和多类分类器相结合的情形.

参 考 文 献

[1] Wang Z O, Zhu T. An efficient learning algorithm for improving generalization performance of radial basis function neural network. Neural Networks, 2000, 13: 545-553

[2] Tsai J R, Chung P C, Chang C I. A sigmoidal radial basis function neural network for function approximation. Proceedings of IEEE International Conference on Neural Networks, 1996, 1: 496-501

[3] Shibata K, Ito K. Gauss-Sigmoid neural network. Proceedings of International Joint Conference on Neural Networks, 1999, 2: 1203-1208

[4] Namatame A, Ueda N. Pattern classification with Chebyshev neural network. International Journal of Neural Networks, 1992, 3: 23-31

[5] Akitas P, Antoniou I, Ivanov V V. Identification and prediction of discrete chaotic maps appling a Chebyshev neural network. Chaos, Solitons and Fractals, 2000, 11: 337-344

[6] Hu B G, Xing H J, Yang Y J. Geometric interpretation of nonlinear approximation ability for feedforward neural networks. Advances in Neural Networks-ISNN, 2004, 1: 7-13

[7] Rumelhart D E, Hinton G E, Williams J. Learning internal representations by error propagation. Parallel Distributed Processing//Rumelhart D E, et al, ed. Exploation in the Microstructure of Cognition: Volume 1: Foundations. Cambridge, MA: Massachusetts Institue of Technology Press, 1986

[8] Bishop C M. Neural Networks for Pattern Recognition. Oxford: Oxford University Press, 1995.

[9] Chen S, Wu Y, Luk B L. Combined genetic algorithm optimization and regularized orthogonal least squares learning for radial basis function networks. IEEE Transactions on Neural Networks, 1999, 10(5): 1239-1243

[10] Jacobs R A, Jordan M I, Nowlan S J, et al. Adaptive mixtures of local experts. Neural Computation, 1991, 3(1): 79-87

[11] Jordan M I, Jacobs R A. Hierarchical mixtures of experts and the EM algorithm. Neural Computation, 1994, 6(2): 181-214

[12] Chen K, Xu L, Chi H. Improved learning algorithms for mixtures of experts in multiclass classification. Neural Networks, 1999, 12(9): 1229-1252

[13] Moreland P. Classification using localized mixture of experts. Proceedings of the Ninth International Conference on Artificial Neural Networks, 1999, 2: 838-843

[14] Waterhouse S R, Robinson A J. Classification using hierarchical mixtures of experts. Proceedings of the 1994 IEEE Workshop on Neural Networks and Signal Processing, 1994, 177-186

[15] Coelho A L V, Lima C A M, von Zuben F J. Hybrid genetic training of gated mixtures of experts for nonlinear time series forecasting. Proceedings of the IEEE International Conference on Systems, Man and Cybernetics, 2003, 5: 4625-4630

[16] Weigend A S, Mangeas M, Srivastava A N. Nonlinear gated experts for time series: discovering regimes and avoiding overfitting. International Journal of Neural Systems, 1995, 6: 373-399

[17] Milidiú R L, Machado R J, Rentería R P. Time-series forecasting through wavelets transformation and mixture of expert models. Neurocomputing, 1999, 28(1-3): 145-156

[18] Wang L. Support vector machines experts for time series forecasting. Neurocomputing, 2003, 51: 321-339

[19] Chen K, Yu X, Chi H. Combining linear discriminant functions with neural networks for supervised learning. Neural Computing & Applications, 1997, 6(1): 19-41

[20] Frosyniotis D, Stafylopatis A, Likas A. A divide-and-conquer method for multi-net classifiers. Pattern Analysis & Applications, 2003, 6: 32-40

[21] Cheng J, Guo Y N, Qian J S. A novel multiple neural networks modeling method based on FCM. Advances in Neural Networks-ISNN, 2006, 783-789

[22] Yarkrowsky D. Unsupervised word sense disambiguation rivaling supervised method. Proceedings of the 33th Annual Meeting of the Assocation for Computational Linguistics, 1995, 189-196

[23] Blum A, Mitchell T. Combining labeled and unlabeled data with co-training. Proceedings of the 11th Annual Conference on Computational Learning Theory, 1998, 92-100

[24] Nigam K, Mccallum K, Thrun S, et al. Text classification for labeled and unlabeled documents using EM. Machine Learning, 2000, 39(2/3): 103-134

[25] Fung G, Mangasarian O L. Semi-supervised support vector machines for unlabeled data classification. Optimization Methods and Software, 2001, 15(1): 29-44

[26] Li M, Cheng Y, Zhao H. Unlabeled data classification via support vector machine and k-means clustering. Proceedings of the International Conference on Computer Graphics, Imaging and Visualization, 2004: 183-186

[27] Whindham M, Cutler A. Information ratios for validating mixture analysis. Journal of the American Statistical Association, 1992, 87: 1188-1192

[28] Pelleg D, Moore A. X-means: extending k-means with efficient estimation of the number of clusters. Proceedings of the 17th International Conference on Machine Learning, 2000, 727-734

[29] Figueiredo M A T, Jain A K. Unsupervised learning of finite mixture models. IEEE Transactions on Pattern Analysis and Machine Intelligence, 2000, 24(3): 381-396

[30] Davies D L, Bouldin D W. A cluster separation measure. IEEE Transactions on Pattern Analysis and Machine Intelligence, 1979, 1: 224-227

[31] Dunn J C. A fuzzy relative of the ISODATA process and its use in detecting compact well-separated clusters. Journal of Cybernetics, 1973, 3: 32-57

[32] Xie X L, Beni G A. Validity measure for fuzzy clustering. IEEE Transactions on Pattern Analysis and Machine Intelligence, 1991, 3(3): 841-846

[33] Bezdek J C, Pal N R. Some new indexes of cluster validity. IEEE Transactions on Systems, Man and Cybernetics-Part B: Cybernetics, 1998, 28: 301-315

[34] Parkhira M K, Bandyopedhyay, Maulik U. Validity index for crisp and fuzzy clusters. Pattern Recognition, 2004, 37(3): 487-501

[35] Haykin S. Neural Networks: A Compreshensive Foundation. 2nd ed. New York: Prentice-Hall, 1996

[36] Haddadnia J, Faez K, Ahmadi M. A fuzzy hybrid learning algorithm for radial basis function neural network with application in human face recognition. Pattern Recognition, 2003, 36(5): 1187-1202

[37] de Castro L N, von Zuben F J. Optimal training techniques for feedforward neural networks. Technique Reports, School of Electrical and Computer Engineering, State

University of Campinas, Brazil, 1998

[38] Bridle J S. Probabilistic Interpretation of Feedforward Classification Network Outputs, with Relationships to Statistical Pattern Recognition//Fogelman F, et al, ed. Neurocomputing: Algorithm, Architectures, and Applications, New York: Springer-Verlag, 1990: 227-236

[39] McCullagh P, Nelder J A. Generalized Linear Models. London: Chapman and Hall, 1983

[40] Bezdek J C. Fuzzy mathematics in pattern classification. PhD thesis, Applied Mathematics Center, Cornell University, Ithaca, 1973

[41] Bezdek J C. Pattern Recognition with Fuzzy Objective Function Algorithm. New York: Plenum Press, 1981

[42] Knerr S, Personnaz L, Dreyfus G. Single-Layer Learning Revisited: A Stepwise Procedure for Building and Training A Neural Network//Fogelman F, et al, ed. Neurocomputing: Algorithms, Architectures and Applications, New York: Springer-Verlag, 1990: 41-50

[43] Friedman J. Another approach to polychotomous classification. Technical Report, Department of Statistics, Standford University, 1996

[44] Pal N R, Bezdek J C. On cluster validity for the fuzzy c-means model. IEEE Transactions on Fuzzy Systems, 1995, 3(3): 370-379

[45] Blake C, Merz C. UCI repository of machine learning datasets. http://www.ics.uci.edu/ ~mlearn/MLRepository.html, 1998

[46] Musicant D R. NDC: normally distributed clustered datasets. Computer Sciences Department, University of Wisconsin, Madison, http://www.cs.wisc.edu/~muscic-ant/data/ndc, 1998

[47] Fraley C, Raftery A E. Model-based clustering, discriminant analysis, and density estimation. Journal of the Americian Statistical Association, 2002, 97: 611-631

第 7 章 前馈神经网络的应用

前馈神经网络已成功应用于智能控制、模式识别、信号处理、语音识别、图像处理、生物医学工程等众多领域. 本章将简要介绍前馈神经网络在人脸识别、非线性时间序列预测、图像分割和异常检测中的应用.

7.1 前馈神经网络在人脸识别中的应用

人脸识别是指给定一个场景的静态图像或动态视频, 利用已知身份的人脸图像数据库验证和鉴别场景中单个或者多个人的身份[1]. 人脸识别技术融合了数字图像处理、计算机图形学、模式识别、计算机视觉、人工神经网络和生物特征技术等多个学科的理论和方法[2]. 人脸识别问题的深入研究和最终解决, 可以极大地促进这些学科的发展和成熟, 并为解决其他类似复杂模式识别问题的研究提供重要启示.

广义的人脸识别包括构建人脸识别系统的一系列相关技术, 如人脸图像采集、人脸定位、人脸识别预处理、身份确认以及身份查找等. 而狭义的人脸识别特指通过人脸进行身份确认或者身份查找的技术或系统. 本书仅对狭义的人脸识别加以阐述.

人脸识别的研究始于 20 世纪 60 年代末, 最早的研究见于文献 [3], Bledsoe 以人脸特征点的间距、比率等参数为特征, 设计了一个半自动的人脸识别系统. 早期的人脸识别研究有两大方向: 一是提取人脸几何特征的方法; 二是模板匹配的方法. 目前的人脸识别研究也有两个方向: 一是基于整体的研究方法, 它考虑了模式的整体属性, 包括特征脸方法、SVD 分解方法、人脸等密度线分析匹配方法、弹性图匹配方法、隐马尔可夫模型方法、神经网络方法等; 二是基于特征分析的方法, 即利用人脸基准点的相对比率和其他描述人脸脸部特征的形状参数或类别参数等一起构成识别特征向量. 近年来的一个趋势是将人脸的整体识别和特征分析的方法结合起来, 如 Lam 和 Yan[4] 提出的基于分析和整体的方法, Lanitis 等[5] 提出的利用可变性模型对人脸进行解释和编码的方法.

人脸数据库对于人脸识别算法的研究是不可缺少的, 公用人脸图像数据库的建立便于不同研究者之间的交流学习, 有助于不同算法的比较. 下面介绍一些国内外经典的人脸数据库.

(1) FERET 人脸数据库: 由 FERET 项目创建, 包括 14051 幅多姿态、不同光照条件的灰度人脸图像, 是人脸识别领域应用最为广泛的人脸数据库之一. 详细信息参见: http://www.itl.nist.gov/iad/humanid/feret/feret_master.html.

(2) YALE 人脸数据库: 由麻省理工大学媒体实验室创建, 包含 15 个人的 165 幅图像, 其中每个人有 11 张不同的图像, 图像在不同的光照条件和面部表情下获取. 详细信息参见: http://cvc.yale.edu/projects/yalefaces/yalefaces.html.

(3) AR 人脸数据库: 由西班牙巴塞罗那计算机视觉中心建立, 包含 116 人的 3288 幅图像, 采集环境中的摄像机参数、光照环境、摄像机距离等都是经过严格控制的. 详细信息参见: http://www2.ece.ohio-state.edu/~aleix/ARdatabase.html.

(4) MIT 人脸数据库: 由麻省理工大学媒体实验室创建. 包含 16 位志愿者的 2592 幅不同姿态、光照和大小的面部图像.

(5) ORL 人脸数据库: 包含 40 人共 400 幅面部图像, 部分图像包括了姿态、表情和面部饰物的变化. 该人脸库在人脸识别研究的早期经常被人们采用, 由于变化模式较少, 多数系统的识别率均可以达到 90%以上. 详细信息参见: http://www.cl.cam.ac.uk/research/dtg/attarchive/facedatabase.html.

(6) PIE 人脸数据库: 由卡内基梅隆大学创建, 包含 68 人的 41368 幅多姿态、光照和表情的面部图像, 目前已经逐渐成为人脸识别研究领域的一个重要的测试集合. 详细信息参见: http://www.ri.cmu.edu/projects/project_418.html.

(7) BANCA 人脸数据库: 它是欧洲 BANCA 计划的一部分, 包含 208 人的 2496 幅图像, 覆盖了不同图像质量、不同时间段等变化条件. 详细信息参见: http://www.ee.surrey.ac.uk/CVSSP/banca/.

(8) KFDB 人脸数据库: 包含了 1000 人共 52000 幅多姿态、多光照、多表情的面部图像, 其中姿态和光照变化的图像是在严格控制的条件下采集的, 志愿者以韩国人为主.

(9) CAS-PEAL 人脸数据库: 包含了 1040 名中国人共 99450 幅头肩部图像, 涵盖姿态、表情、饰物和光照四种主要变化条件, 部分人脸图像具有背景、距离及时间跨度的变化.

(10) CASIA-FaceV5 人脸数据库: 包含 500 人的 2500 幅彩色人脸图像. 志愿者包括研究生、工作人员、服务员等. 所有的人脸图像均为 16 位彩色 BMP 文件, 分辨率为 640×480 像素. 涵盖了光照、姿态、表情、图像距离等变化条件. 详细信息参见: http://biometrics.idealtest.org/findTotalDbByMode.do?mode=Face.

在人脸识别过程中, 一幅图像可以看作一个由像素值组成的矩阵, 也可以拓展开, 看成一个向量 (图 7.1), 如果一幅 $N \times N$ 像素的灰度图像可以视为长度为 N^2 的向量, 这样就认为这幅图像是位于 N^2 维空间中的一个样本, 这种图像的向量表示就是原始的图像空间. 当 N 较大时, 图像向量的维数就会非常高, 这就使得实际样本在该高维空间中分布很不紧凑, 不利于分类, 且计算复杂度非常大. 因此需要将原始的高维人脸图像向量投影到低维的子空间再进行判别.

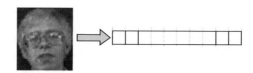

图 7.1　人脸图像的向量表示

　　此外，在使用前馈神经网络进行人脸识别时，若原始样本数据不进行预处理和特征提取，不仅使识别结果的准确率降低，而且使前馈神经网络的结构复杂化．因此，本节将子空间方法与前馈神经网络相结合，并用于人脸识别，以提高识别正确率，减少训练时间，同时简化网络结构，减少计算量．

　　子空间方法的思想是根据一定的性能目标来寻找一个线性或非线性的空间变换，把原始向量压缩到一个低维子空间中，使样本在子空间中的分布更加紧凑，为样本的更好描述提供了手段，另外也大大降低了计算复杂度．子空间方法可以分为线性和非线性两类．根据不同的性能要求，得到的子空间也是不同的．线性子空间方法就是利用线性空间变换，将高维的原始人脸图像向量压缩到一个低维子空间中．目前在人脸识别中得到成功应用的线性子空间方法有：主成分分析、线性判别分析、独立成分分析、非负矩阵分解和局部保留映射等．而应用于人脸识别的非线性子空间方法主要有核主成分分析及核线性判别分析．

　　在众多子空间分析方法中，主成分分析方法最为常用．主成分分析的思想来源于 K-L 变换，目的是通过线性变换寻找一组最优的单位正交向量基，用它们的线性组合对原样本进行重构，并使重构后的样本和原样本间的误差最小．主成分分析法具有简单、快速、易行的特点．

　　图 7.2 给出了使用主成分分析和前馈神经网络进行人脸识别的整个过程，该过程可以概括为以下 5 个步骤：

　　步骤 1：将人脸数据库中的每幅人脸图像拓展为它们对应的向量形式 $x_i \in \Re^d (i=1,2,\cdots,n)$，构成特征数据矩阵 $X = \{x_1, x_2, \cdots, x_n\} \in \Re^{d \times n}$，求样本特征数据矩阵的协方差矩阵，计算协方差矩阵的特征值及其对应的特征向量，将特征值按由大到小的顺序排列，选取前 m 个最大特征值对应的特征向量，构成投影矩阵 $U \in \Re^{d \times m}\ (m \ll d)$；

　　步骤 2：由步骤 1 求出的特征投影矩阵的转置与原始数据矩阵相乘得到投影后的数据矩阵 $Y = U^T X \in \Re^{m \times n}$；

　　步骤 3：利用步骤 2 得到的 Y 连同每列向量对应的类标作为前馈神经网络的训练样本，对前馈神经网络进行训练；

　　步骤 4：另取未知人脸的特征向量 x，在投影矩阵作用下求取其投影向量 $y = U^T x$；

　　步骤 5：将 y 输入步骤 3 训练完毕的前馈神经网络进行分类识别，得出未知人

7.1 前馈神经网络在人脸识别中的应用

脸的类别.

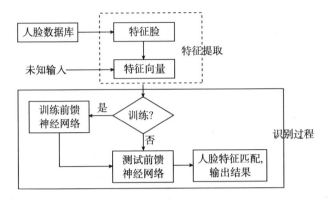

图 7.2 基于主成分分析和前馈神经网络的人脸识别过程

下面利用前馈神经网络中的多层感知器、径向基函数神经网络和混合专家网络分别在 YALE 人脸数据库和 ORL 人脸数据库上进行人脸识别.

在 YALE 数据库上的实验中, 通过手工校准的方式将 YALE 人脸数据集中的原始图片裁剪成 32×32 像素大小, 图 7.3 展示了部分人脸图像. 然后, 将图像进行向量拓展, 再将特征向量构成的整个数据集随机分为训练集和测试集, 对于每个人而言, 含有 90 个训练样本, 75 个测试样本, 使用主成分分析将每个特征向量从 1024 维降至 85 维. 将实验重复 10 次, 分别用 10 个训练准确率和 10 个测试准确率的平均值作为最终的训练准确率和测试准确率.

图 7.3 YALE 数据库中部分人脸图像

表 7.1 给出了三种前馈神经网络的参数设置, 其中混合专家网络的隐含节点个数为其两个专家网络 (多层感知器和径向基函数神经网络) 隐含节点个数之和, 其他参数为得到两个已训练的专家网络后, 训练整个混合专家网络所需. 三种前馈神经网络在 YALE 人脸数据库上的训练准确率和测试准确率概括在表 7.2 中.

表 7.1 三种前馈神经网络的参数设置

网络类型	隐含节点个数	学习率	最大迭代次数	停止阈值	动量常数
多层感知器	10	0.001	400	0.1	0
径向基函数神经网络	10	0.001	400	0.001	0
混合专家网络	20	0.001	200	0.001	0.1

表 7.2　三种前馈神经网络在 YALE 人脸数据库上的实验结果

网络类型	训练准确率	测试准确率
多层感知器	74.89%	87.60%
径向基函数神经网络	93.33%	93.33%
混合专家网络	93.33%	93.33%

在 ORL 人脸数据库上的实验中,也通过手工校准的方式将 ORL 人脸数据库中的原始图像裁剪成 32 × 32 像素大小. 图 7.4 展示了部分人脸图像. 将人脸图像特征向量构成的整个数据集随机分为训练集和测试集,其中 240 个训练数据,160 个测试数据,使用主成分分析将每个输入向量从 1024 维降至 85 维.

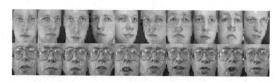

图 7.4　ORL 数据库中部分人脸图像

三种前馈神经网络的参数设置与在 YALE 人脸数据库上的实验设置完全相同,多层感知器、径向基函数神经网络、混合专家网络在 ORL 人脸数据库上的训练准确率和测试准确率概括在表 7.3 中.

表 7.3　三种前馈神经网络在 ORL 人脸数据库上的实验结果

网络类型	训练准确率	测试准确率
多层感知器	97.50%	97.50%
径向基函数神经网络	92.08%	93.13%
混合专家网络	97.50%	97.50%

从三种前馈神经网络在 YALE 人脸数据库和 ORL 人脸数据库上的实验结果可以发现,混合专家网络可以综合利用多层感知器和径向基函数神经网络的优点,即同时具有较强的全局逼近能力和局部逼近能力. 然而,混合专家网络也存在缺点,即它的训练复杂度比单个多层感知器和单个径向基函数神经网络都要高,不适用于处理大规模数据集.

7.2　前馈神经网络在非线性时间序列预测中的应用

时间序列的建模和预测是信号处理研究领域的一个重要方向,其中预测方法主要有线性预测和非线性预测两种. 非线性时间序列预测是非线性时间动态复杂系统中的重要组成部分. 传统的非线性预测方法是应用一些改进的非线性模型去逼近、模拟与分析非线性系统,如非线性自回归模型、门限自回归模型等. 这些方法

7.2 前馈神经网络在非线性时间序列预测中的应用

有不少预测成功的例子, 它们促进了预测技术的发展. 事实上, 这些方法存在正确选择模型和需要彻底了解系统运行机理的困难, 因而人们把目光转向了更为常用的仅利用现存历史数据去构造模型的预测方法.

对于平稳线性时间序列和简单非平稳线性时间序列而言, AR(自回归)、ARMA (滑动平均)、ARIMA(自回归滑动平均混合) 等模型[6] 提供了有效的解决途径. 然而, 实际中有很多时间序列是非平稳的且具有较强的非线性特征, 如水文时间序列、地震时间序列等. 对此, 上述模型却难以刻画复杂的时间变化特征, 因此它们的预测精度就会很差. 前馈神经网络的良好非线性映射能力和自学习能力则为非线性时间序列预测提供了一条新途径, 并在许多非线性时间序列预测中获得了成功的应用[7,8].

在使用前馈神经网络进行非线性时间序列预测之前, 需要将原始时间序列数据重构为能反映其相空间状态的多维特征向量. 设时间序列为 $\{x_1, x_2, \cdots, x_N\}$, 首先采用坐标延迟法对时间序列的相空间进行重构. 对于单步预测, 假设窗宽取为 m, 对于第 t 个重构特征向量 $\boldsymbol{x}_t$, 其表达形式为 $\boldsymbol{x}_t = (x_t, x_{t+1}, \cdots, x_{t+m-1})^{\mathrm{T}}$. 因此可以构造如下的输入输出样本对:

$$\boldsymbol{X} = \begin{bmatrix} \boldsymbol{x}_1 \\ \boldsymbol{x}_2 \\ \vdots \\ \boldsymbol{x}_l \end{bmatrix} = \begin{bmatrix} x_1 & x_2 & \cdots & x_m \\ x_2 & x_3 & \cdots & x_{m+1} \\ \vdots & \vdots & & \vdots \\ x_l & x_{l+1} & \cdots & x_{l+m-1} \end{bmatrix}, \quad \boldsymbol{T} = \begin{bmatrix} t_1 \\ t_2 \\ \vdots \\ t_l \end{bmatrix} = \begin{bmatrix} x_{m+1} \\ x_{m+2} \\ \vdots \\ x_{l+m} \end{bmatrix}. \quad (7.1)$$

图 7.5 描述了窗宽为 $m = 3$ 时的特征向量及对应输出的构造过程, 最终得到用于训练神经网络的样本为 $\{\boldsymbol{x}_t, y_t\}_{t=1}^{N-3}$.

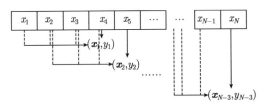

图 7.5 用于训练前馈神经网络的输入输出样本对的构造过程

为了加快训练前馈神经网络的收敛速度, 首先对训练数据的输入进行归一化的预处理, 即 $\dfrac{\boldsymbol{x} - \boldsymbol{\mu}}{\sigma}$, 其中 $\boldsymbol{\mu}$ 和 σ 分别为所有训练样本中输入向量的平均向量和标准差. 对训练数据的输出使用下式进行归一化处理:

$$t' = \frac{t - t_{\min}}{t_{\max} - t_{\min}}, \quad (7.2)$$

其中 $t_{\max}$ 和 $t_{\min}$ 分别为所有训练样本中输出的最大值和最小值. 本节实验中的误差函数为均方根误差. 下面给出多层感知器、径向基函数神经网络和混合专家网络在 Sunspots 数据集[9] 和 Santa Fe A 数据集[10] 上的预测效果.

Sunspots 数据集是典型的非线性时间序列, 它来自 SIDC (solar influences data analysis center), 记录了 1700~2011 年太阳黑子的年平均数, 共 312 个数据. 详细信息参见网站: http://sidc.oma.be/sunspot-data. 本实验使用了与文献 [9] 相同的数据, 即 1700~1979 年太阳黑子的年平均数.

在训练前馈神经网络之前, 首先构造训练数据和测试数据, 且窗宽选为 8. 然后, 将重新构造后的数据集分为两部分: 1700~1929 年的数据用于训练, 1930~1979 年的数据用于测试.

三种前馈神经网络的参数设置概括在表 7.4 中, 图 7.6 展示了三种网络的预测效果, 表 7.5 给出了三种网络的训练误差和测试误差.

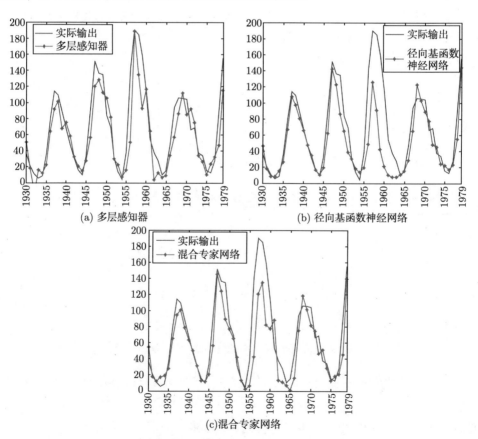

图 7.6 三种前馈神经网络在 Sunspots 数据集上的预测效果

7.2 前馈神经网络在非线性时间序列预测中的应用

表 7.4 三种前馈神经网络的参数设置

网络类型	隐含节点个数	学习率	最大迭代次数	停止阈值	动量常数
多层感知器	15	0.0001	10000	0.01	0
径向基函数神经网络	15	0.001	10000	0.01	0.8
混合专家网络	10	0.001	2500	0.01	0.9

表 7.5 三种前馈神经网络在 Sunspots 数据集上的实验结果

网络类型	训练误差	测试误差
多层感知器	13.7063	24.5881
径向基函数神经网络	11.5663	33.6511
混合专家网络	12.2032	27.6973

Santa Fe A 数据集是由远红外激光在混沌状态下产生的激光时间序列，它可以由三个耦合非线性常微分方程近似地加以描述，共由 1000 个数据点构成．详细信息参见网站: http://www-psych.stanford.edu/~andreas/Time-Series/SantaFe.html. 在实验过程中，窗宽选为 8，将重新构造后的数据集分为两部分：前 892 个数据用于训练，后 100 个数据用于测试．

三种前馈神经网络的参数设置除隐含节点个数均为 20 之外，其他均与表 7.4 中的设置相同．图 7.7 展示了三种网络的预测效果，表 7.6 给出了三种网络的训练误差和测试误差．

表 7.6 三种前馈神经网络在 Santa Fe A 数据集上的实验结果

网络类型	训练误差	测试误差
多层感知器	11.4762	6.8866
径向基函数神经网络	7.4203	3.0304
混合专家网络	6.6464	3.2141

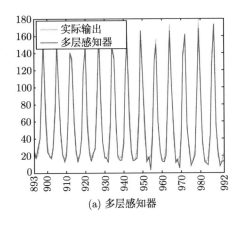
(a) 多层感知器

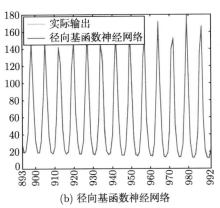
(b) 径向基函数神经网络

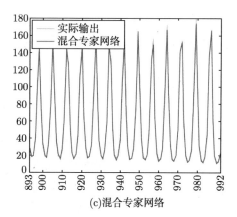

(c)混合专家网络

图 7.7　三种前馈神经网络在 Santa Fe A 数据集上的预测效果

从三种前馈神经网络在 Sunspots 数据集和 Santa Fe A 数据集上的实验结果可以发现,混合专家网络同样可以综合多层感知器和径向基函数神经网络的优点,产生优于某个单个网络的预测性能.

7.3　前馈神经网络在图像分割中的应用

图像分割是指把图像分成各具特征的区域并提取出感兴趣目标的技术和过程,这里特征可以是灰度、颜色、纹理等,目标可以对应单个区域,也可以对应多个区域[11].图像分割是由图像处理到图像分析的关键步骤,也是一种基本的计算机视觉技术.图像分割自 20 世纪 70 年代起一直受到人们的高度重视,至今已提出上千种分割算法.但因尚无通用的分割理论,已有分割算法大都是针对具体问题的,并没有一种适合所有图像的通用分割算法.另外,迄今还没有制定出选择使用分割算法的标准,这给图像分割技术的应用带来了许多实际问题[11].

迄今为止,很多学者对目前已经提出的上千种图像分割的方法作了综述[12-20]和分类.现有的图像分割方法主要分为以下几类:基于阈值的分割方法、基于区域的分割方法、基于边缘的分割方法以及基于特定理论的分割方法等.近年来,研究人员不断改进原有的图像分割方法并把其他学科的一些新理论和新方法用于图像分割,提出了不少新的分割方法.

基于阈值分割的方法是所有图像分割方法中最常用的方法,其实质是利用图像的灰度直方图信息得到用于分割的阈值,将大于等于阈值的像素作为物体或背景,生成一个二值图像.它主要有以下三类:①基于点的全局阈值方法;②基于区域的全局阈值方法;③局部阈值方法和多阈值方法.

基于区域的分割方法利用局部空间信息进行分割,将具有相似特征的像素集合

7.3 前馈神经网络在图像分割中的应用

起来构成区域,主要有区域生长法和分裂合并法.在区域生长法中,首先选择一批种子像素作为生长起点,然后按一定的生长准则把它周围与其特性相同或相似的像素合并到种子像素所在的区域中.这个过程反复进行,直到没有更多的合并过程发生为止.分裂合并法是从整幅图像开始通过不断分裂合并得到各个区域,它先人为地将图像划分为若干个规则区域,以后按性质相似的准则,反复分裂特性不一致的区域,合并具有一致特性的相邻区域.这个过程反复进行,直到没有更多的分裂和合并过程发生为止.

基于边缘的分割方法是将图像中所要求分割的目标边缘提取出来,从而完成目标分割.它大致可分为以下五类:①基于像素属性的边缘检测方法;②基于变形模板的边缘检测方法;③基于数学形态学的边缘检测方法;④基于代价函数的边缘检测方法;⑤基于边缘流的检测方法.

图像分割至今尚无通用的自身理论.随着各学科许多新理论和新方法的提出,出现了许多与一些特定理论、方法相结合的图像分割方法.如基于聚类分析的分割方法、基于模糊集理论的分割方法、基于小波变换的分割方法、基于神经网络的分割方法、基于遗传算法的分割方法、基于粗糙集理论的分割方法等.

图像分割可以被看成两类分类问题,也可作为聚类问题加以处理.下面分别将多层感知器和自组织映射神经网络用于上述两种情形.

按照图像分割的概念,可将其表述为模式分类问题,因为分割图像的过程也就是目标识别的过程,即把原始图像分为各具特性的区域并提取出感兴趣目标的过程.显然这是一个两类分类问题,即目标和非目标的模式分类问题.

在预处理阶段,将网络的输入设置为图像的灰度值信息,对于一个 $M \times N$ 像素的图像,将其变为对应的向量形式,即 $\boldsymbol{x}=(x_1, x_2, \cdots, x_N, x_{N+1}, x_{N+2}, \cdots, x_{2N}, \cdots, x_{MN})$,相应的网络输出也是一个 $M \times N$ 维的向量 $\boldsymbol{t} = (t_1, t_2, \cdots, t_{MN})$,其中 t_i 为像素 x_i 的类别标号.为了确定 t_i,使用 Otsu 方法[21] 计算阈值 T,将灰度值大于等于 T 的 x_i 的类别标号 t_i 设置为 $+1$,灰度值小于 T 的 x_i 的类别标号 t_i 设置为 -1.

将处理好的特征及其对应的类别标号输入多层感知器进行训练,训练结束后对于一个新的待分割图像,将提取的特征送入训练好的多层感知器进行计算,输出各个特征对应的类别标号,并将输出向量转换为图像矩阵形式,显示分割结果.

综上,利用多层感知器进行图像分割的整个流程概括在图 7.8 中.

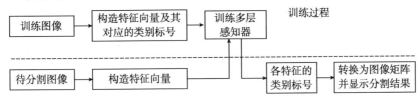

图 7.8 利用多层感知器进行图像分割的流程图

基于特征空间的图像分割方法认为图像的特征 (如颜色) 是图像中待分割物体表面所特有而且恒定的特征, 同时将图像每个像素点映射到某种几何空间, 称为特征空间 (如颜色空间), 并且假定图像中不同的待分割物体在该特征空间中呈现为不同的聚集或不同的类[22]. 基于这种认识, 分割图像中物体的问题就转化为在特征空间中寻找出相应聚集的问题. 因此聚类方法作为非监督学习方法常被用于图像分割中, 如 K 均值、模糊 c 均值、高斯混合模型等. 同样, 自组织映射神经网络也可被用于图像分割.

在第一组实验中, 将多层感知器用于图像分割. 图 7.9 和图 7.10 分别展示了多层感知器在轮船图像和摄像师图像上的分割效果. 在两个实验中多层感知器的训练图像和待分割图像均为同一幅图像. 多层感知器的隐含节点个数、学习率、动量常数、停止阈值及最大迭代次数分别设为 20, 10^{-8}, 0.85, 0.01 和 10000.

(a) 轮船原图　　　　　　　　　　(b) 轮船分割图

图 7.9　多层感知器在轮船图像上的分割效果

(a) 摄像师原图　　　　　　　　　(b) 摄像师分割图

图 7.10　多层感知器在摄像师图像上的分割效果

在第二组实验中, 将自组织映射神经网络与 K 均值、模糊 c 均值及高斯混合模型进行了对比. 三幅待分割的图像如图 7.11 所示, 图 7.11(a) 为 64×64 像素的人脸灰度图像、图 7.11(b) 和图 7.11(c) 分别为 100×100 像素和 600×800 像素的彩色图像. 四种方法在三幅图像上的聚类中心个数分别为 5, 3 和 4, 最大迭代次数均为 10 次. 分割结果如图 7.12 所示. 由分割结果可以看出, 自组织映射神经网络的分割效果明显优于 K 均值、模糊 c 均值和高斯混合模型.

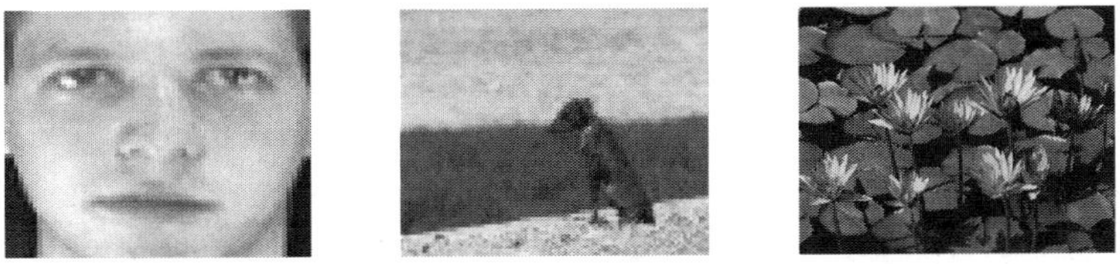

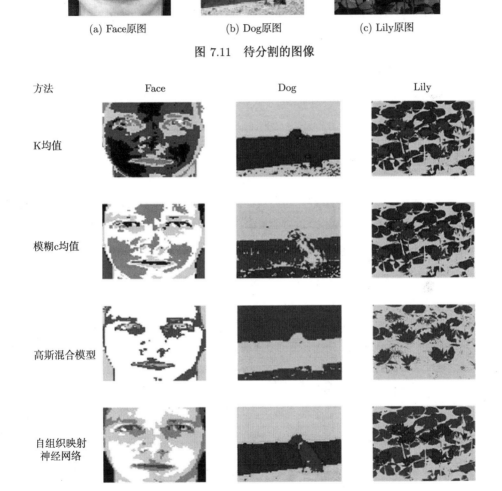

图 7.11　待分割的图像

图 7.12　四种方法在三幅图像上的分割效果

7.4　前馈神经网络在异常检测中的应用

异常检测 (novelty detection) 在模式识别和机器学习中被称为一类分类问

题[23], 它能够对训练过程中不曾出现的新数据 (新信号) 成功地加以辨识. 异常检测是介于有监督学习和无监督学习之间的模式分类 (机器学习) 任务, 在训练时仅有正常数据参与训练, 而异常数据不参与训练, 在测试时需要判定哪些数据是正常数据, 哪些是异常数据. 我们的现实生活中存在大量这方面的实例, 如网络安全防御体系中的入侵检测、安全审计系统和金融领域中的用户行为异常检测、控制领域中的机械故障诊断等. 异常检测是模式识别和机器学习领域近年来的一个研究热点, 出现了大量的方法, Markou 和 Singh[24,25], Hodge 和 Austin[26], Chandola 等[27] 都对这些方法作了很好的回顾. 目前, 异常检测已在许多实际问题中得到了成功的应用, 如故障诊断[28]、图像分割[29]、手写字符识别[30] 等.

传统的异常检测方法可分为以下三类[31].

(1) 基于统计的方法: 主要包括基于近邻 (proximity) 的方法、参数方法、非参数方法和半参数方法;

(2) 基于神经网络的方法: 主要包括基于有监督学习的神经网络方法和基于无监督学习的神经网络学习方法;

(3) 基于机器学习的方法: 如基于决策树的方法.

对于上述三类异常检测方法, 文献 [24]~[27] 中都作了详细的总结. 除了上述方法, 又出现了一些新的异常检测模型, 如 Lanckriet 等[32] 提出了单类极小极大概率机, 实验结果表明单类极小极大概率机在标准数据集上比一类支持向量机[33] 性能更为优越. Hoffmann[34] 成功地将核主成分分析用于异常检测, 通过与主成分分析、Parzen 窗密度估计器及一类支持向量机进行比较, 基于核主成分分析的异常检测方法在两个实际数据集上展示了更优的分类性能. Lee 和 Cho[35] 将改进的学习向量量化方法用于异常检测, 这种方法在训练异常检测模型时需要同时使用正常数据和异常数据, 其性能优于一类支持向量机和支持向量数据描述[36]. 国内自 21 世纪以来, 对异常检测也开展了卓有成效的研究, 如哈尔滨工程大学[37]、南京航空航天大学[38]、中国科学院[39]、清华大学[40] 等单位都开展了相关的研究.

下面简要介绍我们提出的基于自组织映射神经网络和局部最小包围球的异常检测方法[41]. 给定 N 个训练样本 $\{x_i, y_i\}_{i=1}^{N}$ 和 K 个中心向量 $\{w_k\}_{k=1}^{K}$, 其中 $x_i \in \Re^d$ 为输入向量, $y_i \in \{-1, +1\}$ 为 x_i 的类标, 且 $K \ll N$. 对于输入向量 x_i, 自组织映射神经网络输出层中的获胜神经元 w_k, 可以由下式得到:

$$\|w_k - x_i\|^2 \leqslant \|w_s - x_i\|^2, \quad \forall s \neq k. \tag{7.3}$$

然后自组织映射神经网络按下式对获胜神经元及其近邻加以更新:

$$w_j(t+1) = w_j(t) + \eta(t)h_{j,i(x)}(t)[x - w_j(t)], \tag{7.4}$$

其中各项的定义可参见 3.1 节.

7.4 前馈神经网络在异常检测中的应用

所有输入向量经过自组织映射神经网络分组之后, 对于第 k 个 Voronoi 区域, 需要解决式 (7.5) 中的优化问题, 以构造 K 个局部最小包围球.

$$\begin{aligned}
\min \quad & r_k^2 + C_1 \sum_{\boldsymbol{x}_i \in \boldsymbol{T}_k} \xi_i + C_2 \sum_{\boldsymbol{x}_j \in \boldsymbol{O}_k} \xi_j, \\
\text{s.t.} \quad & \|\boldsymbol{x}_i - \boldsymbol{w}_k\|^2 \leqslant r_k^2 + \xi_i, \quad \forall \boldsymbol{x}_i \in \boldsymbol{T}_k, \\
& \|\boldsymbol{x}_j - \boldsymbol{w}_k\|^2 \leqslant r_k^2 - \xi_j, \quad \forall \boldsymbol{x}_j \in \boldsymbol{O}_k, \\
& \xi_i \geqslant 0, \quad \forall \boldsymbol{x}_i \in \boldsymbol{T}_k, \\
& \xi_j \geqslant 0, \quad \forall \boldsymbol{x}_j \in \boldsymbol{O}_k,
\end{aligned} \quad (7.5)$$

其中 r_k 为第 k 个局部最小包围球的半径, $\boldsymbol{T}_k = \boldsymbol{T} \cap \boldsymbol{V}_k$, $\boldsymbol{O}_k = \boldsymbol{O} \cap \boldsymbol{V}_k$, $\boldsymbol{T}$ 和 $\boldsymbol{O}$ 分别为正常数据集和异常数据集, $\boldsymbol{V}_k$ 为中心向量 $\boldsymbol{w}_k$ 的 Voronoi 区域. 由拉格朗日乘子法, 并引入核函数, 该问题的对偶优化问题最终可以表示为式 (7.6), 详细的理论推导可参见文献 [41].

$$\begin{aligned}
\min \quad & \sum_{m,n=1}^{|\boldsymbol{T}|+|\boldsymbol{O}|} \alpha'_m \alpha'_n K(\boldsymbol{x}_m, \boldsymbol{x}_n) - \sum_{m=1}^{|\boldsymbol{T}|+|\boldsymbol{O}|} \alpha'_m K(\boldsymbol{x}_m, \boldsymbol{x}_m), \\
\text{s.t.} \quad & \sum_{m=1}^{|\boldsymbol{T}|+|\boldsymbol{O}|} \alpha'_m = 1, \\
& 0 \leqslant \alpha'_i \leqslant C_1, \quad i = 1, 2, \cdots, |\boldsymbol{T}|, \\
& -C_2 \leqslant \alpha'_j \leqslant 0, \quad j = |\boldsymbol{T}|+1, \cdots, |\boldsymbol{T}|+|\boldsymbol{O}|,
\end{aligned} \quad (7.6)$$

其中 $K(\cdot, \cdot)$ 为核函数, $|\boldsymbol{T}|$ 和 $|\boldsymbol{O}|$ 分别为正常数据和异常数据的个数.

给定输入向量 $\boldsymbol{x}$, 其在特征空间中的像 $\phi(\boldsymbol{x})$ 与中心向量的像 $\phi(\boldsymbol{w}_k)$ 之间的距离为

$$\begin{aligned}
r_k^2(\boldsymbol{x}) &= \|\phi(\boldsymbol{x}) - \phi(\boldsymbol{w}_k)\|^2 \\
&= K(\boldsymbol{x}_k, \boldsymbol{x}_k) - 2 \sum_{m=1}^{|\boldsymbol{T}|+|\boldsymbol{O}|} \alpha'_m K(\boldsymbol{x}_k, \boldsymbol{x}_m) \\
&\quad + \sum_{m=1}^{|\boldsymbol{T}|+|\boldsymbol{O}|} \sum_{n=1}^{|\boldsymbol{T}|+|\boldsymbol{O}|} \alpha'_m \alpha'_n K(\boldsymbol{x}_m, \boldsymbol{x}_n).
\end{aligned} \quad (7.7)$$

则第 k 个 Voronoi 区域上局部最小包围球的半径为

$$\hat{r}_k = \{r_k(\boldsymbol{x}_m) | \boldsymbol{x}_m \text{为支持向量}\}. \quad (7.8)$$

最终, 利用自组织映射神经网络和局部最小包围球进行异常检测的整个过程概括在图 7.13 中.

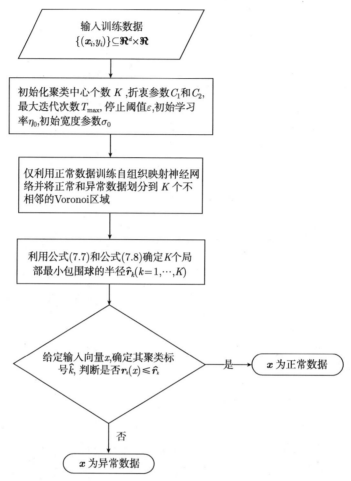

图 7.13 利用自组织映射神经网络和最小包围球进行异常检测的流程图

在下面的实验中,自组织映射神经网络的最大迭代次数 $T_{\max}$, 初始学习率 η_0 和初始宽度参数 σ_0 分别取为 1000, 0.5 和 0.6. 局部最小包围球中的核函数使用高斯核函数,其宽度参数取为 0.5.

人工数据集中共有 79 个二维数据,其中 71 个正常数据分布在五个聚类中,如图 7.14(a) 所示. Banana 数据集取自 Rätsch 标准数据集[①],该数据集共有 100 种不同的训练集和测试集划分方式,我们使用第一种划分,并将样本数多的类中的样本作为正常数据,含有样本少的类中的样本作为异常数据,在训练集中随机选取部分异常数据,使异常数据的数量为正常数据数量的 10%. 该数据集的训练集和测试集分别如图 7.15(a) 和图 7.15(b) 所示.

---

① http://www.raetschlab.org/Members/raetsch/benchmark

自组织映射神经网络在人工数据集和 Banana 数据集上的聚类中心个数分别取 5 和 8, 局部最小包围球的参数 C_1 和 C_2 在人工数据集上均取为 1, 在 Banana 数据集上均取为 0.1. 基于自组织映射神经网络和局部最小包围球方法在人工数据集上的分类效果如图 7.14(c) 所示. 在 Banana 数据集的训练集和测试集上的分类结果如图 7.15(c) 和 7.15(d) 所示.

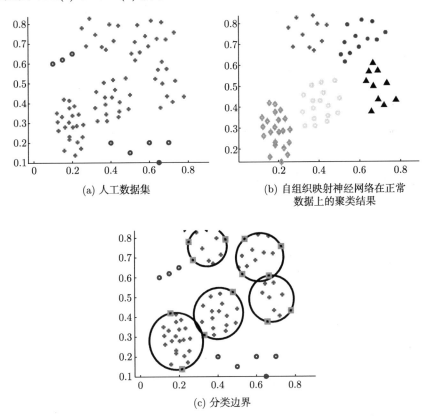

图 7.14 基于自组织映射神经网络和局部最小包围球的异常检测方法在人工数据集上的结果

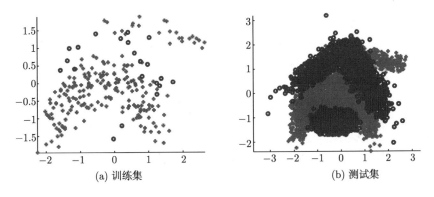

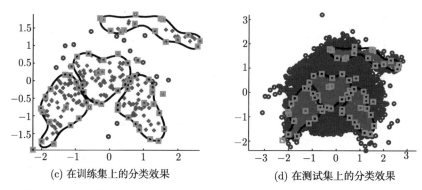

图 7.15 基于自组织映射神经网络和局部最小包围球的异常检测方法在 Banana 数据集上的结果

参 考 文 献

[1] Zhao W, Chellappa R, Rosenfeld A, et al. Face recognition: a literature survey. ACM Computing Surveys, 2003, 35(4): 399-458

[2] 王映辉. 人脸识别 —— 原理、方法与技术. 北京: 科学出版社, 2010

[3] Bledsoe W W. Man-machine facial recognition: report on a large-scale experiment. Technical Report PRI 22, Panoramic Research, Inc, Palo Alto, California, 1966

[4] Lam K M, Yan H. An analytic-to-holistic approach for face recognition based on a single frontal view. IEEE Transactions on Pattern Analysis and Machine Intelligence, 1998, 20(7): 673-686

[5] Lanitis A, Taylor C J, Cootes T F. Automatic interpretation and coding of face images using flexible models. IEEE Transactions on Pattern Analysis and Machine Intelligence, 1997, 19(7): 743-756

[6] 范剑青, 姚琦伟. 非线性时间序列 —— 建模、预报及应用. 陈敏, 译. 北京: 高等教育出版社, 2008

[7] Ahmed H M, Rauf F. Nadine-a feedforward neural network for arbitrary nonlinear time series. Proceedings of the 1991 International Joint Conference on Neural Networks, 1991, 2: 721-726

[8] Chakraborty K, Mehrotra K, Mohan C K, et al. Forecasting the behavior of multivariate timeseries using neural networks. Neural Networks, 1992, 5(6): 961-970

[9] Tong H. Threshold Models in Non-linear Time Series Analysis. New York: Springer-Verlag, 1983

[10] Cao L. Support vector machines experts for time series forecasting. Neurocomputing, 2003, 51: 321-339

[11] 章毓晋. 图像分割. 北京: 科学出版社, 2001

[12] 赵荣椿, 迟耀斌, 朱重光. 图像分割技术进展. 中国体视学与图像分析, 1998, 3(2): 121-128

[13] 王爱民, 沈兰荪. 图像分割研究综述. 测控技术, 2000, 19(5): 1-5
[14] 罗希平, 田捷, 诸葛婴, 等. 图像分割方法综述. 模式识别与人工智能, 1999, 12(3): 300-312
[15] 林瑶, 田捷. 医学图像分割综述. 模式识别与人工智能, 2002, 15(2): 192-204
[16] 张新峰, 沈兰荪. 图像分割技术研究. 电路与系统学报, 2004, 9(2): 92-99
[17] Zhang Y J. A survey on evaluation methods for image segmentation. Pattern Recognition, 1996, 29(8): 1335-1346
[18] Zhang H, Fritts J E, Goldman S A. Image segmentation evaluation: a survey of unsupervised methods. Computer Vision and Image Understanding, 2008, 110(2): 260-280
[19] Raut S, Raghuvanshi M, Dharaskar R, et al. Image segmentation-a state-of-art survey for prediction. Proceedings of the 2009 International Conference on Advanced Computer Control, 2009: 420-424
[20] Ilea D E, Whelan P F. Image segmentation based on the integration of colour–texture descriptors——a review. Pattern Recognition, 2011, 44(10-11): 2479-2501
[21] Otsu N. A threshold selection method from gray-level histograms. IEEE Transactions on Systems, Man, and Cybernetics, 1979, SMC-9(1): 62-66
[22] Lucchese L, Mitra S K. Color image segmentation: a state-of-the-art survey. Image Processing. Vision, and Pattern Recognition, 2001, 67(2): 207-221
[23] Tax D M J. One-class classification: concept-learning in the absence of counter-examples. PhD thesis, Delft University of Technology, 2001
[24] Markou M, Singh S. Novelty detection: a review—part 1: statistical approaches. Signal Processing, 2003, 83: 2481-2497
[25] Markou M, Singh S. Novelty detection: a review—part 2: neural network based approaches. Signal Processing, 2003, 83: 2499-2521
[26] Hodge V J, Austin J. A survey of outlier detection methodologies. Artificial Intelligence Review, 2004, 22(2): 85-126.
[27] Chandola V, Banerjee A, Kumar V. Anomaly detection: a survey. ACM Computing Surveys, 2009, 41(3): 1-58.
[28] Worden K. Structural fault detection using a novel measure. Journal of Sound and Vibration, 1997, 201(1): 85-101
[29] Singh S, Markou M. An approach to novelty detection applied to the classification of image regions. IEEE Transactions on Knowledge and Data Engineering, 2004, 16(4): 396-407
[30] Tax D M J, Duin R P W. Outlier detection using classifier instability. Advances in Pattern Recognition, the Joint IAPR International Workshops, Sydney, Australia, 1998: 593-601
[31] Xing H, Wang X, Zhu R, et al. Application of kernel learning vector quantization to novelty detection. Proceedings of the 2008 IEEE International Conference on Systems,

Man and Cybernetics, 2008: 439-443

[32] Lanckriet G R G, Ghaoui L E, Jordan M I. Robust novelty detection with single-class MPM. Advance in Neural Information Processing Systems, 2003, 15: 905-912

[33] Schölkopf B, Williamson R C, Smola A J, et al. Support vector method for novelty detection. Advance in Neural Information Processing Systems, 2000, 12: 582-588

[34] Hoffmann H. Kernel PCA for novelty detection. Pattern Recognition, 2007, 40: 863-874

[35] Lee H, Cho S. Application of LVQ to novelty detection using outlier training data. Pattern Recognition Letters, 2006, 27: 1572-1579

[36] Tax D M J, Duin R P W. Support vector data description. Machine Learning, 2004, 54: 45-66

[37] 关健, 刘大昕. 基于主成分分析的无监督异常检测. 计算机研究与发展, 2004, 41(9): 1474-1480

[38] 陈斌, 冯爱民, 陈松灿, 等. 基于单簇聚类的数据描述. 计算机学报, 2007, 30(8): 1325-1332

[39] 李洋, 方滨兴, 郭莉, 等. 基于直推式方式的网络异常检测方法. 软件学报, 2007, 18(10): 2595-2604

[40] 胡芝兰, 江帆, 王贵锦, 等. 基于运动方向的异常行为检测. 自动化学报, 2008, 34(11): 1348-1357

[41] Xing H J, Ha M H, Wang X Z. Combining SOM and local minimum enclosing spheres for novelty detection. Proceedings of the 2009 Chinese Control and Decision Conference, 2009: 3786-3791

附录 部分前馈神经网络的 Matlab 源代码

本章将展示各章节中用到的主要源代码，以便于读者更好地理解和使用本书中前馈神经网络的相关模型与方法.

附录 1 基 本 模 型

多层感知器

```
function net=MLP(X,t,n_hidden,epsilon,eta,max_iter,alpha)
%
% 训练多层感知器
%
% 函数的输入
%     X----------训练样本的输入矩阵
%     t----------训练样本的目标输出
%     n_hidden---隐含节点个数
%     epsilon----停止阈值
%     eta--------学习率
%     max_iter---最大迭代次数
%     alpha------动量常数
%
% 函数的输出
%     net.W1-----输入层和隐含层之间的连接权重
%     net.W2-----隐含层和输出层之间的连接权重
%     net.RMSE---均方根误差

[n_data,n_dim]=size(X);
n_input=n_dim;         % 输入节点个数
n_output=size(t,2);    % 输出节点个数

% 初始化连接权重和偏差项
weight_range=0.5;      % 初始权重的范围
W1=weight_range*2*(randn(n_input+1,n_hidden)-0.5);    % 最后一列为偏差项
W2=weight_range*2*(randn(n_hidden+1,n_output)-0.5);   % 最后一列为偏差项
dW1_old = zeros(size(W1));
dW2_old = zeros(size(W2));
one=ones(n_data, 1);
RMSE=-ones(max_iter, 1);
```

```
% 开始迭代
for i=1:max_iter
    % 前向传播
    X1=logsig([X one]*W1);    % 隐含节点的输出
    X2=[X1 one]*W2;           % 输出节点的输出
    diff=t-X2;                % 误差
    RMSE(i)=sqrt(sum(sum(diff.^2))/length(diff(:)));

    fprintf('epoch %.0f:  RMSE = %.3f\n',i, RMSE(i));

    % 检查是否结束
    if RMSE(i)<epsilon
        break
    end

    % 输出层的反向传播
    dE_dX2=-2*(t-X2);
    dE_dW2=[X1 one]'*dE_dX2;
    % 隐含层的反向传播
    dE_dX1=dE_dX2*W2(1:n_hidden,:)';
    dE_dW1=[X one]'*(dE_dX1.*X1.*(1-X1));

    dW2=-eta*dE_dW2/leng+alpha*dW2_old;
    dW1=-eta*dE_dW1/leng+alpha*dW1_old;
    W2=W2+dW2;
    W1=W1+dW1;
    dW2_old=dW2;
    dW1_old=dW1;
end

RMSE(find(RMSE==-1))=[];

fprintf('\ntotal number of epochs: %g\n', i);
fprintf('Final RMSE: %g\n', RMSE(i));
plot(1:length(RMSE), RMSE, '-', 1:length(RMSE), RMSE, 'o');
xlabel('Epochs'); ylabel('RMSE');

% 输出结果
net.W1=W1;
net.W2=W2;
net.RMSE=RMSE;
```

径向基函数神经网络

```
function net=RBFNN(X,t,n_hidden,over_rate,gamma)
%
% 训练径向基函数神经网络
%
% 函数的输入
%    X----------训练样本的输入矩阵
%    t----------训练样本的目标输出
%    n_hidden---隐含节点个数
```

```
%     over_rate--确定宽度参数时的交叠率
%     gamma------正则化项系数
%
% 函数的输出
%     net.mu-----隐含节点的中心
%     net.sigma--隐含节点的宽度参数
%     net.w------隐含层和输出层之间的连接权重和偏差项
%
% 注：该函数需要调用fcm.m

[n_data,n_input]=size(X);

% 利用模糊c均值确定隐含节点的中心向量
result=fcm(X,n_hidden);
mu=result.mu;

% 计算中心之间的距离
for k=1:N_H
    for l=1:N_H
        dist_center(k,l)=norm(mu(k,:)-mu(l,:));
    end
end
for k=1:N_H
    tmp1=dist_center(k,:);
    tmp1(k)=[];
    sigma(k)=over_rate*min(tmp1);
end

for i=1:n_data
    for k=1:N_H
        dist(i,k)=norm(X(i,:)-mu(k,:));
    end
end
tmp2=exp(-dist.^2./(2*ones(n_data,1)*sigma.^2));
Phi=[ones(n_data,1) tmp2];

tmp3=inv(Phi'*Phi+gamma*eye(N_H+1))*Phi'*t;
w=tmp3';

net.mu=mu;
net.sigma=sigma;
net.w=w;

function result=fcm(X,n_cluster,epsilon,m)
%
% 模糊c均值聚类
%
% 函数的输入
%     X----------输入矩阵
%     n_cluster--聚类个数
%     epsilon----停止阈值
%     m----------加权指数
%
```

```
% 函数的输出
%    result-----结构体变量，包含模糊划分矩阵、中心向量和迭代次数

[n_data,n_dim]=size(X);

% 将数据归一化到[0,1]
x_min=min(X);
x_max=max(X);
X=(X-ones(n_data,1)*x_min)./(ones(n_data,1)*x_max-ones(n_data,1)*x_min);

x1=ones(n_data,1);

% 初始化模糊划分矩阵
rand('state',0)
mm=mean(X);
aa=max(abs(X-ones(n_data,1)*mm));
mu=2*(ones(n_cluster,1)*aa).*(rand(n_cluster,n_dim)-0.5)+ones(n_cluster,1)*mm;

for j=1:n_cluster
    xv=X-x1*mu(j,:);
    d(:,j)=sum((xv*eye(n_dim).*xv),2);
end

d=(d+1e-10).^(-1/(m-1));
U0=(d./(sum(d,2)*ones(1,n_cluster)));

U=zeros(n_data,n_cluster);
iter=0;
% 开始迭代
while  max(max(U0-U))>epsilon
    iter=iter+1;
    U=U0;

    % 计算中心向量
    Um=U.^m;
    sumU=sum(Um);
    mu=(Um'*X)./(sumU'*ones(1,n_dim));
    for j=1:n_cluster
        xv=X-x1*mu(j,:);
        d(:,j)=sum((xv*eye(n_dim).*xv),2);
    end

    % 更新模糊划分矩阵
    d=(d+1e-10).^(-1/(m-1));
    U0=(d./(sum(d,2)*ones(1,n_cluster)));
end

% 反归一化
mu=mu.*(ones(size(mu,1),1)*x_max-(ones(size(mu,1),1))*x_min)+ones(size(mu,1),1)*x_min;

% 输出结果
result.U=U0;
```

```
result.mu=mu;
result.iter = iter;
```

支持向量机

```
function svm=svm_train(X,Y,ker,C)
%
% 训练支持向量机
%
% 函数的输入
%    X------训练样本的输入矩阵
%    Y------训练样本的类标
%    ker----核函数的类型
%          linear: k(x,y)=x'*y
%          poly  : k(x,y)=(x'*y+c)^d
%          gauss : k(x,y)=exp(-0.5*(norm(x-y)/sigma)^2)
%          tanh  : k(x,y)=tanh(a*x'*y+b)
%    C------折衷参数
%
% 函数的输出
%    svm----训练好的支持向量机
%
% 注：该函数需要调用kernel.m

n=length(Y);
H=(Y'*Y).*kernel(ker,X,X);

f=-ones(n,1);
A=[];
b=[];

Aeq=Y;
beq=0;

lb=zeros(n,1);
ub=C*ones(n,1);
a0=zeros(n,1);

options = optimset;
options.LargeScale = 'off';
options.Display = 'off';

[a,fval,eXitflag,output,lambda]=quadprog(H,f,A,b,Aeq,beq,lb,ub,a0,options);

% 输出结果
svm.ker=ker;
svm.x=X;
svm.y=Y;
svm.a=a';

function Y_test=svm_test(svm,X_test)
%
% 使用训练好的支持向量机确定测试样本的类标
%
```

```
% 函数的输入
%     svm-----训练好的支持向量机
%     X_test--测试样本的输入矩阵
%
% 函数的输出
%     Y_test--测试样本的类标

ker=svm.ker;
X=svm.x;
Y=svm.y;
a=svm.a;

epsilon=1e-8;
ind_sv=find(abs(a)>epsilon);

tmp=(a.*Y)*kernel(ker,X,X(:,ind_sv));
b=1./Y(ind_sv)-tmp;
b=mean(b);
tmp=(a.*Y)*kernel(ker,X,X_test);
Y_test=sign(tmp+b);

function [K_matrix]=kernel(ker,x,y)
%
% 计算核矩阵
%
% 函数的输入
%     ker-------核函数的类型
%               linear: k(x,y)=x'*y
%               poly  : k(x,y)=(x'*y+c)^d
%               gauss : k(x,y)=exp(-0.5*(norm(x-y)/sigma)^2)
%               tanh  : k(x,y)=tanh(a*x'*y+b)
%     x---------输入向量
%     y---------输出向量
%
% 函数的输出
%     K_matrix--计算的核矩阵

switch ker.type
    case 'linear'
        K_matrix=x'*y;
    case 'ploy'
        d=ker.degree;
        c=ker.offset;
        K_matrix=(x'*y+c).^d;
    case 'gauss'
        sigma=ker.width;
        rows=size(x,2);
        cols=size(y,2);
        tmp=zeros(rows,cols);
        for i=1:rows
            for j=1:cols
                tmp(i,j)=norm(x(:,i)-y(:,j));
            end
        end
```

```
            K_matrix=exp(-0.5*(tmp/sigma).^2);
    case 'tanh'
        a=ker.gamma;
        b=ker.offset;
        K_matrix=tanh(a*x'*y+b);
    otherwise
        K_matrix=0;
end
```

自组织映射神经网络

```
function [W,Y,Row,Col]=som(X,K,MaxIter,EtaInit,SigInit,Epsilon)
%
% 训练自组织映射神经网络
%
% 函数的输入
%    X--------输入矩阵
%    K--------输出层中网格节点的行数和列数构成的二维向量
%    MaxIter--最大迭代次数
%    EtaInit--初始学习率
%    SigInit--近邻函数的初始宽度参数
%    Epsilon--为了避免宽度参数取零值的小正数
%
% 函数的输出
%    W--------输出层中的节点权重矩阵,即中心向量构成的矩阵
%    Y--------最后一列为类别标号,其余列为输入矩阵
%    Row------输出层中网格节点的行数
%    Col------输出层中网格节点的列数

[n_data,n_dim]=size(X);

if length(K)<2
    K=[K;1];
end
r=K(1); c=K(2);
Row=r;
Col=c;

% 初始化网络输出层中的节点权重
W=0.2*rand(r*c,n_dim)+repmat(+mean(X),r*c,1);

% 开始迭代
for iter=1:MaxIter
    I=randperm(n_data);  % 随机选取一个输入向量
    for i=1:n_data
        % 寻找获胜神经元
        for t=1:r*c
            D(t)=sqrt((W(t,:)-X(I(i),:))*(W(t,:)-X(I(i),:))');
        end
        [mD,mI]=min(D);
```

```
    % 确定mI节点在输出层网格中的位置
    dx=rem(mI-1,r)+1;
    dy=floor((mI-1)/c)+1;
    % 更新所有连接权重
    Eta(iter)=EtaInit*(1-iter/MaxIter);
    Sigma(iter)=SigInit*(1-iter/MaxIter);
    if Sigma(iter)<Epsilon
        Sigma(iter)=Sigma(iter-1);
    end

    W_old=W;
    for j=1:r*c;
        jx=rem(j-1,r)+1;
        jy=floor((j-1)/c)+1;
        h(j,mI)=exp(-(sqrt((jx-dx)^2+(jy-dy)^2))/(2*Sigma(iter)^2));
        W(j,:)=W(j,:)+Eta(iter)*h(j,mI)*(X(I(i),:)-W(j,:));
    end
    if norm(W-W_old)<0.02
        break;
    end
  end
end

% 计算所有输入向量到其对应中心向量之间的距离
n_clu=size(W,1);
dist_matrix=zeros(n_data,n_clu);
for i=1:n_data
    for j=1:n_clu
        dist_matrix(i,j)=sqrt((X(i,:)-W(j,:))*(X(i,:)-W(j,:))');
    end
end
[z,g]=min(dist_matrix,[],2);   % 确定分组信息
Y=[X,g];
```

附录2 模 型 选 择

敏感度分析

```
function SA_matrix=SA_compute(net_trained,X_tr_scale)
%
% 计算训练好的多层感知器在给定训练集的输入特征上的敏感度分析矩阵
%
% 函数的输入
%
%    net_trained----训练好的多层感知器
%
%    X_tr_scale------归一化后的训练集输入特征(x'=(x-mu)/sigma)
%
% 函数的输出
%
%    SA_matrix------敏感度分析矩阵

x=X_tr_scale;
```

```
W=net_trained.W1(2:end,:);
V=net_trained.W2(2:end,:);

[n_data,n_dim]=size(x);
n_out=size(V,2);
one=ones(n_data, 1);

% 为训练集中的所有样本计算它们在多层感知器隐含节点处的输出
X1=logsig([x one]*net_trained.W1);

S_All=zeros(n_out,n_dim);
for p=1:n_data
    Y_p=X1(p,:);
    Y_p_der=diag(Y_p.*(1-Y_p));
    S_ox_p=V'*Y_p_der*W';
    S_All=S_All+S_ox_p.^2;
end
SA_matrix=sqrt(S_All/n_data);
```

互信息的估计

```
function I=MI_KNN(X,Y,k)
%
% 基于k近邻的互信息估计方法
%
% 函数的输入
%    X-----给定数据集的特征矩阵
%    Y-----给定数据集的输出矩阵
%    k-----近邻个数
%
% 函数的输出
%    I----估计得到的互信息
%
% 注：该函数需要调用Psi_calculate.m和Count_number.m

[n_data,n_in]=size(X);
n_out=size(Y,2);

number_out=Count_number(X,Y,k);

for p=1:n_data
    for i=1:n_in+n_out
        psi_matrix(p,i)=Psi_calculate(number_out(p,i));
    end
end

psi_sum=-1/n_data*sum(sum(psi_matrix));

psi_k=Psi_calculate(k);
psi_n_data=Psi_calculate(n_data);

I=psi_k-(n_in+n_out-1)/k+psi_sum+(n_in+n_out-1)*psi_n_data;

function psi_out=Psi_calculate(number)
```

```matlab
%
% 计算digamma函数的函数值
%
% 函数的输入
%     number----不小于1的自然数
%
% 函数的输出
%     psi_out---diagmma函数的函数值

if number<1
    error('The input of this function must no less than 1!');
end

if number==1
    psi_out=-0.57721566490153;
end

if number>1
    psi_temp(1)=-0.57721566490153;
    for i=1:number-1
        psi_temp(i+1)=psi_temp(i)+1/i;
    end
    psi_out=psi_temp(end);
end

function number_out=Count_number(X,Y,k)
%
% 为每个样本X_i计算距离严格小于d^i(d^i=||z^i-z^k(i)||)的样本点个数n^p_Xi和n^p_Y
%
% 函数的输入
%     X--------给定数据的特征矩阵
%     Y--------给定数据的输出矩阵
%     k--------近邻个数
%
% 函数的输出
%     number_out----在[X Y]每一维上点的个数构成的矩阵

[n_data,n_in]=size(X);
n_out=size(Y,2);

z=[X Y];

number_out=[];

for p=1:n_data
    X_p=X(p,:);
    Y_p=Y(p,:);
    
    z_p=[X_p,Y_p];
    
    z_plus=z;
    z_plus(p,:)=[];
```

```matlab
    % 寻找样本点<X_p,Y_p>的k个近邻
    distance=[];
    for j=1:n_data-1
        dist=max(abs(z_p-z_plus(j,:)));
        distance=[distance; dist];
    end
    
    [value,index]=sort(distance);
    ind_nn_z_p=index(1:k);
    nn_z_p=z_plus(ind_nn_z_p,:);
    
    x_plus=z_plus(:,1:n_in);
    y_plus=z_plus(:,n_in+1:end);
    
    x_p=z_p(1:n_in);
    y_p=z_p(n_in+1:end);
    
    nn_x_p=nn_z_p(:,1:n_in);
    nn_y_p=nn_z_p(:,n_in+1:end);
    
    for i=1:n_in
        epsilon_xi=max(abs(x_p(i)-nn_x_p(:,i)));
        ind_i=find(abs(x_p(i)-x_plus(:,i))<=epsilon_xi);
        n_p(i)=length(ind_i);
    end
    
    for j=1:n_out
        epsilon_yj=max(abs(y_p(j)-nn_y_p(:,j)));
        ind_y=find(abs(y_p(j)-y_plus(:,j))<=epsilon_yj);
        n_p(n_in+j)=length(ind_y);
    end
    
    number_out=[number_out;n_p];
end

function H_CX=Cond_entropy(X,C)
%
% 由Parzen窗法估计条件熵
%
% 函数的输入
%    X----特征矩阵
%    C----类标向量
%
% 函数的输出
%    H_CX--估计得到的条件熵

[n_sample,n_dim]=size(X);
n_class=max(C);

% 利用Parzen窗计算条件矩阵
P_cx=zeros(n_class,n_sample);
cov_X=cov(X);
cov_X=diag(diag(cov_X));
h=(4/(n_dim+2))^(1/(n_dim+4))*n_sample^(-1/(n_dim+4));
```

```
    for c=1:n_class
        ind_c=find(C==c);
        X_sub=X(ind_c,:);
        for i=1:n_sample
            for j=1:size(X_sub,1)
p{c}.cov_matrix(i,j)=exp(-1/(2*h^2)*(X(i,:)-X_sub(j,:))*pinv(cov_X)*(X(i,:)-X_sub(j,:))');
            end
        end
    end

    sum_p=zeros(n_sample,1);
    for c=1:n_class
        sum_p=sum_p+sum(p{c}.cov_matrix,2);
    end

    for c=1:n_class
        P_cx(c,:)=[sum(p{c}.cov_matrix,2)./sum_p]';
    end

    H_CX=-sum(1/n_sample*sum(P_cx.*log(P_cx)));

    function H_C=Class_entropy(C)
    %
    % 计算类标向量的熵
    %
    % 函数的输入
    %   C----类标向量(从1开始)
    %
    % 函数的输出
    %   H_C--类标向量的熵

    n_sample=size(C,1);

    if n_sample==1
        error('Class vector should be a column vector!');
    end

    sum_entropy=0;

    for c=1:max(C)
        N_c=size(find(C==c),1);
        P_c=N_c/n_sample;
        sum_entropy=sum_entropy-P_c*log(P_c);
    end

    H_C=sum_entropy;
```

附录3 改进模型

椭球基函数神经网络

```
    function net=EBFNN(X,t,n_hidden,eta_w,eta_c,eta_s,epsilon,max_iter)
```

附录 部分前馈神经网络的Matlab源代码

```
%
% 训练椭球基函数神经网络
%
% 函数的输入
%    x----------训练样本的输入矩阵
%    t----------训练样本的目标输出
%    n_hidden---隐含节点个数
%    eta_w------连接权重的学习率
%    eta_c------隐含节点中中心向量的学习率
%    eta_s------隐含节点中宽度参数的学习率
%    epsilon----停止阈值
%    max_iter---最大迭代次数
%
% 函数的输出
%    net.CENTER-----隐含节点的中心向量
%    net.inv_SIGMA--隐含节点的宽度参数构成的协方差矩阵的逆
%    net.W----------隐含层和输出层之间的连接权重
%
% 注：该函数需要调用Netlab工具箱中的gmm.m

[n_data,n_dim]=size(x);

cd netlab  % 将路径改到Netlab工具箱

% 构造混合模型
mix=gmm(n_dim,n_hidden,'full');

options=foptions;
options(14)=50;
mix=gmminit(mix,x,options);

% 设置用于EM训练的可选项向量
options=zeros(1,18);
options(1)=1;       % 显示输出误差值
options(14)=100;    % 迭代次数
[mix,options,errlog]=gmmem(mix, x, options);

cd ..

CENTER=mix.centres;
SIGMA=mix.covars;

for c=1:size(CENTER,1)
    inv_SIGMA(:,:,c)=inv(SIGMA(:,:,c));
end

for p=1:n_data
for c=1:size(CENTER,1)
H(p,c)=exp(-0.5*(x(p,:)-CENTER(c,:))*inv_SIGMA(:,:,c)*(x(p,:)-CENTER(c,:))');
    end
end
```

```matlab
    W=pinv(H)*t;

    RMSE=zeros(max_iter,1);

    % 训练椭球基函数神经网络
    for i=1:max_iter
        % 前向计算
        for p=1:n_data
            for c=1:size(CENTER,1)
X1(p,c)=exp(-0.5*(x(p,:)-CENTER(c,:))*inv_SIGMA(:,:,c)*(x(p,:)-CENTER(c,:))');
            end
        end

        X2=X1*W;
        diff=X2-t;

        % 检查是否结束
        RMSE(i)=sqrt(sum(sum(diff.^2))/length(diff(:)));
        fprintf('Epoch %.0f:   RMSE = %.10g\n',i, RMSE(i));
        if RMSE(i)<epsilon
            break
        end

        dE_dW=X1'*diff;
        W=W-eta_w*dE_dW;

        % 计算中心向量和协方差矩阵的导数
        for c=1:size(CENTER,1)
            dE_dCenter=0;
            dE_dSigma=0;
       for p=1:n_data
         dE_dCenter=dE_dCenter+(diff(p,:)*W(c,:)'*X1(p,c)*inv_SIGMA(:,:,c)*(x(p,:
         )-CENTER(c,:))');

         dE_dSigma=dE_dSigma-0.5*(diff(p,:)*W(c,:)'*X1(p,c)*(x(p,:)-CENTER(c,:))'
         *(x(p,:)-CENTER(c,:)));
            end
            CENTER(c,:)=CENTER(c,:)-(eta_c*dE_dCenter)';
            inv_SIGMA(:,:,c)=inv_SIGMA(:,:,c)-(eta_s*dE_dSigma);
        end
    end

    if i<max_iter
        fprintf('Error goal reached after %g epochs.\n', i);
    else
        fprintf('Max. no. of epochs (%g) reached.\n', max_iter);
    end
    RMSE(i+1:max_iter)=[];
    fprintf('Final RMSE: %.10g\n', RMSE(i));
    figure; plot(1:i, RMSE, '-', 1:i, RMSE, 'o');
    xlabel('Epochs'); ylabel('RMSE (Root mean squared error)');

    % 输出结果
    net.CENTER=CENTER;
    net.inv_SIGMA=inv_SIGMA;
```

```
net.W=W;
```

特征加权支持向量机

```
function svm=wfsvm_train(X,Y,beta,ker,C)
%
% 训练特征加权支持向量机
%
% 函数的输入
%    X------训练样本的输入向量
%    Y------训练样本的类标
%    beta---由互信息求取的特征权重
%    ker----核函数类型
%          linear: k(x,y)=x'*y
%          poly  : k(x,y)=(x'*y+c)^d
%          gauss : k(x,y)=exp(-0.5*(norm(x-y)/sigma)^2)
%          tanh  : k(x,y)=tanh(a*x'*y+b)
%    C------折衷参数
%
% 函数的输出
%    svm----训练得到的特征加权支持向量机

n=length(Y);
n_dim=size(X,2);
diag_beta=diag(beta);
temp=sqrt(2/n_dim*diag_beta-diag_beta*diag_beta);

H=(Y'*Y).*kernel(ker,temp*X,temp*X);

f=-ones(n,1);
A=[];
b=[];

Aeq=Y;
beq=0;

lb=zeros(n,1);
ub=C*ones(n,1);
a0=zeros(n,1);

options = optimset;
options.LargeScale = 'off';
options.Display = 'off';

[a,fval,eXitflag,output,lambda]=quadprog(H,f,A,b,Aeq,beq,lb,ub,a0,options);

svm.ker=ker;
svm.x=diag_beta*X;
svm.y=Y;
svm.a=a';
```

高斯-切比雪夫神经网络

```
function net=Gauss_ChebyshevNN(X,T,K,N,Max_Iter,Epsilon,Eta,Alpha)
```

```
%
% 训练高斯-切比雪夫神经网络
%
% 函数的输入
%    X---------训练样本的输入矩阵
%    Y---------训练样本的目标输出
%    K---------第一隐含层中高斯节点的个数
%    N---------第二隐含层中切比雪夫节点的个数
%    Max_Iter--最大迭代次数
%    Epsilon---停止阈值
%    Eta-------学习率
%    Alpha-----动量常数
%
% 函数的输出
%    net.C-----高斯节点的中心向量
%    net.Sigma-高斯节点的宽度参数
%    net.W-----连接第一隐含层和第二隐含层之间的连接权重
%    net.V-----连接第二隐含层和输出层之间的连接权重
%
% 注：该函数需要调用Chebyshev.m和Chebyshev_diff.m

Iter=1;
[M P]=size(X);

% 初始化第一隐含层各节点的中心向量和宽度参数
D=+distm(X');
[Label,I,DM]=kcentres(D,K);
for i=1:K
    C(:,i)=X(:,I(i));
end
for i=1:K
    for j=1:K
        dist(i,j)=norm(C(:,i)-C(:,j));
    end
end
Sigma=max(max(dist))/sqrt(2*K)*ones(1,K);
% 初始化连接权重
W=0.1*randn(N,K);
Theta=0.01*randn(N,1);
V=0.01*rand(N,1);
% 计算训练样本对应的输出
for k=1:K
    for p=1:P
        G(k,p)=exp(-0.5*sum(((X(:,p)-C(:,k))./Sigma(:,k)).^2,1));
    end
end
Theta_P=Theta*ones(1,P);
Input=W*G-Theta_P;
for n=1:N
    Output(n,:)=Chebyshev(Input(n,:),n);
end
```

```
Y=V'*Output;
% 调整连接权重
Error=Y-T;
E(Iter)=0.5*sum(Error.^2);
for n=1:N
    Output_1(n,:)=Chebyshev_diff(Input(n,:),n);
    Output_1(n,:)=V(n)*Output_1(n,:);
end
for p=1:P
    G(:,p)=G(:,p)*Error(p);
end
Output_2=Output_1*G';
for k=1:K
    for n=1:N
        Output_3(n,:)=Output_1(n,:)*W(n,k);
    end
    Temp(k,:)=sum(Output_3,1);
end
Temp=Temp.*G;
for k=1:K
    for p=1:P
        Temp_1(k,p)=Temp(k,p)*((X(:,p)-C(:,k))./Sigma(:,k).^2);
    end
end
Output_4=sum(Temp_1,2)';
for k=1:K
    for p=1:P
        Temp_2(k,p)=Temp(k,p)*((X(:,p)-C(:,k)).^2./Sigma(:,k).^3);
    end
end
Output_5=sum(Temp_2,2)';

Diff_W=Output_2;
Diff_V=Output*Error';
Diff_Theta=-Output_1*Error';
Diff_Center=Output_4;
Diff_Sigma=Output_5;

Delta_W=-Elta*Diff_W;
Delta_V=-Elta*Diff_V;
Delta_Theta=-Elta*Diff_Theta;
Delta_Center=-Elta*Diff_Center;
Delta_Sigma=-Elta*Diff_Sigma;
while(E>Epsilon)
    E_old=E(Iter);
    W=W+Delta_W;
    V=V+Delta_V;
    Theta=Theta+Delta_Theta;
    C=C+Delta_Center;
    Sigma=Sigma+Delta_Sigma;
    % 重新计算网络输出
    for k=1:K
        for p=1:P
            G(k,p)=exp(-0.5*sum(((X(:,p)-C(:,k))./Sigma(:,k)).^2,1));
        end
    end
    Theta_P=Theta*ones(1,P);
```

```
Input=W*G-Theta_P;
for n=1:N
    Output(n,:)=Chebyshev(Input(n,:),n);
end
Y=V'*Output;
Iter=Iter+1;
% 重新调节连接权重
Error=Y-T;
E(Iter)=0.5*sum(Error.^2);
if E(Iter)>E_old
   Delta_W=zeros(size(W));
   Delta_V=zeros(size(V));
   Delta_Theta=zeros(size(Theta));
   Delta_Center=zeros(size(C));
   Delta_Sigma=zeros(size(Sigma));
else
    for n=1:N
        Output_1(n,:)=Chebyshev_diff(Input(n,:),n);
        Output_1(n,:)=V(n)*Output_1(n,:);
    end
    for p=1:P
       G(:,p)=G(:,p)*Error(p);
    end
    Output_2=Output_1*G';
    for k=1:K
        for n=1:N
            Output_3(n,:)=Output_1(n,:)*W(n,k);
        end
        Temp(k,:)=sum(Output_3,1);
    end
    Temp=Temp.*G;
    for k=1:K
        for p=1:P
            Temp_1(k,p)=Temp(k,p)*((X(:,p)-C(:,k))./Sigma(:,k).^2);
        end
    end
    Output_4=sum(Temp_1,2)';
    for k=1:K
        for p=1:P
            Temp_2(k,p)=Temp(k,p)*((X(:,p)-C(:,k)).^2./Sigma(:,k).^3);
        end
    end
    Output_5=sum(Temp_2,2)';

    Diff_W=Output_2;
    Diff_V=Output*Error';
    Diff_Theta=-Output_1*Error';
    Diff_Center=Output_4;
    Diff_Sigma=Output_5;

    Delta_W=-Elta*Diff_W;
    Delta_V=-Elta*Diff_V;
    Delta_Theta=-Elta*Diff_Theta;
    Delta_Center=-Elta*Diff_Center;
    Delta_Sigma=-Elta*Diff_Sigma;
    Delta_W=Alpha*Delta_W-Elta*Diff_W;
    Delta_V=Alpha*Delta_V-Elta*Diff_V;
```

```
            Delta_Theta=Alpha*Delta_Theta-Elta*Diff_Theta;
            Delta_Center=Alpha*Delta_Center-Elta*Diff_Center;
            Delta_Sigma=Alpha*Delta_Sigma-Elta*Diff_Sigma;
            if Iter>Max_Iter
                break;
            end
        end
    end
end
net.C=C;
net.Sigma=Sigma;
net.W=W;
net.V=V;

function output=Chebyshev(X,N)
%
% 切比雪夫多项式函数
%
% 函数的输入：
%     X------输入变量
%     N------多项式次数
%
% 函数的输出
%     output-切比雪夫多项式

T(1,:)=ones(size(X));
T(2,:)=X;
for i=3:N
    T(i,:)=2*X.*T(i-1,:)-T(i-2,:);
end
output=T(N,:);

function output=Chebyshev_diff(X,N)
%
% 切比雪夫多项式的导函数
%
% 函数的输入：
%     X------输入变量
%     N------多项式次数
%
% 函数的输出：
%     output-切比雪夫多项式的导函数输出

T(1,:)=zeros(size(X));
T(2,:)=ones(size(X));
Temp(1,:)=ones(size(X));
Temp(2,:)=X;
for i=3:N
    Temp(i,:)=2*X.*Temp(i-1,:)-Temp(i-2,:);
    T(i,:)=2*X.*T(i-1,:)+2*Temp(i-1,:)-T(i-2,:);
end
output=T(N,:);
```

混合前馈神经网络

```
function [para_sig,para_gau,para_gate,tot_err]=Network_train(X,labels,n_hid)
%
% 训练混合前馈神经网络
%
% 函数的输入
%    X----------训练样本的输入矩阵
%    labels-----训练样本的类标
%    n_hid------各个专家网络的隐含节点个数
%
% 函数的输出
%    para_sig---多层感知器的网络参数
%    para_gau---径向基函数神经网络的网络参数
%    para_gate--门网的网络参数
%    tot_err----训练误差
%
% 注：该函数需要调用MLP.m，RBFNN.m和Gate_train.m

[n_data,n_dim]=size(X);
nclass=max(labels);

tot_err=0;
% 训练混合前馈神经网络的网络参数
for i=1:nclass-1
    for j=i+1:nclass
        indi=find(labels==i);
        indj=find(labels==j);
        xsub=[X(indi,:);X(indj,:)];
        ysub=[ones(length(indi),1);-ones(length(indj),1)];

        % 训练多层感知器和径向基函数神经网络
        net1=MLP(xsub,ysub,n_hid,0.001,0.001,15000,0);
        net2=RBFNN(xsub,ysub,n_hid,0.001,0.001,15000,0.1);
        %
        % 为不同的网络赋予不同的参数结构
        para1.flag=1;
        para1.net=net1;
        para1.nts=size(net1.W1,1);
        para_sig{i,j}=para1;

        para2.flag=2;
        para2.net=net2;
        para2.nts=size(net2.W,1);
        para_gau{i,j}=para2;

        % 计算多层感知器的输出
        one=ones(size(xsub,1),1);
        X1=logsig([xsub one]*net1.W1);
        y_sig=[X1 one]*net1.W2;

        % 计算径向基函数神经网络的输出
```

```matlab
        for i=1:n_data
            for k=1:n_hid
                dist(i,k)=norm(X(i,:)-net2.mu(k,:));
            end
        end
        tmp2=exp(-dist.^2./(2*ones(n_data,1)*net2.sigma.^2));
        Phi=[ones(n_data,1) tmp2];
            y_gau=Phi*net2.W;

            % 训练门网
            [V,RMSE]=Gate_train(xsub,ysub,y_sig,y_gau,0.001,0.9,0.01,2500);
            para3.V=V;
            para3.RMSE=RMSE;
            para_gate{i,j}=para3;
            tot_err=tot_err+RMSE(end);
    end
end
function [V,RMSE]=Gate_train(X,z,y1,y2,eta,alpha,epsilon,max_iter)
%
% 训练门网
%
% 函数的输入
%     X---------训练样本的输入矩阵
%     z---------训练样本的目标输出
%     y1--------第一个专家网络的输出
%     y2--------第二个专家网络的输出
%     eta-------学习率
%     alpha-----动量常数
%     epsilon---停止阈值
%     max_iter--最大迭代次数
% Output of the function
%     V---------门网的权重参数
%     RMSE------训练误差

[n_data,n_dim]=size(X);

% 初始化权重参数
weight_range=.5;
V=weight_range*2*(randn(2,n_dim)-0.5);
dV_old=zeros(size(V));
RMSE=-ones(max_iter,1);

% 开始迭代
for i=1:max_iter
    % 前向计算
    G=[exp(X*V')./(sum(exp(X*V'),2)*ones(1,2))]';
    y=sum(G'.*[y1 y2],2);
    diff=z-y;
    RMSE(i)=sqrt(sum(sum(diff.^2))/length(diff(:)));
```

```matlab
            fprintf('epoch %.0f:   RMSE = %.3f\n',i,RMSE(i));

            % 检查是否结束
            if RMSE(i)<epsilon
                break
            end

            % 反向计算
            dE_dy=-2*(z-y);
            dE_dV1=[dE_dy.*(y1-y2).*G(1,:)'.*G(2,:)']'*X;
            dE_dV2=[dE_dy.*(y2-y1).*G(1,:)'.*G(2,:)']'*X;

            dV1=-eta*dE_dV1+alpha*dV_old(1,:);
            dV2=-eta*dE_dV2+alpha*dV_old(2,:);
            V1=V(1,:)+dV1;
            V2=V(2,:)+dV2;
            V=[V1;V2];
            dV_old=[dV1;dV2];
        end

        RMSE(find(RMSE==-1))=[];

        fprintf('\ntotal number of epochs: %g\n', i);
        fprintf('Final RMSE: %g\n', RMSE(i));
        plot(1:length(RMSE), RMSE, '-', 1:length(RMSE), RMSE, 'o');
        xlabel('Epochs'); ylabel('RMSE');

    function [y_ts_exp,y_ts_sig,y_ts_gau]=Network_test(X_ts,para_sig,para_gau,para_gate)
        %
        % 使用训练好的混合前馈神经网络确定待测样本的类标
        %
        % 函数的输入
        %     X_ts-----------待测样本的输入矩阵
        %     para_sig-------多层感知器的网络参数
        %     para_gau-------径向基函数神经网络的网络参数
        %     para_gate------门网的参数
        %
        % 函数的输出
        %     y_ts_exp-------混合前馈神经网络的预测类标
        %     y_ts_sig-------多层感知器的预测类标
        %     y_ts_gau-------径向基函数神经网络的预测类标
        nclass=size(para_sig,2);
        n_ts=size(X_ts,1);

        vote_sig=zeros(n_ts,nclass);
        vote_gau=zeros(n_ts,nclass);
        vote_exp=zeros(n_ts,nclass);

        one=ones(n_ts,1);

        for i=1:nclass-1
            for j=i+1:nclass
```

附录 部分前馈神经网络的 Matlab 源代码

```matlab
        % 多层感知器
            X1=logsig([X_ts one]*para_sig{i,j}.net.W1);
            ypred_sig=[X1 one]*para_sig{i,j}.net.W2;

        % 径向基函数神经网络
            n_hid=size(para_gau{i,j}.net.mu,1);
    for k=1:n_ts
            for l=1:n_hid
                dist_ts(k,l)=norm(X_ts(k,:)-para_gau{i,j}.net.mu(l,:));
            end
    end
            tmp=exp(-dist_ts.^2./(2*ones(n_ts,1)*para_gau{i,j}.net.sigma.^2));
            Phi_ts=[ones(n_ts,1) tmp2];
            ypred_gau=Phi_ts*para_gau{i,j}.net.W;

        % 混合前馈神经网络
            G=[exp(X_ts*para_gate{i,j}.V')./(sum(exp(X_ts*para_gate{i,j}.V'),2)*ones(1,2))]';
            ypred_exp=sum(G'.*[ypred_sig ypred_gau],2);

        % 对多层感知器使用投票策略
            ind_sig_i=find(ypred_sig>=0);
            ind_sig_j=find(ypred_sig<0);
            vote_sig(ind_sig_i,i)=vote_sig(ind_sig_i,i)+1;
            vote_sig(ind_sig_j,j)=vote_sig(ind_sig_j,j)+1;

        % 对径向基函数神经网络使用投票策略
            ind_gau_i=find(ypred_gau>=0);
            ind_gau_j=find(ypred_gau<0);
            vote_gau(ind_gau_i,i)=vote_gau(ind_gau_i,i)+1;
            vote_gau(ind_gau_j,j)=vote_gau(ind_gau_j,j)+1;

        % 对混合前馈神经网络使用投票策略
            ind_exp_i=find(ypred_exp>=0);
            ind_exp_j=find(ypred_exp<0);
            vote_exp(ind_exp_i,i)=vote_exp(ind_exp_i,i)+1;
            vote_exp(ind_exp_j,j)=vote_exp(ind_exp_j,j)+1;
    end
end

% 多层感知器的预测类标
[maxi_sig,ypred_sig]=max(vote_sig');
y_ts_sig=ypred_sig';

% 径向基函数神经网络的预测类标
[maxi_gau,ypred_gau]=max(vote_gau');
y_ts_gau=ypred_gau';

% 混合前馈神经网络网络的预测类标
[maxi_exp,ypred_exp]=max(vote_exp');
y_ts_exp=ypred_exp';
```

索　　引

B
逼近理论, 17, 21, 24, 28
半二次优化技术, 81, 82

C
参数显著性修剪法, 56
参数方差无效性, 57

D
单层前馈神经网络, 4
多层前馈神经网络, 4
多层感知器, 15, 53, 152
带有动量项的误差反传算法, 15
典型的径向基函数, 18
梯度下降学习算法, 23
多项式核函数, 26

E
二维主成分分析, 46

F
反馈神经网络, 4
方差无效性修剪法, 56
方差无效性度量, 56
非线性特征加权支持向量机, 105
分层混合专家模型 (HME), 125
非线性时间序列预测, 146

G
高斯函数, 8
高斯窗函数, 65, 102
高斯神经网络, 116, 117
高斯–切比雪夫神经网络, 116,165
高斯混合模型, 156

H
获胜神经元, 33
核自组织映射神经网络, 35
核神经气网络, 39

核主成分分析, 45
互信息, 64, 69, 78
混合专家模型 (ME), 127, 165

J
竞争前馈神经网络, 5
剪枝法, 7, 49
径向基函数神经网络, 18, 81, 154
交叉验证, 52
交叉验证误差, 53
均方根误差, 87, 165

L
两阶段学习算法, 19

M
敏感度度量, 61
敏感度分析, 49
模糊 c 均值 (FCM) 聚类算法, 129

Q
切比雪夫神经网络, 22, 122
切比雪夫正交多项式函数, 22

R
人脸识别, 146

S
三阶段学习算法, 20
神经气网络, 33
生长型神经气网络, 40
熵, 82

T
条件熵, 64, 101
椭球基函数神经网络, 81, 113
特征加权支持向量机, 81, 101
图像分割, 155

W
无监督学习, 1

索引

X
线性最小二乘训练算法, 24
相关熵, 81
线性特征加权支持向量机, 103

Y
有监督学习, 1
异常检测, 33

Z
支持向量机, 14, 158
主成分分析, 33
自组织映射神经网络, 33, 159, 165
最小描述长度, 51
自适应模糊 c 均值, 129
正则化相关熵准则, 82

其他
Hamming 网络, 5
Sigmoid 函数, 14
Sigmoid 核函数, 26
Oja 神经网络, 42
Sanger 神经网络, 42
Wald- 检验, 49
LM- 检验, 49
NIC 准则, 51
AIC 准则, 51
BIC 准则, 51
Gauss-Sigmoid 神经网络, 116
Sigmoid 神经网络, 116
CVS^3VM, 126
$L2$ 范数, 81
$L1$ 范数, 81
EM 算法, 93
Matlab 源代码, 165